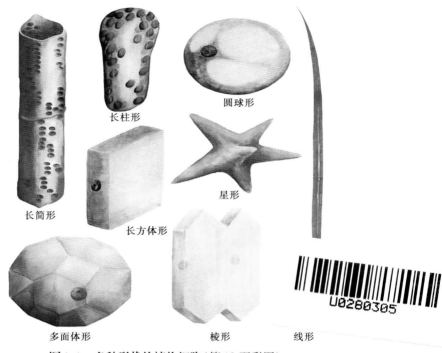

圆球形

长柱形

长筒形

长方体形

星形

多面体形

棱形

线形

U0280305

图 1.1　多种形状的植物细胞(第 10 页彩图)

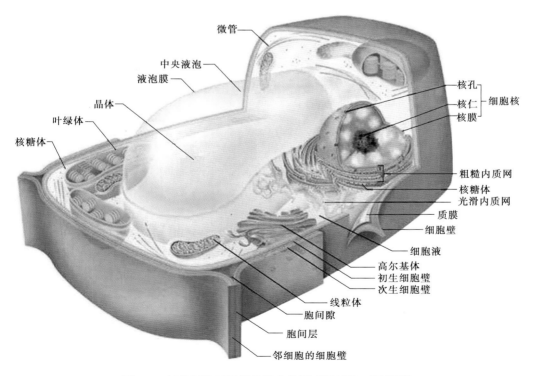

微管

中央液泡

液泡膜

晶体

叶绿体

核糖体

核孔

核仁 ─ 细胞核

核膜

粗糙内质网

核糖体

光滑内质网

质膜

细胞壁

细胞液

高尔基体

初生细胞壁

次生细胞壁

线粒体

胞间隙

胞间层

邻细胞的细胞壁

图 1.2　植物细胞亚显微结构立体模式图(第 11 页彩图)

1

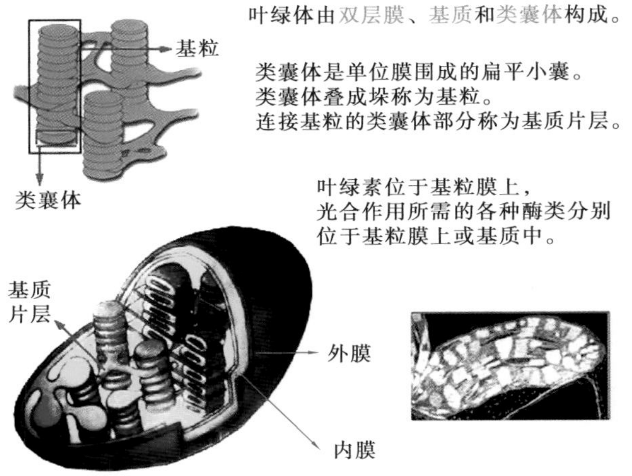

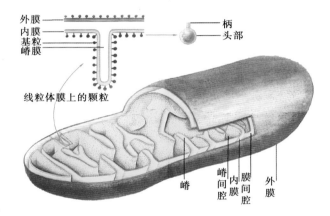

叶绿体由双层膜、基质和类囊体构成。

类囊体是单位膜围成的扁平小囊。
类囊体叠成垛称为基粒。
连接基粒的类囊体部分称为基质片层。

叶绿素位于基粒膜上，
光合作用所需的各种酶类分别
位于基粒膜上或基质中。

基粒

类囊体

基质片层

外膜

内膜

图 1.6　叶绿体立体结构图解(第 14 页彩图)

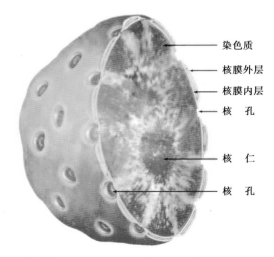

外膜
内膜
基粒
嵴膜

柄
头部

线粒体膜上的颗粒

嵴
嵴间腔
内膜
膜间腔
外膜

图 1.7　线粒体立体结构图解(第 15 页彩图)

染色质

核膜外层

核膜内层

核　孔

核　仁

核　孔

图 1.12　细胞核的超微结构(示意图)(图 17 页彩图)

2

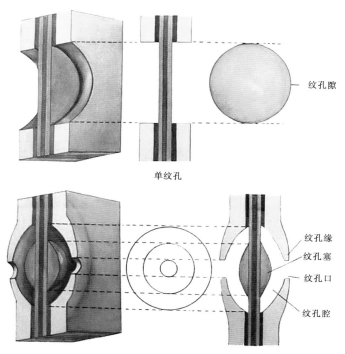

图 1.16　具缘纹孔(第 19 页彩图)

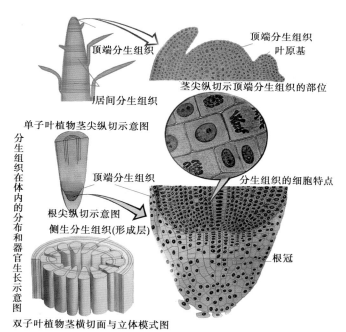

图 1.26、图 1.27　植物的分生组织(第 27 页彩图)

茎表皮细胞形状和外壁的角质层

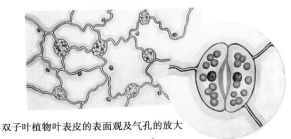

双子叶植物叶表皮的表面观及气孔的放大

荨麻的螫毛

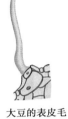

苹果的表皮毛　　大豆的表皮毛

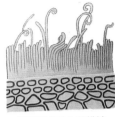

甘蔗茎表皮上的蜡被

图 1.28—图 1.30　植物的保护组织——表皮

（第 28、29 页彩图）

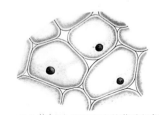

基本组织(韭菜根表皮的薄壁组织)

根毛的构造

吸收组织

(萝卜根毛区表皮的一部分)

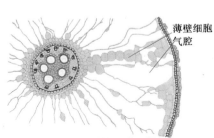

薄壁细胞

气腔

通气组织(水稻老根横切面的一部分)

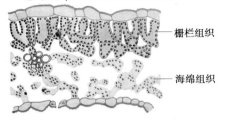

栅栏组织

海绵组织

同化组织(百合属叶横切面的一部分)

图 1.32　几种薄壁组织（第 29 页彩图）

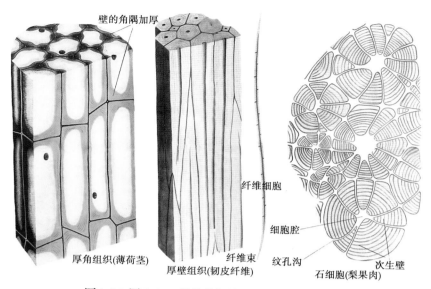

厚角组织(薄荷茎)　　　厚壁组织(韧皮纤维)　　纹孔沟　　石细胞(梨果肉)

壁的角隅加厚　　纤维细胞　细胞腔　次生壁

图 1.34、图 1.35　植物的机械组织(第 30 页彩图)

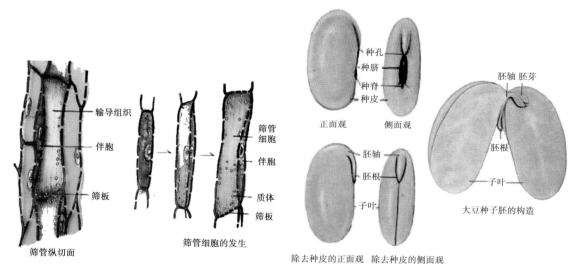

输导组织　伴胞　筛板　筛管细胞　伴胞　质体　筛板

筛管纵切面　筛管细胞的发生

图 1.39　筛管和伴胞(第 32 页彩图)

种孔　种脐　种脊　种皮　正面观　侧面观　胚轴　胚根　子叶　除去种皮的正面观　除去种皮的侧面观

胚轴　胚芽　胚根　子叶　大豆种子胚的构造

图 2.2　大豆的种子(第 37 页彩图)

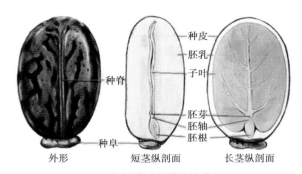

外形　　　　短茎纵剖面　　　　长茎纵剖面

双子叶植物有胚乳种子(蓖麻)

图 2.4　蓖麻的种子(第 39 页彩图)

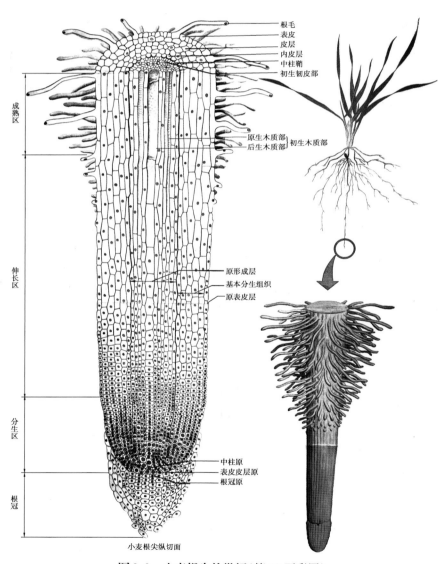

小麦根尖纵切面

图 3.2　小麦根尖的纵切(第 49 页彩图)

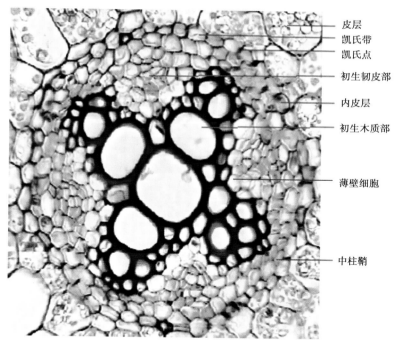

図 3.3 棉花幼根横切面（第51页彩图）

図 3.4 内皮层（第52页彩图）

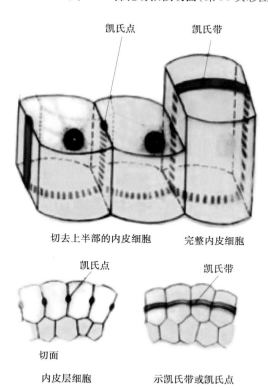

凯氏点　凯氏带

切去上半部的内皮细胞　完整内皮细胞

凯氏点　凯氏带

切面

内皮层细胞　示凯氏带或凯氏点

皮层
凯氏带
凯氏点
初生韧皮部
内皮层
初生木质部
薄壁细胞
中柱鞘

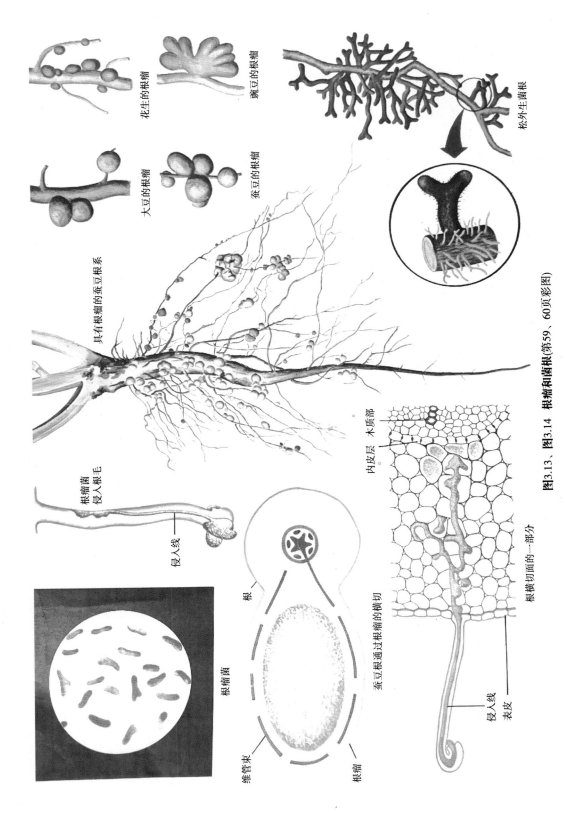

花生的根瘤

豌豆的根瘤

大豆的根瘤

蚕豆的根瘤

松外生菌根

具有根瘤的蚕豆根系

根瘤菌侵入根毛

侵入线

根瘤菌

蚕豆根通过根瘤的横切

根

维管束

根瘤

内皮层　木质部

侵入线

表皮

根横切面的一部分

图3.13、图3.14　根瘤和菌根(第59、60页彩图)

8

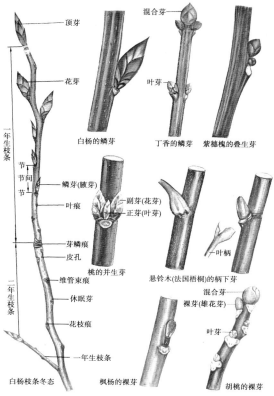

顶芽

花芽

一年生枝条

节
节间
节

鳞芽(腋芽)

叶痕

芽鳞痕

皮孔

维管束痕

休眠芽

花枝痕

二年生枝条

一年生枝条

白杨枝条冬态

混合芽

叶芽

白杨的鳞芽

丁香的鳞芽

紫穗槐的叠生芽

副芽(花芽)

正芽(叶芽)

桃的并生芽

叶柄

悬铃木(法国梧桐)的柄下芽

混合芽
裸芽(雄花芽)

叶芽

枫杨的裸芽

胡桃的裸芽

图4.2　枝条和芽(第67页彩图)

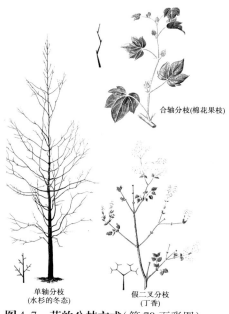

合轴分枝(棉花果枝)

单轴分枝
(水杉的冬态)

假二叉分枝
(丁香)

图4.7　茎的分枝方式(第70页彩图)

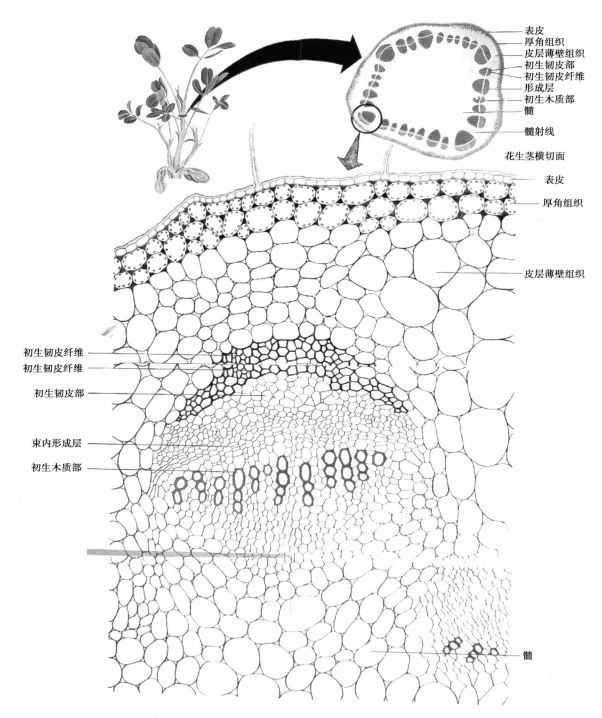

表皮
厚角组织
皮层薄壁组织
初生韧皮部
初生韧皮纤维
形成层
初生木质部
髓

髓射线

花生茎横切面

表皮

厚角组织

皮层薄壁组织

初生韧皮纤维
初生韧皮纤维
初生韧皮部

束内形成层
初生木质部

髓

图 4.11、图 4.12　双子叶植物茎的初生构造（第 74 页彩图）

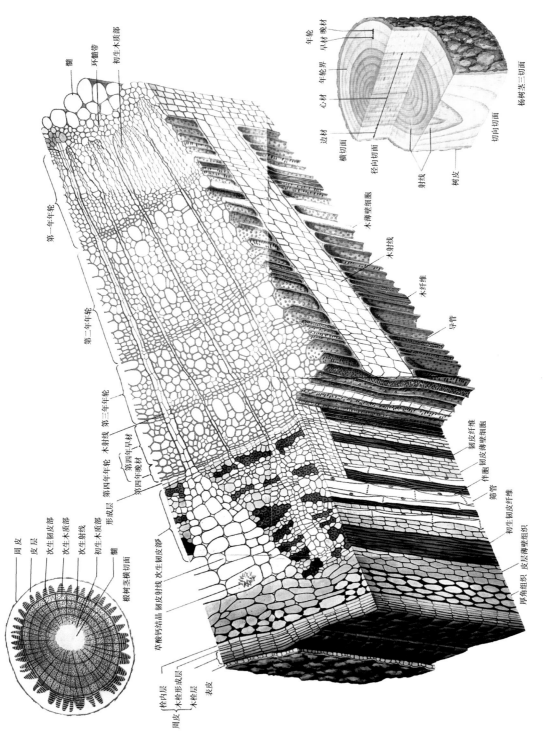

图4.14 椴树茎立体结构图(第77页彩图)

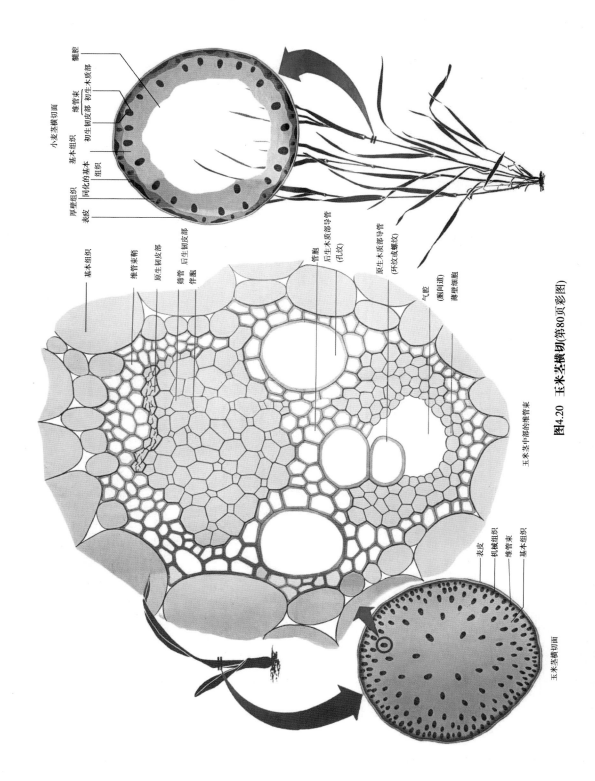

小麦茎横切面

髓腔
维管束
初生木质部
初生韧皮部
基本组织
同化的基本组织
厚壁组织
表皮

基本组织
维管束鞘
原生韧皮部
后生韧皮部
筛管
伴胞
管胞
后生木质部导管
(孔纹)
原生木质部导管
(环纹或螺纹)
气腔
(胞间道)
薄壁细胞

玉米茎中部的维管束

玉米茎横切面

表皮
机械组织
维管束
基本组织

玉米茎横切面

图4.20 玉米茎横切(第80页彩图)

12

单身复叶
(柑桔)

偶数羽状复叶
(花生)

单叶
(毛白杨)

奇数羽状复叶
(紫穗槐)

三出复叶
(大豆)

掌状复叶
(七叶树)

二回羽状复叶
(合欢)

三回羽状复时
(南天竺)

图5.9　复叶的主要类型(第93页彩图)

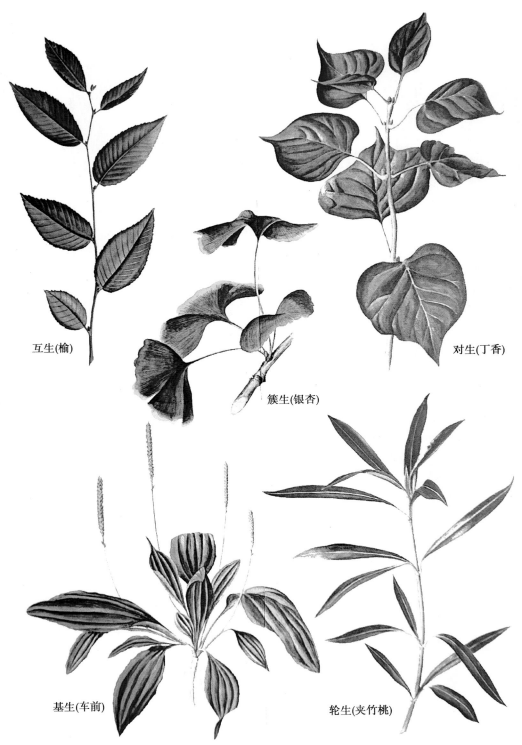

互生(榆)

簇生(银杏)

对生(丁香)

基生(车前)

轮生(夹竹桃)

图 5.10　叶序(第 94 页彩图)

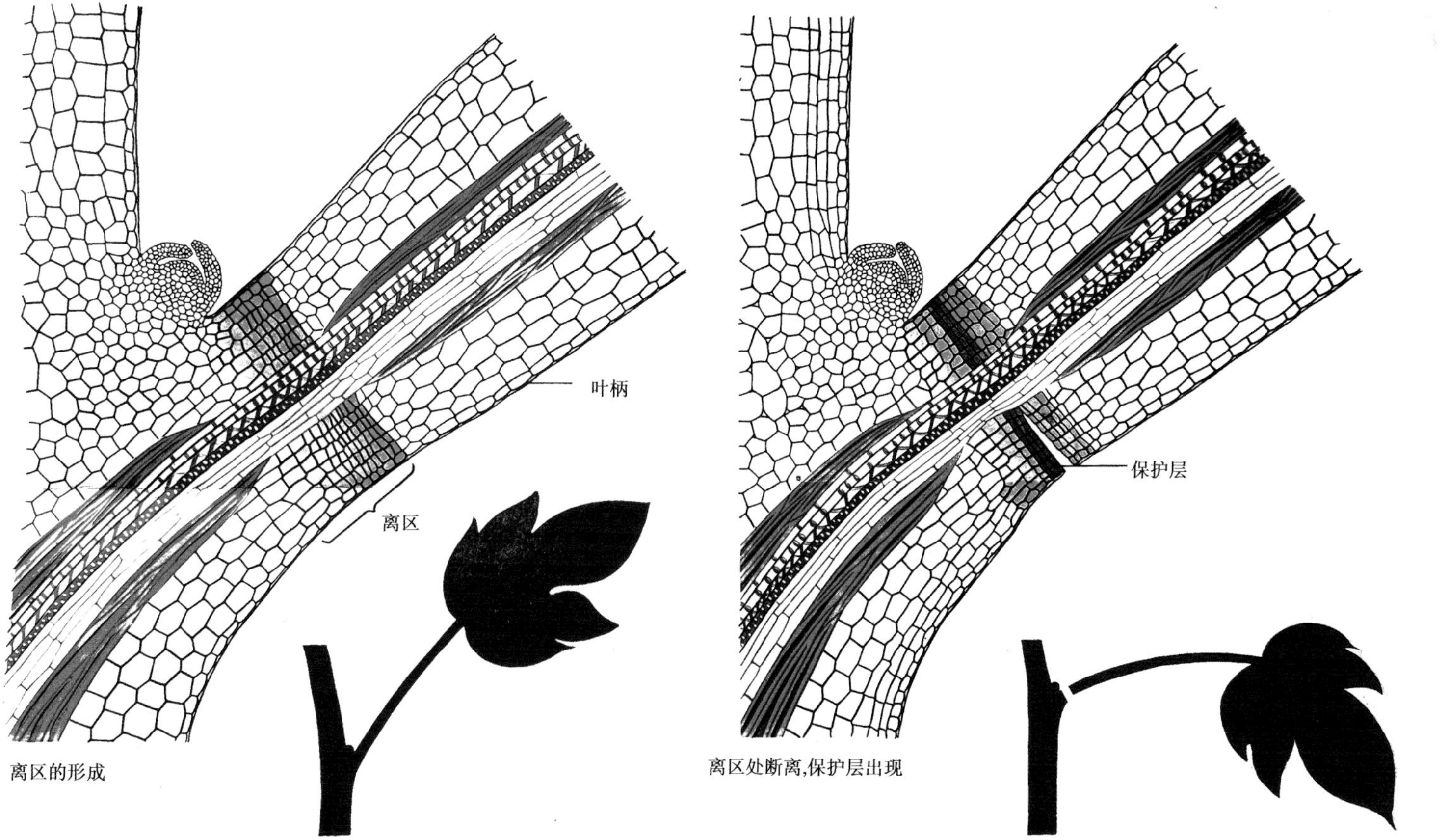

保护层

离区处断离,保护层出现

叶柄

离区

离区的形成

图5.21 落叶和离层(第101页彩图)

15

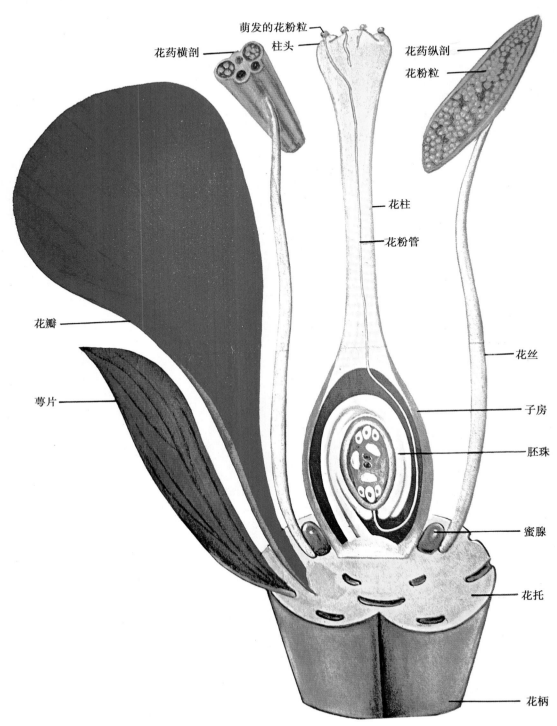

萌发的花粉粒

花药横剖

柱头

花药纵剖

花粉粒

花柱

花粉管

花瓣

萼片

花丝

子房

胚珠

蜜腺

花托

花柄

图7.2　花的结构图(第119页彩图)

16

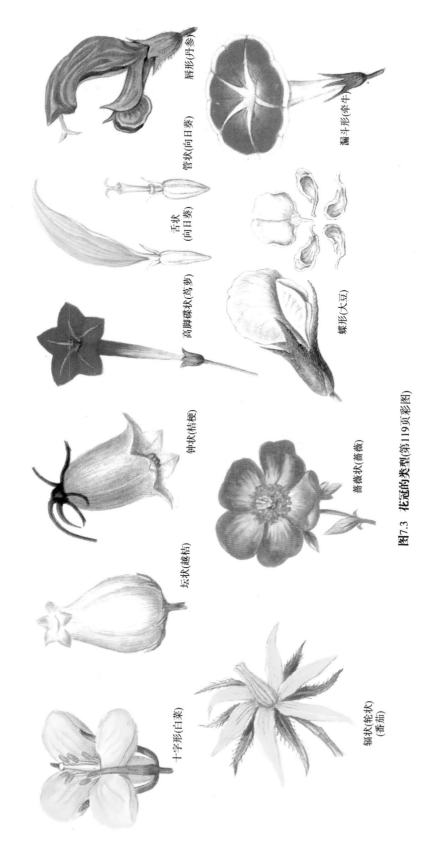

唇形(丹参)

漏斗形(牵牛)

管状(向日葵)

舌状(向日葵)

蝶形(大豆)

高脚碟状(鸢萝)

钟状(桔梗)

蔷薇状(蔷薇)

坛状(越桔)

十字形(白菜)

辐状(轮状)(番茄)

图7.3 花冠的类型(第119页彩图)

17

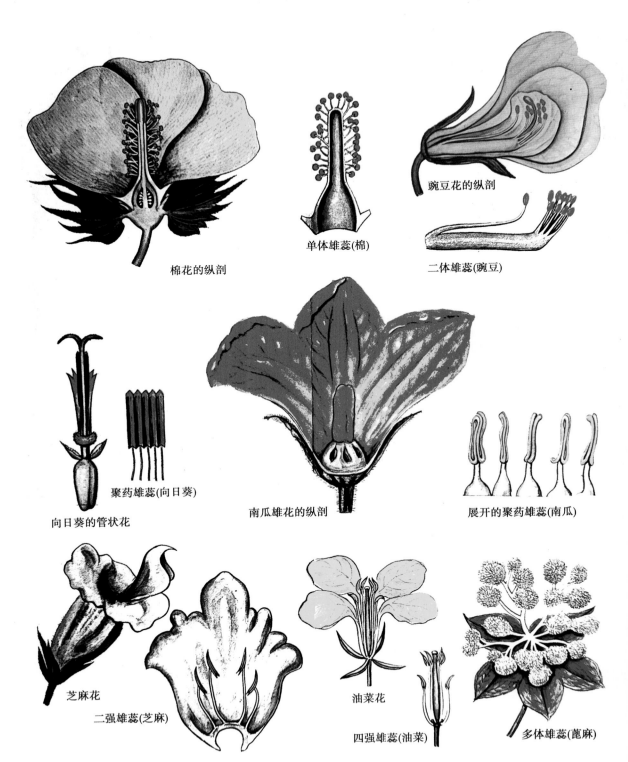

棉花的纵剖

单体雄蕊(棉)

豌豆花的纵剖

二体雄蕊(豌豆)

聚药雄蕊(向日葵)

向日葵的管状花

南瓜雄花的纵剖

展开的聚药雄蕊(南瓜)

芝麻花

二强雄蕊(芝麻)

油菜花

四强雄蕊(油菜)

多体雄蕊(蓖麻)

图7.4 雄蕊的主要类型(第120页彩图)

18

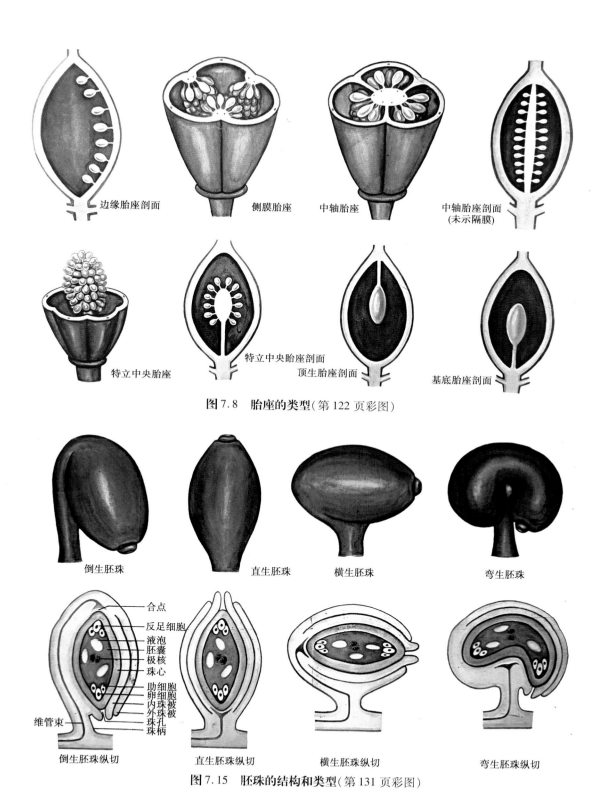

边缘胎座剖面　　　　侧膜胎座　　　　中轴胎座　　　　中轴胎座剖面
　　　　　　　　　　　　　　　　　　　　　　　　　　（未示隔膜）

特立中央胎座　　　特立中央胎座剖面　　顶生胎座剖面　　　基底胎座剖面

图 7.8　胎座的类型（第 122 页彩图）

倒生胚珠　　　　直生胚珠　　　　横生胚珠　　　　弯生胚珠

合点
反足细胞
液泡
胚囊
极核
珠心
助细胞
卵细胞
内珠被
外珠被
珠孔
珠柄
维管束

倒生胚珠纵切　　　直生胚珠纵切　　　横生胚珠纵切　　　弯生胚珠纵切

图 7.15　胚珠的结构和类型（第 131 页彩图）

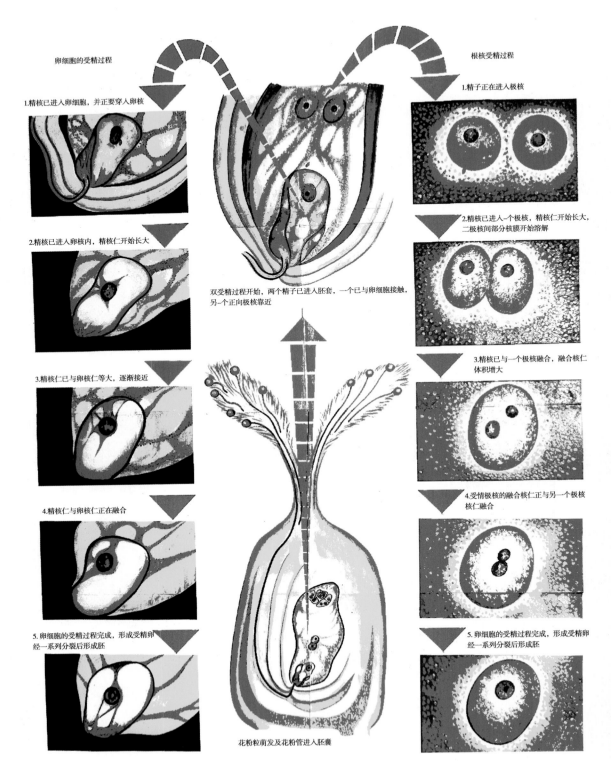

卵细胞的受精过程

1.精核已进入卵细胞，并正要穿入卵核

2.精核已进入卵核内，精核仁开始长大

3.精核仁已与卵核仁等大，逐渐接近

4.精核仁与卵核仁正在融合

5.卵细胞的受精过程完成，形成受精卵
经一系列分裂后形成胚

根核受精过程

1.精子正在进入极核

2.精核已进入一个极核，精核仁开始长大，
二极核间部分核膜开始溶解

3.精核已与一个极核融合，融合核仁
体积增大

4.受情极核的融合核仁正与另一个极核
核仁融合

5.卵细胞的受精过程完成，形成受精卵
经一系列分裂后形成胚

双受精过程开始，两个精子已进入胚套，一个已与卵细胞接触，
另一个正向极核靠近

花粉粒萌发及花粉管进入胚囊

图 7.19 被子植物的双受精过程（第 136 页彩图）

20

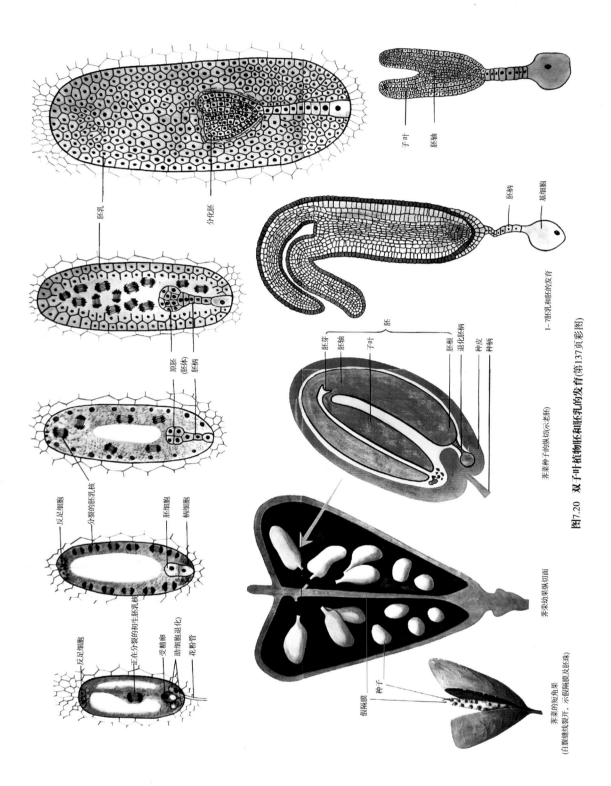

子叶

胚轴

胚柄

基细胞

胚乳

分化胚

原胚(胚体)
胚柄

1—胚乳和胚的发育

反足细胞

分裂的胚乳核

胚细胞

柄细胞

反足细胞

正在分裂的初生胚乳核

受精卵

助细胞退化

花粉管

胚芽

胚轴

子叶

胚 胚根

退化胚柄

种皮
种柄

荠菜种子的纵切面(示老胚)

荠菜幼果纵切面

假隔膜

种子

荠菜的短角果
(自腹缝线裂开，示假隔膜及胚珠)

图7.20 双子叶植物胚和胚乳的发育(第137页彩图)

21

（a）银杏

（b）银杏种子

图9.2　银杏种子（第169页彩图）

图9.1　苏铁(示小孢子叶球)（第168页彩图）

图9.13　云杉（第175页彩图）

图9.20　水杉（第178页彩图）

图9.21　侧柏（第178页彩图）

（a）罗汉松的雄球花　　　　　　　　　　　（b）罗汉松的种子

图 9.25　罗汉松（第 180 页彩图）

图 9.28　草麻黄（第 183 页彩图）　　　　**图 10.1　玉兰**（第 187 页彩图）

（a）荷花玉兰　　　　　　　　　　　　（b）荷花玉兰的花

图 10.3　荷花玉兰（第 188 页彩图）

图 10.4 含笑（第 188 页彩图）　　　　　图 10.5 牡丹（第 188 页彩图）

图 10.8 芍药（第 189 页彩图）　　　　　图 10.9 桑树（第 191 页彩图）

图 10.11 无花果　　　　　　　　　图 10.12 薜荔（第 192 页彩图）
（第 192 页彩图）

图10.13　**桂花**(第 193 页彩图)

图10.14　**女贞**(第 193 页彩图)

图10.15　**金叶女贞**(第 194 页彩图)

(a)迎春 (b)迎春的花

图 10.16 **迎春**(第 194 页彩图)

图 10.17 **紫丁香**(第 194 页彩图)

(a)连翘 (b)连翘的花

图 10.18 **连翘**(第 195 页彩图)

图 10.19　雪柳花枝（第 195 页彩图）

图 10.21　枫杨（第 196 页彩图）

图 10.22　板栗（第 197 页彩图）

图 10.26　木槿
（第 198 页彩图）

图 10.29　蜀葵
（第 200 页彩图）

图 10.30　夹竹桃（第 200 页彩图）

图 10.31　络石（第 201 页彩图）

图 10.32 月季(第 201 页彩图)

图 10.33 玫瑰(第 202 页彩图)

图 10.34 棣棠(第 202 页彩图)

图 10.35 火棘(第 203 页彩图)

图 10.36 山楂(第 203 页彩图)

图 10.38 紫荆(第 204 页彩图)

图 10.41　紫穗槐（第 206 页彩图）

图 10.42　合欢（第 206 页彩图）

图 10.43　紫藤（第 207 页彩图）

图 10.46　垂柳（第 208 页彩图）

图 10.49　红花檵木（第 210 页彩图）

图 10.50　花椒（第 210 页彩图）

图 10.51　枸橘(第 211 页彩图)

图 10.54　七叶树(第 212 页彩图)

(a)黄山栾树的花果枝

(b)黄山栾树

图 10.57　黄山栾树(第 214 页彩图)

图 10.60　一球悬铃木(第 215 页彩图)

图 10.61　二球悬铃木(第 215 页彩图)

图 10.64　小叶朴（第 217 页彩图）

图 10.68　十大功劳（第 219 页彩图）

图 10.69　南天竹（第 219 页彩图）

图 10.70　海桐（第 220 页彩图）

图 10.71　佛肚竹（第 220 页彩图）

图 10.73　棕榈（第 222 页彩图）

图 10.74　蒲葵（第 222 页彩图）

图 10.76　朱蕉（第 223 页彩图）

图 10.77　郁金香（第 223 页彩图）

图 10.78　风信子（第 224 页彩图）

图 10.79　水仙（第 224 页彩图）

图 10.80　君子兰（第 225 页彩图）

"十三五"职业教育国家规划教材
"十二五"职业教育国家规划教材
经全国职业教育教材审定委员会审定

园林植物 第6版

YUANLIN ZHIWU

主　编　贾东坡　齐　伟
副主编　冯林剑　刘艳华　李　慧
主　审　叶永忠

重庆大学出版社

内容提要

本书是"十三五"职业教育国家规划教材。全书包括植物的细胞和组织,种子和幼苗,营养器官的形态、构造和变态,植物的生长和营养繁殖,被子植物的生殖器官,植物分类的基础知识,裸子植物、被子植物中园林植物主要科的基本特征、识别要点及其代表植物等内容。教材配有电子教案,可扫前言二维码查看,并在电脑上进入重庆大学出版社官网下载。书中还有38个视频,扫码即可观看园林植物彩色图片视频,方便学生学习。

本教材内容翔实,体现了园林植物学科的科学性、系统性、先进性和时代特征;全书图文并茂,并根据每章内容编写有相应的实训指导,可操作性强,适用于高职园林类、应用型本科园林类专业,也可供从事园林绿化的科技人员自学参考。

图书在版编目(CIP)数据

园林植物 / 贾东坡,齐伟主编. -- 6 版. -- 重庆:
重庆大学出版社,2022.1(2022.11 重印)
高等职业教育园林类专业系列教材
ISBN 978-7-5689-0082-9

Ⅰ.①园… Ⅱ.①贾… ②齐… Ⅲ.①园林植物—高
等职业教育—教材 Ⅳ.①S688

中国版本图书馆 CIP 数据核字(2022)第 015067 号

园林植物
(第6版)

主　编　贾东坡　齐　伟
副主编　冯林剑　刘艳华　李　慧
主　审　叶永忠
责任编辑:何　明　　版式设计:莫　西　何　明
责任校对:邹　忌　　责任印制:赵　晟

*

重庆大学出版社出版发行
出版人:饶帮华
社址:重庆市沙坪坝区大学城西路 21 号
邮编:401331
电话:(023) 88617190　88617185(中小学)
传真:(023) 88617186　88617166
网址:http://www.cqup.com.cn
邮箱:fxk@ cqup.com.cn(营销中心)
全国新华书店经销
重庆升光电力印务有限公司印刷

*

开本:787mm×1092mm　1/16　印张:16.5　字数:461 千　插页:16 开 16 页
2006 年 8 月第 1 版　2022 年 1 月第 6 版　2022 年 11 月第 10 次印刷
印数:27 001—30 000
ISBN 978-7-5689-0082-9　定价:49.00 元

编委会名单

主　任　江世宏

副主任　刘福智

编　委（按姓氏笔画为序）

卫　东	方大凤	王友国	王　强	宁妍妍
邓建平	代彦满	闫　妍	刘志然	刘　骏
刘　磊	朱明德	庄夏珍	宋　丹	吴业东
何会流	余　俊	陈力洲	陈大军	陈世昌
陈　宇	张少艾	张建林	张树宝	李　军
李　璟	李淑芹	陆柏松	肖雍琴	杨云霄
杨易昆	孟庆英	林墨飞	段明革	周初梅
周俊华	祝建华	赵静夫	赵九洲	段晓鹃
贾东坡	唐　建	唐祥宁	秦　琴	徐德秀
郭淑英	高玉艳	陶良如	黄红艳	黄　晖
彭章华	董　斌	鲁朝辉	曾端香	廖伟平
谭明权	潘冬梅			

编写人员名单

主　编　贾东坡　河南农业职业学院

　　　　　齐　伟　甘肃林业职业技术学院

副主编　冯林剑　河南农业职业学院

　　　　　刘艳华　黑龙江生物科技职业学院

　　　　　李　慧　新乡学院

参　编　负冬梅　三门峡职业技术学院

　　　　　江灶发　江西财大资源与环境管理学院

　　　　　周金土　北方花卉集团

　　　　　刘海军　黄河富景生态园郑州黄河湿地风景区

主　审　叶永忠　河南农业大学生命科学学院

第6版前言

教学课件

根据教育部关于全面提高高等职业教育教学质量的文件精神,为了进一步提高高等职业院校的办学质量,加强"十三五"期间高等职业教育的教学团队、精品课程、教学资源库和教材的立体化建设,实施校企合作办学,为加快地方经济建设培养更多的技能型、应用型高级人才,针对我国高等职业教育园林技术专业人才培养目标的定位,根据本行业技术领域和职业岗位群的要求,吸收全国示范院校、骨干院校教学改革的最新研究成果,我们对第 5 版《园林植物》进行了修订。

参加本书编写的教师均来自全国知名高职院校,平均教龄 25 年以上,编者长期在教学第一线,有扎实的专业理论知识和丰富的生产实践经验,全部具有教授或副教授职称,大部分是省级知名专家和学科带头人。在教材编写过程中,总结了自己多年的教学经验,参考了国内外有关教材和相关文献,注重教材的科学性、系统性和先进性。在编写过程中突出以下 7 个特点:

1. 教材内容和教学目标相结合,突出实践技能。吸收行业企业一线技术人员参与教材修订,充分听取行业企业专家建议,使内容更加贴近生产一线。

2. 注重理论与实践相结合,强化职业技能培养。

本书以培养技能型、应用型高级人才为目的,结合章节教学进度合理安排实验实习。15 个实验实训供各高校任课教师根据自己的教学情况进行选择。在园林植物开花季节安排一周 30 学时教学实习,使学生达到能正确识别当地园林植物的目标。

3. 使用立体化教材,把课堂教学、实训教学和网络教学相结合。在教材建设方面我们制作了本书的精品课程,被评为河南省 2011 年精品课程。学生除了在教室、实验室、植物园学习以外,可以通过开放的校园网络进行在线学习,欣赏本课程的多媒体课件、电子教案、试题库、地被植物、农田杂草、植物资源等相关内容,通过试题库进行自我测试,检查自己的学习效果,实现校内学习和校外学习相结合。

4. 文字叙述和插图相结合,力求做到图文并茂,以利于激发学生的学习兴趣。在教材中尽量体现出基本概念讲清、基本理论够用、实验实训可操作性强。

5. 在内容编排上符合认知规律,教学内容循序渐进。

6. 教材配有学习指导,教学课件可扫本页二维码,并进入重庆大学出版社官网下载。

7. 含有 38 个彩色图片视频,可扫二维码学习。

本书从第 1 章到第 7 章分别介绍了园林植物的细胞和组织,种子和幼苗,植物器官的形态和构造。第 8 章到第 10 章分别介绍了植物分类的基础知识、植物界的基本类群及其基本特征、植物界演化的基本规律,裸子植物、被子植物中常见园林植物主要科的基本特征、识别要点、分布规律和园林用途。

本教材在前五版教材中,做了大量的修订工作,内容体系不断成熟。本次再版,为了响应国家数字化教材的号召,进一步丰富本书内容又不增加篇幅,更加方便学生学习,书中增加了38个视频(含授课实录视频、园林植物彩色图片视频、扩展知识视频),并做成二维码放在教材相应章节中,便于学生扫码观看视频,促进教师教学,提升学生学习效率。此外,还在第5版的基础上对全书进行了修订和校正。

本书由贾东坡、齐伟任主编。贾东坡编写绪论、第6章、实验实训7,8;齐伟编写第10章;冯林剑编写第1章、第2章;刘艳华编写第4章、第5章、第7章,实验实训1,2,3;李慧编写第3章,实验实训4,5,6;贠冬梅编写第8章,实验实训9,10,11,12,13;江灶发编写第9章,实验实训14,15。另外,周金土、刘海军两位企业人员也参与了教材修订。全书由河南农业职业学院贾东坡教授统稿,河南农业大学生命科学学院叶永忠教授主审。

本书在编写过程中参阅了国内外多种教材和相关文献,在本书附主要参考文献中未能一一列出,在此向作者一并致谢。在教材编写过程中,得到了河南农业职业学院、甘肃林业职业技术学院、黑龙江生物科技职业学院、新乡学院、三门峡职业技术学院、江西财大资源与环境管理学院等单位领导的大力支持,在此表示衷心感谢!

由于编者水平有限,教材中难免有不妥之处,敬请读者批评指正,希望其他兄弟院校的教师在使用本书后多提宝贵意见,以便今后进一步修订和完善。

编　者
2021 年 11 月

目 录

0 绪 论 ··· 1

　0.1 植物的多样性、植物的基本特征及植物界的划分 ··············· 1

　0.2 植物在自然界和国民经济中的作用 ································· 2

　0.3 植物学的发展与分科 ·· 4

　0.4 学习园林植物的目的和方法 ··· 6

　复习思考题 ·· 8

1 植物的细胞和组织 ··· 9

　1.1 细胞概述 ··· 9

　1.2 植物真核细胞的结构和功能 ··· 11

　1.3 植物细胞的繁殖 ·· 21

　1.4 植物的组织 ··· 26

　复习思考题 ··· 35

2 种子和幼苗 ·· 37

　2.1 种子的构造与类型 ··· 37

　2.2 幼苗的类型 ··· 41

　2.3 幼苗形态学特征的应用 ··· 46

　复习思考题 ··· 46

3 根 ·· 47

　3.1 根的形态与功能 ·· 47

　3.2 根的构造 ··· 49

　3.3 根瘤与菌根 ··· 58

　3.4 根的变态 ··· 60

　复习思考题 ··· 63

4　茎的形态和构造 ························· 65

4.1　茎的形态与功能 ····················· 65
4.2　茎的构造 ······························· 72
4.3　茎的变态 ······························· 84
复习思考题 ································· 86

5　叶 ·· 87

5.1　叶的生理功能和经济用途 ········· 87
5.2　叶的形态 ······························· 88
5.3　叶的结构 ······························· 95
5.4　落叶与离层 ···························· 100
5.5　叶的变态 ······························· 101
复习思考题 ································· 103

6　植物的生长与繁殖 ····················· 104

6.1　植物的生长 ···························· 104
6.2　植物的营养繁殖 ······················ 108
复习思考题 ································· 112

7　被子植物的生殖器官 ·················· 113

7.1　花的发生及组成 ······················ 113
7.2　花药和花粉粒的发育和构造 ········ 123
7.3　胚珠和胚囊的发育与构造 ·········· 126
7.4　开花、传粉和受精 ··················· 129
7.5　种子和果实的发育 ··················· 132
复习思考题 ································· 144

8　植物分类的基础 ························· 145

8.1　植物分类的基础知识 ················ 145
8.2　植物的主要类群 ······················ 149
8.3　植物界的发生和演化 ················ 160
复习思考题 ································· 163

9　裸子植物的分类 ························· 164

9.1　苏铁纲 ································· 164
9.2　银杏纲 ································· 165
9.3　松柏纲 ································· 165
9.4　红豆杉纲（紫杉纲）················· 175
9.5　买麻藤纲（盖子植物纲）············ 178

复习思考题 ……………………………………………………………… 180

10　被子植物的分类 …………………………………………… 181
10.1　被子植物的分类原则 ……………………………………… 181
10.2　被子植物分科概述 ………………………………………… 183
复习思考题 ……………………………………………………… 221

11　实训指导 ……………………………………………………… 222
实训 1　光学显微镜的使用及植物细胞的观察 ……………… 222
实训 2　植物质体及淀粉粒的观察 …………………………… 227
实训 3　植物细胞有丝分裂的观察 …………………………… 228
实训 4　植物组织的观察 ……………………………………… 229
实训 5　种子的形态和构造的观察 …………………………… 230
实训 6　根的形态与结构的观察 ……………………………… 232
实训 7　茎的形态结构的观察 ………………………………… 234
实训 8　叶的解剖结构的观察 ………………………………… 237
实训 9　营养器官变态的观察 ………………………………… 238
实训 10　花药和子房形态构造的观察 ………………………… 240
实训 11　植物果实形态构造的观察 …………………………… 241
实训 12　低等植物的观察 ……………………………………… 243
实训 13　高等植物的观察 ……………………………………… 244
实训 14　植物检索表的使用 …………………………………… 246
实训 15　植物标本的采集和制作 ……………………………… 248

主要参考文献 …………………………………………………… 252

绪 论

0.1 植物的多样性、植物的基本特征及植物界的划分

0.1.1 植物的多样性

地球上现有生物 200 多万种,其中植物 50 余万种。植物学是一门以植物为研究对象,研究植物的形态结构及生长发育规律、类群和分类以及植物的生长分布与环境的相互关系的科学。地球上植物的多样性可以概括为以下几个方面:

(1)植物在地球上分布的多样性 植物在地球上分布十分广泛,从热带雨林到冻土高原,从南极到北极,从平原到高山,从海洋到陆地,甚至在极干旱的沙漠中都有植物的分布。植物主要分布在热带地区,如在巴西的亚马逊河流域,植物种类尤其丰富。我国山川密布、河流众多、幅员辽阔,植物资源十分丰富,是世界上许多植物的原产地。我国有种子植物 3 万余种,居世界第三位,仅次于巴西和哥伦比亚。全世界裸子植物有 13 科,我国就有 12 科。我国的果木和观赏植物繁多,银杏、水杉、银杉、水松等是闻名世界的"活"化石,我国素有世界"园林之母"之称,仅四川省就有高等植物 1 万多种。

(2)植物形态结构的多样性 有的植物形体微小,是由单细胞组成的简单生物体,如螺旋藻、小球藻,小到以微米来计算。大的植物如巨杉(又称世界爷),高达 142 m,澳洲的杏仁桉 155 m。独树成林的榕树树冠覆盖面积和一个足球场差不多。太平洋东海岸的巨囊藻可长达 500 m 以上。藻类植物中绿藻是多细胞的丝状体;种子植物具有发达的根、茎、叶、花等器官,开花后产生种子,是进化的最高级类型。从植物的寿命长短来看,有的细菌在适宜的条件下,每 30 min 可繁殖一代,而非洲加那利亚岛上的龙血树,树龄高达 6 000 多年。

(3)植物营养方式的多样性 在植物界绝大部分植物都含有叶绿素,能进行光合作用,制造有机物质,它们被称为绿色植物或自养植物;但也有一部分非绿色植物,不能自制养料,称为异养植物:有少数是寄生在其他植物体上吸取营养,如寄生在大豆上的菟丝子,称为寄生植物;还有少数植物如水晶兰和许多菌类,它们生长在腐朽的有机物上,通过对有机物的分解而摄取自身所需要的营养物质,称为腐生植物。

（4）植物生命周期的多样性　有的细菌仅能生活 30 min，就可以产生新个体。一年生和两年生的种子植物分别经过一年或跨两个生长季节才能完成生活周期，它们为草本植物类型，如一串红、虞美人为一年生，小麦、甜菜为二年生。多年生植物有草本（菊花、芍药）和木本（苹果、桃）两种类型。

（5）植物繁殖方式的多样性　植物的繁殖方式有 3 种基本类型。苔藓和蕨类植物产生孢子繁殖后代，称为孢子繁殖；种子植物中的裸子植物和被子植物依靠种子繁殖后代，称为种子繁殖；有一些园林植物是依靠营养体进行繁殖，称为营养繁殖，如菊花、月季枝条的扦插，石榴的压条等。

0.1.2　植物的基本特征

植物虽然多种多样，但都具有共同的基本特征。如植物有细胞壁，有比较稳定的形态，绿色植物和少数非绿色植物能借助太阳光能和化学能把简单的无机物合成有机物，大多数植物从胚发生到成熟，由于分生组织的存在，能不断产生新的植物体或新器官；植物对外界的环境变化一般不能做出快速的反应，往往只在形态上出现长期适应的变化。如地衣、越橘、杜香、岩高兰等高山植物和极地植物通常植株矮小，成垫状或匍匐状，便是对紫外光和低温的形态适应。

0.1.3　植物界的划分

18 世纪瑞典的林奈（Carolus Linnaeus）将生物分为动物界和植物界，植物界包括藻类植物、菌类植物、地衣植物、苔藓植物、蕨类植物和种子植物六大类群。1866 年德国的海克尔（E. H. Haeckel）提出的三界系统，在前两界的基础上，将具有色素又能游动的单细胞低等植物另立为原生生物界。1938 年美国的柯柏兰（H. H. Copeland）提出了四界系统，即原核生物界（如蓝藻和细菌）、原始有核界（核藻类、原生动物、真核菌类）、后生动物界和后生植物界。1969 年美国的韦塔克（R. H. WhittaKer）提出把生物划分为五界：原核生物界、原生生物界、真菌界、植物界、动物界。我国的陈世骧建议在五界系统的基础上，把病毒和类病毒另立为病毒界或非胞生物界，从而形成六界系统。由于上述的几种分界系统还没有最后确认，本书仍沿用两界系统。

0.2　植物在自然界和国民经济中的作用

（1）合成有机物质，提供能量　绿色植物是自然界的第一生产者。它们利用太阳光能将简单的无机物合成为碳水化合物的过程，称为光合作用。光合作用的产物不仅解决了绿色植物自身的营养，同时也维持了非绿色植物、动物和人的生命。

（2）植物在自然界物质循环中的作用　绿色植物进行光合作用合成有机物质。据估计，地球上的自养植物每年约同化 2×10^{11} t 碳素，其中 60% 是陆生植物同化的，40% 是浮游植物同化的。所以说，异养生物所需要的有机物（粮、油、糖）和某些工业原料（棉、麻、橡胶等）都直接或间接来自植物的光合作用。绿色植物在光合作用中还释放氧气,补充动植物的呼吸、物质燃烧和分解所消耗的氧量,保持了大气层中氧气和二氧化碳的平衡,因此,绿色植物被认为是一个自动的空气净化器。

据估计,全世界生物呼吸和燃料燃烧消耗的氧气量,平均为 10 000 t/s。以这样的速度计算,大气中的氧气 3 000 年左右就会用完。植物在光合作用中放出大量的氧气来维护大气中氧气的平衡。但仅有植物的光合作用合成有机物是不够的,而自然界的物质总是处在不断的循环中,一方面是无机物合成有机物,而另一方面是有机物质分解为无机物。有机物的分解主要有两种途径:一是动、植物的呼吸;二是通过非绿色植物(细菌、真菌)对死的有机体的分解产生氨或铵态氮,即矿化作用(又称氨化作用)。矿化作用的结果,使复杂的有机物分解成简单的无机物,可以被绿色植物再次利用。光合作用和矿化作用,使自然界的物质永远处于循环之中。

(3)植物对环境的保护作用　首先是植物的净化作用。农业上为了防治病虫害大量使用高毒农药,城市工业三废(废气、废水、废渣)大量进入大气和土壤,造成环境污染,影响生物生存,同时也危害人类的健康。植物对大气的净化作用是通过叶片吸收大气中的毒物,减少大气中的毒物含量;植物还能降低和吸附粉尘,净化大气,如森林可降低风速,使空气中的大尘埃降落,植物叶片粗糙多毛,能吸附大量的飘尘。此外,草坪也有显著的减尘作用。

其次是植物对水域的净化作用。水域的净化作用是植物能吸收、分解或转化某些有毒物质。在低浓度的情况下,植物能吸收某些有毒物质,并在体内将有毒物质分解和转化成无毒成分;另外植物的富积作用能吸收和富集水中的有毒物质。在环境保护中,植物除了净化作用之外,还有监测作用,如利用唐菖蒲和葡萄检测氟化氢,利用胡萝卜、菠菜和地衣来监测二氧化硫,这些植物的叶片对二氧化硫、氟化氢比较敏感。

(4)植物在国民经济中的重要作用　我国是一个农业大国,农业是国民经济的基础,植物是人类生活和生产不可缺少的物质基础。农业生产的所有收获物,如粮食、水果、蔬菜、油料、棉花、茶叶、木材都是植物光合作用的产物,我们食用的肉、蛋、奶也是由植物间接转化而来。我们所从事的农业生产,实际上是人类借助绿色植物的光合作用,按照人们的需要生产各种粮食、水果和蔬菜的过程。据不完全统计,目前已经被人们利用的植物有 25 000 多种,其中药用植物近2 000 种,绿化常用的园林植物有 1 000 余种。

园林植物是指一切具有观赏价值,并通过一定技艺进行栽培和养护的植物。园林植物的经济用途如下:

①果树类　在园林树木中有很多种类的果实是人们常常食用的水果。如北方的有桃、李、杏、梅、柿、苹果、葡萄、木瓜、猕猴桃等;南方的有龙眼、菠萝蜜、芒果、番木瓜、杨梅、枇杷、香蕉、椰子等。

②淀粉树类　有一些园林植物的种子中富含淀粉,被称为"木本植物树种"或"铁杆庄稼",如栎类、柿、栲类、银杏等。

③油料树类　许多园林植物的果实、种子富含油脂,称为油料树。例如油桐的种子含油量为 40% ~60%,黄连木的种子含油量为 56%,樟树的种子含油量为 64%,胡桃仁的含油量为58% ~74%,而铁力木的含油量高达 78.9%,比农作物中花生的含油量 40% ~55% 还要高。常见的园林油料树种有 200 多种,它们对人们的生活及工业方面都有很重要的作用。

④木本蔬菜类　许多园林植物的叶、花、果实可以作蔬菜食用,例如香椿、枸杞的叶;木槿、

玉兰、紫藤、柳树、刺槐的花或花序;枸杞、花椒的嫩枝及果实等。

⑤药用树类　园林植物的叶、花、果实可入药。据不完全统计,园林树木可入药的有300多种。其中最常用的有:银杏、牡丹、五味子、构树、木兰、枇杷、杜仲、金银花、金银木、扶桑、接骨木、女贞、木棉、夹竹桃、七叶树、连翘、石楠、扶手、迎春、九里香、枫杨等。枸杞全身是宝,冬季采枸杞根为地骨皮,可清热凉血、消肺降火、去热消渴;春采枸杞叶为天精,有补虚益精、清热明目之功效;秋采枸杞果为枸杞子,可润补肝肾,治疗眩晕耳鸣、腰膝酸疼。

⑥香料树类　我国富含芳香油的园林植物很多,应用前景十分广阔。常见富含芳香油的园林植物有:茉莉、含笑、白兰花、桂花、山胡椒、芸香、花椒、柑橘、刺槐、樟树、肉桂、月桂、八角、黄荆、台湾相思树等。

⑦纤维树类　有些树种的树干富含纤维,可以作为编织、纺织和造纸的原料。常见富含纤维的园林树种有:榆、刺槐、桑树、朴树、构树、椴树、雪柳、杠柳、荆条、络石、毛竹木棉、结香、剑麻、棕榈、胡枝子等。

⑧橡胶、乳胶树类　有一些园林植物含橡胶、树脂和树胶,在现代化学工业中十分重要。橡胶树、印度橡皮树、卫矛、大果卫矛、丝棉木、冬青卫矛等可提取硬橡胶;薜荔、杜仲藤枝干、果实可提取胶乳。松类、柏类、杉类、漆树、栾树、山桃、猕猴桃富含树脂。

⑨饲料树类　有一些园林树种的果实、嫩枝和叶可以作为饲料,这些树种是:刺槐、杨树、榆、栎类、胡枝子、构树等。叶可以养蚕的有:桑属、柘属等植物。刺槐、枣树、蔷薇属、香薷属植物可以养蜂。

⑩薪材类　一些高大的园林树木可以提供不同的用材,如松、柏、杨、柳、栎、泡桐等。在修剪时去掉的枝叶可以作烧材,如冬天从地表剪去的月季枝条。

⑪观赏装饰类　榕树、红掌、变叶木、青香木、吊兰等常常置于室内用于观赏和装饰。

除了以上的经济用途以外,有的园林植物富含糖类,可以提取砂糖,如糖槭、刺梨、金樱子等;有的园林植物可以制作饮料,如咖啡、可可、柿叶、茶树等;有的园林植物可以提取杀虫剂,如夹竹桃、银杏、苦楝、杠柳、皂荚、油茶、苦木、鸡血藤等植物。

除了上述功能外,园林植物还可以调节农田小气候,在防风固沙、蓄水保土等方面具有特殊的功能。加强水土保持、退耕还林、退耕还草、植树造林是实现农业现代化的重要组成部分,我们的口号是"既要金山银山,又要碧水蓝天"。在生态农业规划时,不仅要有经济效益,还要有生态效益和社会效益。植树造林不但能造福子孙后代,而且也有利于改善人们的生存环境,维持自然界的生态平衡。

0.3　植物学的发展与分科

0.3.1　植物学的发展

我国是世界闻名的农业古国,早在母系社会就有了原始农业,并形成了黄河流域和长江流域两大作物耕作区域。从黄河流域的河北武安磁山新石器遗址出土的距今7 400年前的谷粟粉末,以及长江流域的浙江余姚河姆渡遗址出土的距今约7 000年前的碳化稻谷,有力地证明了中华民族悠久的农业历史。我国对植物的研究历史悠久。早在殷代人们就开始种植麦、黍、稻和粟。在春秋战国时的《诗经》中已记载了 200 余种植物。晋代嵇含著的《南方草木状》分为草、木、果、谷四章，是我国最早的一本植物学专著。汉代的《神农本草经》也详细记载了 365 种药用植物。公元 6 世纪，北魏著名农学家贾思勰著的《齐民要术》一书中叙述了当时农、林、果树和野生植物的栽培利用概况，提出了"正其行而通其气，美田之法，绿豆为上"的朴素的植物学思想。该书在种榆白杨篇载"初生三年，不用采叶，尤忌捋心，捋心则科茹不长"，强调保护顶芽，使其保持顶端优势。明代徐光启的《农政全书》共 60 卷，记载了很多救荒植物。李时珍三十年来潜心研究药用植物，著有药物学专著《本草纲目》，记载药物有 1 892 种，其中 1 173 种是植物，这部药物学巨著被译成英、法、日等多种文字。河南籍的清末状元吴其濬著的《植物名实图考》一书，记载了栽培和野生植物 1 714 种，是我国研究植物的重要文献。除此之外，唐代陆羽的《茶经》、宋代刘蒙的《菊谱》、蔡襄的《荔枝谱》，明代王象晋的《群芳谱》、陈淏子的《花镜》等，都是关于研究利用植物很有价值的重要文献。但是由于当时历史条件的局限性，对植物的记载仅限于外部形态描述，甚至有些形态描述还不够准确。随着对植物研究的不断深入，全国各省区都编撰有地方植物志，弄清了本地的植物资源本底。《中国植物志》是世界上划时代的植物巨著之一，共 80 卷，125 册，记载了 301 科 3 408 属 31 142 种植物，这部巨著的问世是集体智慧的结晶。

在国外植物学的发展历史上，从德奥弗拉帝斯（E. Theophrastus）所著的《植物历史》和《植物本原》到 17 世纪，基本上属于描述性植物学阶段。从 18 世纪中叶德国的施莱登（M. J. Schleiden）和施旺（T. Schwann）创立了细胞学说，恩格勒（A. Engler）和伯兰特（K. Prantl）所著《自然植物分科志》是人为对植物进行系统分类的阶段。

0.3.2 植物学的分科

随着人类社会的发展，尤其是 20 世纪电子显微镜的出现，人们对植物的研究更加深入，能观察到细胞更细微的结构。植物学在长期的发展过程中也形成了许多分支学科，现简要分述如下：

（1）植物形态学 植物形态学是研究植物的形态结构在个体发育或系统发育中的建成过程和形成规律的学科。广义的植物形态学包括植物解剖学、植物胚胎学和植物细胞学。

（2）植物生理学 植物生理学是研究植物生命活动及其规律的学科，研究内容包括植物体内的物质代谢和能量代谢、植物的生长发育以及植物对外界环境条件的反应等。

（3）植物遗传学 植物遗传学是研究植物的遗传变异规律以及人工选择的理论和实践的科学。它又可以分为植物细胞遗传学和分子遗传学。

（4）植物生态学 植物生态学是研究植物与其周围环境之间的相互关系的学科。植物生态学又派生出植物个体生态学、植物种群生态学、植物群落学和生态系统学等分支学科。

（5）植物分类学 植物分类学是研究植物的亲缘关系和进化系统对植物进行系统分类的学科。

（6）地植物学 地植物学是研究植物群落以及它们与地理环境的关系的学科。

（7）植物地理学 植物地理学是研究地球上现在和过去植物的传播和分布的学科。

第十三届国际植物学会议将植物科学研究内容分为十二类：分子植物学、代谢植物学、细胞及结构植物学、发育植物学、环境植物学、群落植物学、遗传植物学、系统及进化植物学、菌类学、海水淡水植物学、历史植物学和应用植物学，这些分支充分反映了植物学研究的方向和发展趋势。进入 20 世纪以来，随着新技术的大量涌现，如高速离心、层析和凝胶电泳技术、光谱分析和显微分光光度技术、X 射线衍射、电镜和超薄切片、DNA 重组、组织培养和细胞杂交，以及计算机技术的应用，使植物学的各分支学科相互渗透，出现了许多边缘学科，如生物物理学、生物数学、生物化学等。随着分子生物学新技术的引入，使边缘学科和综合性研究相结合，又形成了一些新的分支学科，如植物细胞分类学、植物化学分类学、植物细胞生物学、空间植物学、生物信息学等。

0.4　学习园林植物的目的和方法

0.4.1　学习园林植物的目的

学习《园林植物》的目的是为了认识园林植物，了解园林植物的生活习性、生长繁殖等生命活动的规律，从而控制、利用、保护和改造园林植物，提高其生产力，合理开发和利用野生植物和种质资源，美化人居环境，维持生态平衡，发展国民经济，为农业现代化服务，改善人类生活，不断提高人民的物质、文化生活水平。

对农林院校的学生来说，学习《园林植物》有着十分重要的现实意义，因为种植类专业都以植物为研究对象，因此，植物学的基本知识和基本技能如果掌握不好，以后的专业课就很难学好。如利用杂交育种生产种子，必须要了解植物的花器构造和开花习性，才能在最佳时间进行人工授粉来获取杂种后代。在园林规划时要对乔木、灌木和藤本植物进行合理配置，就必须熟悉园林植物的种类、分布特点、生态习性、繁殖方式和园林用途。

0.4.2　学习园林植物的方法

学习园林植物需要科学的学习方法，如观察、比较和实验，掌握这些学习方法就能更好地认识植物界，揭示生命现象的本质和规律。

观察是学习植物学的一种基本方法，通过认真而细致的观察，才能了解植物的形态和生活习性。例如，田间观察瓜类幼苗的出土、早熟禾的分蘖、锦葵的开花习性等，对植物器官和细胞的细微观察需要借助于生物显微镜和电子显微镜。

比较是学习植物学的重要方法。通过对不同植物的整体部分进行比较，才能鉴别它们的异同，如植物开花期的长短、叶色、树形的差异等。只有进行观察和比较，认真进行分析和研究，才能总结出一般的规律。植物学中各类植物的形态特征以及各个分类单位的概括，就是通过比较总结出来的。

实验也是学习园林植物的方法之一，它是在一定条件下，对植物的生活现象、生长发育和形态结构进行观测，通过借助于显微镜的观察比一般的观测更细微。如通过观察细胞的分裂，就能揭示植物生长的奥秘;通过观察营养器官的内部结构,才能深刻认识和理解植物细胞在分裂后的分化过程以及植物的形态、结构和功能之间的相互联系。

比较、观察和实验都是学习园林植物的重要方法,这三种方法既可单独使用,又可相互结合。

通过灵活多样的学习方法,使学生在轻松愉快的学习氛围中掌握植物学的相关专业知识,彻底改变那种上课记笔记、下课读笔记、考试背笔记的现象,这种靠死记硬背的学习方式,既不利于个人解决实际问题能力的培养,又不利于培养学生的实践技能。大学生应以自学为主,通过课堂学习,在专业老师的指导下,掌握专业技能和科学的学习方法,才能达到事半功倍的效果。学习《园林植物》这门课,不能仅从书本上学习,必须联系实际,到公园、风景区、花卉园区,深入生产实践,丰富感性认识,以便加深对书本知识的理解。在学习园林植物的过程中,通过自学和课堂学习,要循序渐进,并遵循以下原则:

①掌握知识,理解是关键,只有真正理解了学过的内容才能在生产实践中灵活应用。

②注意理论与实践相结合,通过生产实践增强感性认识。

③注意分析、概括和总结,从中找出规律性的东西。

④学习内容不能仅局限于书本,要认真阅读与本学科相关的专业文献,不断扩大自己的专业知识面。

0.4.3　学习园林植物要达到的教学目标

在种子植物形态、解剖部分,要求掌握植物细胞的基本结构,包括显微结构和亚显微结构,还要求掌握细胞分裂的类型及其过程、植物组织的起源及其类型、营养器官和繁殖器官的生长发育和结构。通过实验实训,熟练掌握显微镜的使用方法,能正确识别植物细胞、组织的主要特征,掌握植物器官的外部形态和内部结构的相关知识,学会徒手切片及染色装片技术。

在孢子植物部分,了解孢子植物中各大类群的主要特征,代表植物的形态、结构、繁殖方式等。通过种子植物分类部分的学习,要求掌握裸子植物,单、双子叶植物主要科的基本特征、识别要点、经济价值和园林用途。掌握识别种子植物的方法,熟悉植物检索表的使用方法。通过实训实习,能正确识别200余种常见的园林植物。掌握植物标本的浸渍(果实),植物标本的采集、压制和腊叶标本的制作鉴定技术。

据科学家预测,到2030年,生命科学是所有科学中的第一科学,它可以解决人们的吃饭、疾病、环保等重大问题。随着生命科学的深入发展和探索生命活动的微观化,会出现很多的交叉学科和边缘学科,如应用生态学、环境生态学等。但科学无论发展到什么程度,都离不开基础科学。《园林植物》是一门实验性很强的专业基础课,在学习时必须理论与实践相结合,将课堂系统讲授与实验实习紧密结合,按照园林植物的生长发育过程安排教学实习和生产实习。通过观察和比较,增强感性认识,通过实验、实训、植物分类教学实习,加深对理论知识的理解,为以后学好专业课打下良好的基础。

复习思考题

1. 简述我国植物的多样性。

2. 植物有哪些基本特征？植物界是怎样划分的？

3. 简述植物与人类的密切关系；园林植物有哪些经济用途？

4. 植物学有哪些分科？各科之间有什么联系？

5. 学习《园林植物》的目的是什么？

6. 为什么要学好《园林植物》这门课程？学习这门课程应掌握哪些学习方法？

1 植物的细胞和组织

[本章导读]

  本章主要讲述植物细胞的结构、功能,植物细胞的繁殖方式及分裂过程,植物组织的类型及生理功能。通过本章学习,应掌握植物细胞的结构、功能和繁殖过程,以及组织的形成和类型、维管束的概念及种类,掌握生物显微镜的使用和保养技术、植物装片技术,为学习园林植物器官的结构和功能奠定基础。

  植物界现存的 50 多万种植物中,尽管其形态、大小千差万别,但都是由细胞构成的。有些植物体仅由单个细胞构成,如某些细菌和藻类,其个体的所有生命活动都在该细胞内完成;绝大多数植物都是由多个细胞、甚至亿万个细胞构成的,如海带、蘑菇等低等植物和所有的高等植物。组成多细胞植物体的细胞一般都在生长和分化的基础上形成各种组织,组织之间既有分工,又有协作,共同完成有机体的各种生命活动。

1.1 细胞概述

1.1.1 细胞的发现及其意义

  人们对细胞的研究随着显微技术的不断发展而逐步深入。早在 1665 年英国人虎克用自制的简易显微镜观察软木(栎树皮)薄片时,就发现它是由许多蜂窝状的小室集合而成的,他把这些小室称为"细胞",但当时他所观察到的细胞实际是已经死亡的植物细胞的细胞壁及内部的空腔。虎克的发现使人们对生物结构的观察从宏观领域进入了微观领域,是生物学的一个重大突破。1838—1839 年,德国植物学家施莱登和动物学家施旺通过各自的研究,并总结前人的发现,共同提出了"细胞学说",即"细胞是有机体,动物和植物都是这些有机体的集合物,它们按照一定法则而排列在动植物体内"。

  细胞学说的建立,不但在自然科学史上具有重大意义,而且也是马克思主义哲学的自然科学基础,是自然科学本身的辩证法。恩格斯对细胞学说给予了高度评价,将其称为 19 世纪自然科学的"三大发现"之一。

　　研究证明:细胞是能独立生存的生物有机体形态结构和生命活动的基本单位。对于病毒、类病毒这类非细胞结构的生物体,它们不能独立生存,必须寄生到其他生物体内才能完成生命活动。

　　随着光学显微镜的改进和电子显微镜的出现,人们对细胞的研究已经从显微结构(在光学显微镜下观察到的细胞结构)深入了亚显微结构(在电子显微镜下观察到的细胞结构,也称超显微结构)。特别是近十年来,由于电子显微技术与同位素示踪技术、层析技术、超速离心技术以及分子生物学的结合,使人们能够在分子水平上逐步认识细胞各部分的结构和功能。

1.1.2　植物细胞的形状和大小

1)植物细胞的形状

　　植物细胞的形状多种多样,有球形体、多面体、长方体、星状体等(图1.1、书前彩图)。植物细胞形状的多样化是植物在长期的进化过程中形成的与其环境、功能相适应的结果。

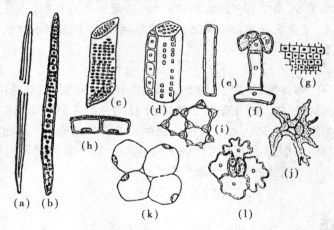

图1.1　种子植物各种形状的体细胞

(a)纤维;(b)管胞;(c)导管分子;(d)筛管分子和伴胞;(e)木薄壁组织细胞;(f)分泌毛;(g)分生组织细胞;
(h)表皮细胞;(i)厚角组织细胞;(j)分枝状石细胞;(k)薄壁组织细胞;(l)表皮和保卫细胞

　　单细胞的藻类植物,如小球藻、衣藻,因其生活在水中,细胞处于游离状态,相互之间不挤压,故多为球形;多细胞的植物体,因细胞之间相互挤压,大部分呈多面体形,如分生组织细胞。种子植物的细胞,因分工精细,其形状常与细胞执行的功能相适应,如导管细胞和筛管细胞呈长筒状与其运输作用相适应,纤维细胞呈长梭形与其支持作用相适应,某些薄壁细胞疏松排列呈多面体形与其贮藏作用相适应等,都体现了细胞形态与功能相适应的规律。细胞形状的多样性,除了与其功能和遗传有关外,外界条件的改变也会影响细胞的形状,如用苯丙咪唑处理豌豆上胚轴皮层细胞后,其细胞就由椭圆变成了长形。

2)植物细胞的大小

　　植物细胞的大小差异很大,最小的细胞(支原体)直径仅0.1 μm,肉眼根本看不见;而西瓜、

番茄的成熟果肉细胞直径可达 1 mm,苎麻的纤维细胞长度高达 550 mm,肉眼即可分辨出来。一般植物细胞的直径为 20～50 μm,需借助光学显微镜才能看到。有人粗略估算,一个叶片可含有 4 000 万个细胞,由此可见细胞的体积十分微小。

细胞的体积较小,其表面积就相对较大,这对于细胞与外界进行物质交换及完成其他生命活动具有重大意义。一般来讲,同一植物体不同部位的细胞,其体积越小,代谢越活跃,如根尖、茎尖的分生组织细胞;其体积越大,代谢越微弱,如某些具有贮藏作用的薄壁组织细胞。

植物细胞的大小要受细胞核的制约,因细胞核对细胞质的代谢起重要的调控作用,而细胞核所能控制的细胞质的量是有限的,所以,细胞的体积也是有一定限度的。

我们在观察物体时,常把能够分辨出的两点之间的最小距离称为分辨率。人的肉眼分辨率只有 0.1 mm,光学显微镜的分辨率不超过 0.2 μm,而电子显微镜的分辨率可达到 0.1 nm,因此人们对细胞的研究与显微技术的发展密切相关。

1.1.3 真核细胞和原核细胞

在自然界中绝大多数植物细胞都具有由膜包围的细胞核,这种细胞称为真核细胞。由真核细胞构成的生物称真核生物。另外还有一类细胞,遗传物质(DNA)分散于细胞中央一个较大的区域,无膜包被,它们虽有细胞结构,但没有真正的细胞核,这种细胞称为原核细胞。由原核细胞构成的生物称原核生物,如细菌和蓝藻。原核细胞和真核细胞的主要区别如表 1.1 所示。

表 1.1 原核细胞和真核细胞的主要区别

特 征	原核细胞	真核细胞
细胞大小	较小(1～10 μm)	较大(10～100 μm)
细胞核	无成形的细胞核,核物质集中在核区;无核膜、核仁;一个细胞只有一条 DNA,其 DNA 不与蛋白质结合	有成形的真正的细胞核;有核膜、核仁;一个细胞含多条 DNA,其 DNA 与蛋白质结合成染色体
细胞器	除核糖体外,无其他细胞器	有线粒体、质体、高尔基体、内质网等多种细胞器
内膜系统	简单	复杂
细胞分裂	出芽或二分体,无有丝分裂	能进行有丝分裂

1.2 植物真核细胞的结构和功能

植物细胞虽然形状、大小各异,但一般都具有相同的基本结构,即都是由原生质体和细胞壁两大部分构成的(图 1.2、书前彩图)。下面以真核细胞为例来讲述植物细胞的结构和功能。

原生质是细胞内的生命活性物质,包括水、无机盐等无机物和蛋白质、核酸、糖类、脂类等有机物,是组成原生质体的物质基础。这些物质共同构成了一个复杂的胶体系统,并通过新陈代谢不断自我更新。原生质体是指活细胞中细胞壁以内各种结构的总称,是组成细胞的形态结构单位,细胞内的代谢活动主要在这里进行。原生质体包括质膜、细胞核和细胞质三部分,细胞质又分化出叶绿体、线粒体、内质网等细胞器。细胞壁是植物细胞特有的结构,它位于植物细胞的最外层,主要起保护作用。细胞壁虽然不是细胞内的生命部分,但它在原生质体的生命活动中也起一定的作用。

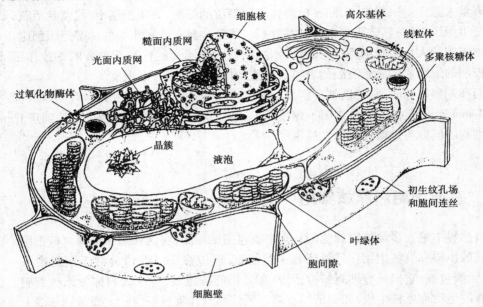

图1.2　植物细胞亚显微结构立体模式图

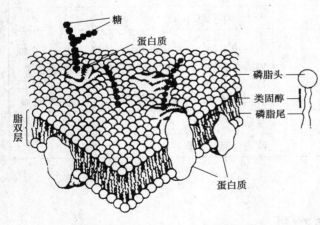

图1.3　生物膜结构的流动镶嵌模型

关于生物膜中各成分的组合方式,人们提出了许多假说,目前普遍被人们接受的是生物膜的"流动镶嵌模型":在膜的中间是磷脂双分子层,它实际上包括两层磷脂分子,这是生物膜的基本骨架,由它支撑着许多蛋白质分子。组成膜的蛋白质分子可分成两类:一类排列在磷脂双分子层的外侧,即膜的表面;另一类镶嵌或贯穿在磷脂双分子层中(图1.3)。在电子显微镜下看到的"暗—明—暗"带状结构中,暗带是由磷脂分子亲水的头部和蛋白质分子组成,而明带则是由磷脂分子疏水的尾部组成。

1.2.1　原生质体

1) 质膜

质膜也称细胞膜,它位于原生质体的最外面。由于质膜很薄且紧贴细胞壁,在光学显微镜下很难发现,需经过特殊处理:如使细胞发生质壁分离,才可看出它是一层光滑的薄膜。质膜主要由蛋白质分子和脂类中的磷脂分子组成,另外还含有少量的糖类、无机离子和水。在电子显微镜下可以看到质膜的横断面上呈现"暗—明—暗"3条平行带,总厚度约 8 nm,组成细胞内所有结构的膜(生物膜)一般也呈同样的带状结构。

流动镶嵌模型强调:构成生物膜的蛋白质分子和磷脂分子大都不是静止的,而是在一定范围内自由移动,使膜的结构处于不断的变化状态,因此膜在结构上具有一定的流动性。这种特点对于生物膜(特别是质膜)完成各种生理活动十分重要。

质膜的主要功能是控制细胞与周围环境的物质交换,并起到一个屏障作用,维持细胞内环境的相对稳定。质膜对物质的出入具有选择透性,即水分子可以自由通过,细胞需要的离子和小分子也可以通过,而其他的离子、小分子以及大分子则不能通过,但大分子物质可通过质膜的内陷以胞饮或吞噬的方式进入细胞,或通过质膜的外凸以胞吐的方式排出细胞。细胞死亡后质膜的选择透性也随之丧失。

除上述功能外,质膜还具有保护作用,同时与细胞识别、信号转换、分泌等生理活动密切相关。

2) 细胞质

质膜以内、细胞核以外的原生质称为细胞质。活细胞中的细胞质在光学显微镜下呈均匀透明的胶体状态,并处于不断的流动状态(图1.4),这种流动可促进营养物质的运输、气体交换、细胞的生长和创伤的愈合等。细胞质主要包括胞基质和各种细胞器。

(1)胞基质　胞基质存在于细胞器周围,是一种具有一定弹性和黏滞性的透明胶体溶液,又称为基质、透明质。胞基质的化学成分很复杂,含有水、溶于水中的气体、无机盐离子、葡萄糖、氨基酸、核苷酸等小分子,还含有蛋白质、核糖核酸(RNA)等生物大分子。胞基质存在于细胞器和细胞核周围,构成一个细胞内的液态环境,是活细胞进行新陈代谢的主要场所。

(2)细胞器　由细胞质中分化出来的、具有特定结构和功能的亚细胞单位,称为细胞器。它悬浮在胞基质中,有些在光学显微镜下就能看到,如质体、线粒体、液泡等,但大多数需借助电子显微镜才能观察到,如核糖体、内质网、高尔基体、溶酶体、微体、微管等。细胞器的种类很多,根据其结构特点分为3类:双层膜结构的细胞器、单层膜结构的细胞器、非膜结构的细胞器。

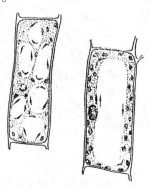

图1.4　细胞质的运动
(箭头示运动方向)

①双层膜结构的细胞器

a. 质体　质体是绿色植物所特有的细胞器,在光学显微镜下即可看到。它是一类合成和积累同化产物的细胞器,根据其所含色素的不同,质体可分为叶绿体、有色体和白色体 3 种(图1.5)。

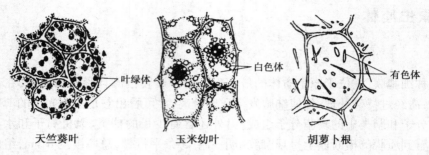

天竺葵叶　　　　　　　玉米幼叶　　　　　　　胡萝卜根

图1.5　3 种质体

叶绿体:含有绿色的叶绿素(叶绿素 a 和叶绿素 b)和黄色、橙红色的类胡萝卜素(胡萝卜素和叶黄素)。叶绿素的含量往往占总量的2/3,故叶绿体常呈绿色。当营养条件不良、气温降低或叶片衰老时,叶绿素解体,类胡萝卜素含量相对增多,叶片变黄。秋季有些植物叶片变红,是由于叶片中花青素和类胡萝卜素含量占优势的缘故。叶绿体存在于植物体绿色部分的细胞中,一个细胞内可含十几个到几百个叶绿体。其中叶肉细胞中含叶绿体最多,例如,菠菜叶肉的一个栅栏组织细胞内有 300~400 个叶绿体。

光学显微镜下叶绿体一般呈扁平的球形或椭圆形。在电子显微镜下,可以看到叶绿体表面由双层膜包被,双层膜内是基质和分布在基质中的类囊体。类囊体是由单层膜围成的扁平小囊,也称为片层结构,常 10~100 个垛叠在一起形成柱状的基粒,基粒与基粒之间也有类囊体相连。组成基粒的类囊体称为基粒类囊体(基粒片层),连接基粒的类囊体称为基质类囊体(基质片层),它们悬浮在液态的基质中,组成一个复杂的类囊体系统(图1.6、书前彩图),叶绿体的色素就分布在类囊体膜上。叶绿体的基质中含有 DNA、核糖体及酶等。

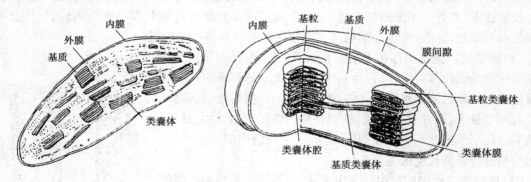

图1.6　叶绿体立体结构图解

叶绿体是高等植物进行光合作用的场所。在植物细胞内还存在有叶绿体基因组,其结构为环状的双螺旋 DNA 分子,具有半自主性遗传。

有色体:含有胡萝卜素和叶黄素,由于二者的比例不同,有色体可分别呈现黄色、橙色或橙黄色,主要存在于植物的花瓣、成熟的果实、衰老的叶片、地下的贮藏根(如胡萝卜)等部位。有色体形状多样,有球形、椭圆形、多边形及其他不规则形状。其结构比较简单,外面由双层膜包被,膜内是简单的片层和基质。有色体能积累淀粉和脂类,还能使花和果实呈现不同的颜色,利于传播花粉或种子。

白色体:不含色素,呈无色颗粒状,多存在于幼嫩细胞、贮藏细胞、种子的胚和一些植物的表皮中。白色体结构简单,由双层膜包被着不发达的片层和基质构成。白色体的功能是合成和贮藏营养物质,其中能合成淀粉的称造粉体,能合成脂肪的称造油体,能合成蛋白质的称造蛋白体。

在一定条件下,3种质体可以相互转化:前质体(质体的前身)在光下发育成叶绿体,在暗处则发育成白色体。如将在光下生长的植物移到暗处,植物的颜色就由绿变黄,出现黄化现象;白色体在光下能转变成叶绿体,白色体和叶绿体也可转化成有色体,如番茄果色从白色到绿色最后呈红色的变化;有色体也可转变为叶绿体,如胡萝卜的根暴露在空气中变为绿色。

b.线粒体　除细菌、蓝藻及厌氧真菌外,线粒体普遍存在于植物细胞中。在光学显微镜下经特殊染色,可看到它呈粒状、线形或杆形,故称线粒体。在电子显微镜下观察,可看到线粒体是由双层膜围成的囊状结构(图1.7、书前彩图):外膜平展完整,内膜的某些部位向腔内折叠,形成许多隔板状或管状的突起——嵴,嵴的周围充满了液态的基质。在线粒体内,有许多与有氧呼吸有关的酶,还含有少量的DNA。线粒体的DNA能指导自身部分蛋白质的合成,和叶绿体一样,也属于半自主性遗传的细胞器。

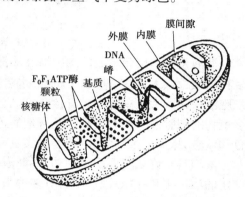

图1.7　线粒体立体结构图解

线粒体是细胞有氧呼吸的主要场所。细胞生命活动所需的能量,大约95%来自线粒体,因此,有人将其称为细胞内的"动力工场"。线粒体的数量及分布与细胞新陈代谢的强弱有密切关系:代谢旺盛的细胞内线粒体的数量较多,代谢较弱的细胞内线粒体的数量较少。

②单层膜结构的细胞器

a.内质网　内质网是一种由单层膜围成的扁平囊、管、泡等交叉在一起组成的网状结构(图1.8)。内质网广泛分布在细胞质基质中,它增大了细胞内的膜面积,因膜上附着有许多酶,就为细胞内各种化学反应的进行提供了有利条件。同时内质网外连质膜,内连核膜,就为物质的运输提供了一个连续的通道。内质网还与蛋白质、脂类、糖类的合成有关。

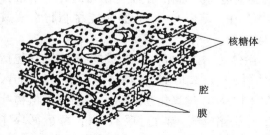

图1.8　内质网立体结构图解

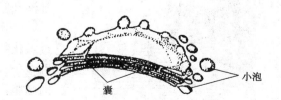

图1.9　高尔基体的立体结构

b.高尔基体　高尔基体是由许多单层膜围成的扁平囊叠集在一起形成的膜结构(图1.9),其主要作用是参与细胞壁的形成,并与蛋白质的加工、转运及细胞分泌物的形成有关。

c.液泡　具有一个大的中央液泡是成熟植物细胞的重要标志,也是动、植物细胞的显著区别之一。幼小的植物细胞具有小而分散的液泡,随着细胞的生长,小液泡逐渐合并成一个大的中央液泡(图1.10),中央液泡可占成熟细胞体积的90%以上。此时细胞质的其余部分,连同细胞核一起,被挤成薄薄的一层紧贴在细胞壁上,从而扩大了细胞质与环境的接触面,有利于新陈代谢的进行。

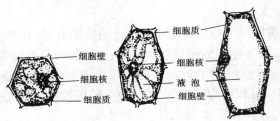

细胞质
细胞核
液泡
细胞壁
细胞壁
细胞核
细胞质

图1.10 细胞的生长和液泡的形成

液泡是由单层膜围成的细胞器。液泡的膜称为液泡膜,液泡内的液体称为细胞液,其内含多种物质:水、无机盐、糖类、有机酸、水溶性蛋白、生物碱、单宁、花青素等。如柿子、石榴果皮的细胞液中含有大量单宁而具有涩味;未成熟的水果细胞液中含有较多的有机酸而具有酸味。许多植物的细胞液中含有一种叫花青素的色素,它在酸性、中性和碱性的环境中分别呈现红色、紫色和蓝色,从而使植物的叶、花和果实具有多种颜色。

液泡具有许多重要的生理功能:液泡膜有选择透性,可通过控制物质的出入而使细胞维持一定的渗透压和膨压;液泡中含有多种水解酶,能分解液泡中的贮藏物质以重新参加各种代谢活动,也能通过膜的内陷来"吞噬""消化"细胞中的衰老部分;液泡还具有贮藏作用,如甜菜根的细胞液中含大量蔗糖,罂粟果实的细胞液中含较多的吗啡等。

d.溶酶体 溶酶体是具有单层膜的圆球状小体,含有多种水解酶,能将生物大分子分解为小分子物质,供细胞内物质的合成或线粒体的氧化利用。同时,溶酶体在细胞分化过程中对消除不必要的结构,以及在细胞衰老过程中破坏原生质体结构也有特定作用。如导管细胞和纤维成熟时,其原生质体的破坏与消失就和溶酶体的作用密切相关,所以溶酶体具有溶解和消化的作用,被誉为细胞内的"消化器官"。

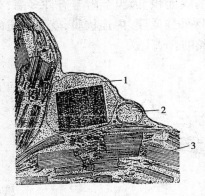

图1.11 叶肉细胞内的过氧化物酶体
1.过氧化物酶体 2.线粒体 3.叶绿体

e.圆球体 圆球体又称油体,是由膜包被的圆球状小体,含有脂肪酶,是积累脂肪的场所。当大量脂肪积累后,圆球体就变成透明的油滴,在油料作物的种子中常含有很多圆球体。在一定条件下,脂肪酶能将脂肪水解成甘油和脂肪酸。

f.微体 微体是一些由单层膜围成的细胞器,它包括过氧化物酶体(图1.11)和乙醛酸循环体两种,二者的区别在于含有不同的酶。过氧化物酶体存在于高等植物叶肉细胞内,含过氧化氢酶,与光呼吸有关;乙醛酸循环体多存在于含油量较高的种子中,与脂肪代谢有关。

③非膜结构的细胞器

a.核糖体 核糖体也称核糖核蛋白体,是一种椭圆形颗粒状的非膜结构细胞器,主要由蛋白质和RNA构成。核糖体是细胞内合成蛋白质的场所,因此有人把它比喻为蛋白质的"装配机器"和生命活动的"基本粒子"。蛋白质合成旺盛的细胞,尤其是在快速增殖的细胞中,往往含有更多的核糖体。

b.细胞骨架　在细胞中还分布着一个复杂的由蛋白质纤维组成的支架,称为细胞骨架。细胞骨架包括微管、微丝和中间纤维,是细胞内呈管状或纤维状的非膜结构的细胞器,其成分主要是蛋白质。它们交织成复杂的立体网状结构而起支持作用,并与纺锤丝和细胞壁的形成及细胞器的运动有关。

3) 细胞核

细胞核是细胞内最重要的结构,它呈球形或椭圆形包埋在细胞质中。除细菌和蓝藻外,植物细胞都含有细胞核,一般为一个,少数(如某些真菌和藻类)可含两个或多个细胞核,无核的细胞一般不能长期存活。在光学显微镜下可看到细胞核由核膜、核仁和核质3部分构成(图1.12、书前彩图),但细胞核的结构随细胞周期的改变而发生相应的变化。

(1)核膜　核膜又称为核被膜,在电子显微镜下可以看到核膜为双层膜,它包被在细胞核的外面,把细胞质与核内物质分开。核膜对稳定细胞核的形状和化学成分具有一定作用,同时可让小分子物质,如氨基酸、葡萄糖等透过。核膜上有许多小孔,称为核孔,它是细胞质和细胞核之间物质交换的通道,大分子物质,如RNA,可通过核孔进出细胞质。核孔具有精细的结构,可随细胞生理状况的不同而开放或关闭。细胞的新陈代谢越旺盛,核孔开放度越高,反之越低。

(2)核仁　核仁由颗粒、纤维、染色质和蛋白质4种成分组成(图1.13),植物细胞中常含一个或几个核仁。核仁的折光性很强,电子显微镜下可看到它为无被膜的球体。核仁的主要功能是合成核糖体RNA。核仁的大小常随细胞的生理状况而变化,代谢旺盛的细胞中常含较大的核仁,如分生区的细胞。没有核仁的细胞不能正常生活。

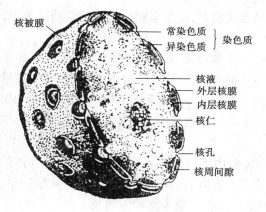

图1.12　间期核的超微结构

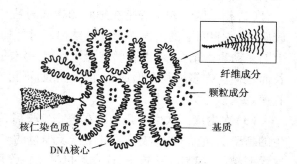

图1.13　核仁的结构

(3)核质　细胞核内核仁与核膜之间的物质称为核质,它包括染色质和核基质两部分。

染色质是核质中易被碱性染料染成深色的物质,它主要由DNA和蛋白质构成,也含少量的RNA。在光学显微镜下,它呈细丝状或交织成网状,也可随细胞分裂的进行而缩短、变粗,成为丝状或棒状的染色体形态。

核基质为核内无明显结构的液体,染色后不着色,它为核内各结构提供一个液态的环境。现在研究证明:核基质内充满着一个主要由纤维蛋白组成的立体网络,因该网络的基本形态和细胞骨架相似且与细胞骨架有一定的联系,也称核骨架。核骨架为细胞核内各组分提供一个结构支架,使核内各项活动得以顺利进行。

由于细胞内的遗传物质(DNA)主要存在于细胞核内,所以细胞核的主要功能是储存和复制遗传物质,并通过控制蛋白质的合成来控制细胞的遗传和代谢。凡是无核的细胞,既不能生长也不能分裂,因此,细胞核对细胞的生命活动起着重要的控制作用。

1.2.2　细胞壁

细胞壁是植物细胞特有的结构,它由原生质体分泌的物质形成,其化学成分主要是纤维素、半纤维素、果胶质等。细胞壁位于植物细胞原生质体的外面,有一定的硬度和弹性,主要起保护和支持作用。

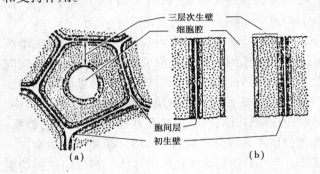

图1.14　细胞壁的层次
(a)纵切面;(b)横切面

1)细胞壁的层次结构

根据细胞壁形成的先后和化学成分的不同,可将细胞壁分为3层:胞间层、初生壁和次生壁(图1.14)。

(1)胞间层　胞间层又叫中层,是两个细胞之间共有的一层,位于细胞壁的最外侧,主要成分是果胶质。果胶质是一种无定形的胶质,具有很强的亲水性和黏性,能将相邻的细胞黏合在一起,并可缓冲细胞间的挤压。果胶质易被酸、碱或酶分解,使相临细胞彼此分离,如番茄、西瓜的果实成熟时,依靠果胶酶将部分胞间层分解,使果肉变软。

(2)初生壁　初生壁是在细胞的生长过程中,原生质体分泌少量的纤维素、半纤维素和果胶质,加在胞间层的内侧而形成的结构。另外初生壁上还含有少量的结构蛋白,这些蛋白与壁上的多糖紧密结合,对细胞的生命活动有一定的作用。初生壁一般较薄、有弹性,可随细胞的生长而延伸。许多细胞在形成初生壁后,如不再有新壁层的积累,初生壁便成为它们永久的细胞壁。

(3)次生壁　次生壁是细胞在停止生长后,于初生壁内侧继续积累原生质体的分泌物而产生的新壁层,它的主要成分是纤维素及少量的半纤维素。此外,还往往积累木质素等其他物质。次生壁越厚,细胞腔就越小,这在起机械支持作用的厚壁细胞中表现得最为明显。

2)胞间连丝和纹孔

细胞在形成初生壁时,常留下一些较薄的凹陷区域,称为初生纹孔场,其上有许多小孔,细胞的原生质丝通过这些小孔与相邻的原生质体相连,这种原生质丝叫胞间连丝(图1.15)。胞间连丝是细胞原生质体之间物质和信息直接联系的桥梁。

细胞的次生壁也不是均匀增厚的,常有一些中断的部分,也就是初生壁上完全不被次生壁覆盖的区域,称为纹孔。纹孔常在初生纹孔场上形成,它包括纹孔腔和纹孔膜。纹孔腔是指次生壁围成的腔,纹孔膜是指腔底的初生壁和胞间层。

细胞壁上的纹孔通常与相邻细胞的纹孔相对应,形成纹孔对,纹孔对中的纹孔膜是由两层初生壁和一层胞间层构成(图1.16、书前彩图)。

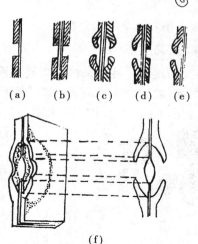

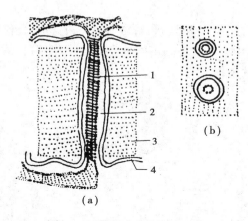

图 1.15 胞间连丝的超微结构

（a）纵切面；（b）横切面

1.连接管　2.胞间连丝腔　3.细胞壁　4.质膜

图 1.16 纹孔的类型及纹孔对

（a）单纹孔；（b）单纹孔对；（c）具缘纹孔对；

（d）半具缘纹孔对；（e）具缘纹孔；

（f）两个管胞相邻壁的一部分三维图解

细胞壁上的初生纹孔场、纹孔和胞间连丝的存在,有利于细胞与细胞、细胞与环境之间的物质交流和信息传递,尤其是胞间连丝,它把所有生活细胞的原生质体直接或间接地连接起来,从而使多细胞的植物体在结构上形成一个统一的有机体。

3）细胞壁的特化

植物细胞在生长分化的过程中,细胞壁不但可以扩展和加厚,原生质体还可以分泌一些不同性质的化学物质添加到细胞壁内,使细胞壁的成分发生特化,从而适应一定的功能。细胞壁的特化常见的有以下几种：

（1）角质化　叶和幼茎等的细胞壁中渗入一些角质（脂类化合物）的过程称为角质化。角质一般在细胞壁的外侧呈膜状或堆积成层,称为角质层。角质化的细胞壁透水性降低,但可透光,因此既能降低植物的蒸腾作用,又不影响植物的光合作用,还能有效防止微生物的侵染。

（2）木质化　根、茎等器官内部许多起输导作用的细胞,其细胞壁中渗入木质素（几种醇类化合物脱氢形成的高分子聚合物）的过程,称为木质化。木质素是亲水性的物质,并具有很强的硬度,因此,木质化后的细胞壁硬度加大,机械支持能力增强,但仍能透水透气。

（3）栓质化　根、茎等器官的表面老化后,其表皮细胞的细胞壁中渗入木栓质（脂类化合物）而发生的一种变化称为栓质化。栓质化的细胞壁不透水、不透气,常导致原生质解体,仅剩下细胞壁,从而增强了对内部细胞的保护作用。老根、老茎的外表都有木栓细胞覆盖。

（4）矿质化　禾本科植物的茎、叶表皮细胞常渗入碳酸钙、二氧化硅等矿物质而引起的变化,称为矿质化。细胞壁的矿质化,能增强植物的机械强度,提高植物抗倒伏和抗病虫害的能力。

1.2.3 细胞后含物

细胞后含物是指植物细胞原生质体新陈代谢活动产生的物质,它包括贮藏的营养物质、代谢废弃物和植物的次生物质。

1)贮藏的营养物质

（1）淀粉　淀粉是植物细胞中最常见的贮藏物质,常呈颗粒状,称淀粉粒。植物光合作用的产物,以蔗糖等形式运输到贮藏组织后,在造粉体中合成淀粉。不同种类的植物,淀粉粒的形态、大小不同(图1.17),可将其作为植物种类鉴别的依据之一。

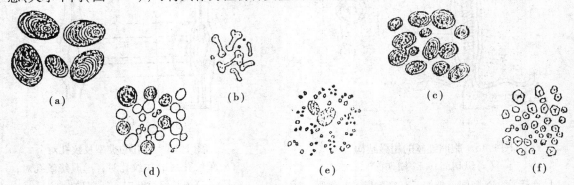

图1.17　几种植物的淀粉粒

(a)马铃薯;(b)大戟;(c)菜豆;(d)小麦;(e)水稻;(f)玉米

（2）蛋白质　植物体内的贮藏蛋白是结晶或无定形的固态物质,与原生质中呈胶体状态、有生命活性的蛋白质不同的是,贮藏蛋白不表现出明显的生理活性,呈比较稳定的状态。

结晶的贮藏蛋白因具有晶体和胶体的双重特性而被称为拟晶体,以区别于真正的晶体。无定形的贮藏蛋白常被一层膜包裹成圆球形的颗粒,称为糊粉粒。糊粉粒主要分布在种子的胚乳或子叶中,有时集中分布在某些特殊的细胞层,这些特殊的细胞层称为糊粉层,如禾谷类种子胚乳的最外面常含有一层或几层糊粉层(图1.18)。有些糊粉粒结构比较复杂,除含有无定形的蛋白质外,还含有蛋白质的拟晶体和非蛋白质的球形体(图1.19)。

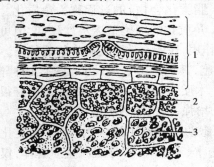

图1.18　小麦颖果的横切面,示糊粉层

1.果皮和种皮　2.糊粉层
3.贮藏淀粉的薄壁组织

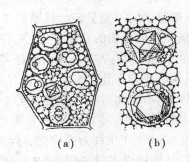

图1.19　蓖麻种子的糊粉粒

(a)一个薄壁细胞;(b)(a)中一部分的放大
(示两个含有拟晶体和磷酸盐球形体的糊粉粒)

（3）脂肪和油类　脂肪和油类是后含物中含能量最高而体积最小的贮能物质,常温下呈固态的叫脂肪,呈液态的叫油类(图1.20)。它常作为种子或分生组织中的贮藏物质,以固体或液体形式分散于细胞质中,有时在叶绿体中也可看到。

2）代谢的废弃物

在植物细胞的液泡中,无机盐常因过多而形成各种晶体(图1.21),其中以草酸钙晶体和碳酸钙晶体最为常见。它们一般被认为是代谢的废物,形成晶体后避免了对细胞的伤害。如草酸是代谢的产物,对细胞有害,形成草酸钙晶体后降低了草酸的毒害作用。

图1.20　含有油滴的椰子胚乳细胞

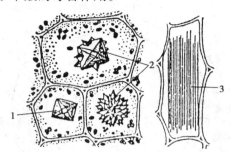

图1.21　晶体的类型
1.单晶　2.簇晶　3.针晶

3）次生代谢物质

次生代谢物质是指在植物体内合成的、在细胞的基础代谢中没有明显和直接作用的一类化合物,它主要包括以下几种:

(1)酚类化合物　如酚、单宁(又称鞣酸)、木质素等,具有抑制病菌侵染、吸收紫外线的作用。

(2)类黄酮　如黄酮、黄酮苷以及在不同 pH 值条件下显示不同颜色的花色素苷等,具有吸引昆虫传粉、防止病原菌侵入等功能。

(3)生物碱　如奎宁、尼古丁、吗啡、阿托品、小檗碱等,具有抗生长素、阻止叶绿素合成和驱虫等作用。

(4)非蛋白氨基酸　非蛋白氨基酸是指植物体内含有的一些不被结合到蛋白质内的氨基酸,如刀豆氨酸,具有抑制动物体内蛋白质的吸收及合成等作用。

以上是细胞各部分的结构和功能,必须指出:细胞的各个部分不是彼此孤立的,而是相互联系的,实际上一个细胞就是一个有机的统一体,细胞只有保持结构的完整性,才能够正常完成各种生命活动。

1.3　植物细胞的繁殖

植物的生长是通过细胞数目的增多、细胞体积的增大和细胞结构及功能的分化来实现的,而细胞数目的增多是通过细胞的繁殖,即细胞分裂来实现的。细胞分裂的方式有无丝分裂、有丝分裂和减数分裂 3 种。

1.3.1　细胞周期

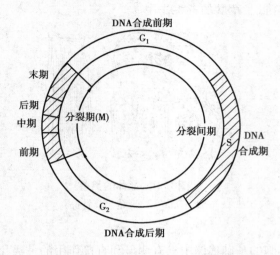

图 1.22　植物细胞周期示意图

细胞周期是指连续分裂的细胞,从上一次细胞分裂结束时开始,到下一次细胞分裂完成时为止,其间所经历的全部过程。细胞周期可分为分裂间期和分裂期(图 1.22)。

1)分裂间期

分裂间期是从上一次分裂结束到下一次分裂开始的一段时间,它是细胞分裂前的准备时期,主要变化是完成遗传物质(DNA)的复制和有关蛋白质的合成。此期细胞核明显增大,出现细丝状的染色质丝,因 DNA 已经复制,此时的每条染色质丝实际上由两条缠绕在一起的细丝组成。在间期,细胞内还进行能量的积累,以供分裂时需要。根据其变化特点,又可把间期分为 DNA 合成前期、DNA 合成期和 DNA 合成后期。

(1)DNA 合成前期(G$_1$ 期)　指从上一次分裂结束到下一次分裂 DNA 合成前的时期。该期物质代谢活跃,主要是进行 RNA、蛋白质和磷酸等的合成,但 DNA 的合成尚未开始。

进入 G$_1$ 期的细胞可沿 3 条途径变化:一是进入 DNA 合成期,产生两个子细胞,如分生组织细胞;二是暂时停留在 G$_1$ 期,条件适宜时再进入 DNA 合成期,如薄壁组织细胞;三是终生处于 G$_1$ 期不再进行分裂,而沿着生长、分化、成熟、衰老、死亡的途径进行发育,如多数成熟组织的细胞。

(2)DNA 合成期(S 期)　指细胞核内 DNA 合成开始到合成结束的时期。该期主要完成 DNA 的复制和组成染色体的蛋白质的合成,并装配成一定结构的染色质。

(3)DNA 合成后期(G$_2$ 期)　指从 S 期结束到分裂期开始前的时期。此期 RNA 和蛋白质的合成继续进行,同时合成微管蛋白,并且储备能量。

间期结束后,即进入分裂期。分裂期的主要变化是将间期细胞已经复制的遗传物质以染色体的形式平均分配到两个子细胞中。

2)分裂期(M 期)

细胞经过分裂间期后即进入分裂期,将已经复制的 DNA 平均分配到两个子细胞中,每个子细胞可得到与母细胞相同的一组遗传物质。分裂期包括核分裂和胞质分裂两个过程。

一般情况下,新的细胞核形成后,就会在赤道板的位置形成新的细胞壁,将细胞质分开,完成胞质分裂,从而将一个母细胞变成两个子细胞。但有些情况下,细胞核在经过多次分裂后才形成新的细胞壁,完成胞质分裂,如苹果、胡桃胚乳的发育。也有的只进行核的分裂而不产生新的细胞壁,即不进行胞质分裂,从而形成多核细胞,如某些低等植物和被子植物的无节乳汁管的发育。

　　植物细胞的一个细胞周期所经历的时间,一般在十几小时到几十小时不等,其中分裂间期所经历的时间较长,而分裂期较短,如有人测得蚕豆根尖细胞的细胞周期共 30 h,其中分裂间期为 26 h,而分裂期仅为 4 h。

　　细胞周期的长短与细胞中 DNA 含量和环境条件有关:DNA 含量越高,细胞周期所经历的时间越长;环境条件适宜,细胞分裂快,细胞周期所经历的时间就短。

1.3.2　有丝分裂

　　有丝分裂也叫间接分裂,是植物细胞最常见、最普遍的一种分裂方式。因在其分裂过程中出现丝状物——染色体和纺锤体,所以称其为有丝分裂。植物营养器官的生长,如根、茎的伸长和增粗都是靠这种分裂方式实现的。有丝分裂的主要变化是细胞核中的遗传物质的平均分配,这是一个比较复杂的连续过程。为叙述方便,我们把有丝分裂的核分裂分成前期、中期、后期和末期(图 1.23)。

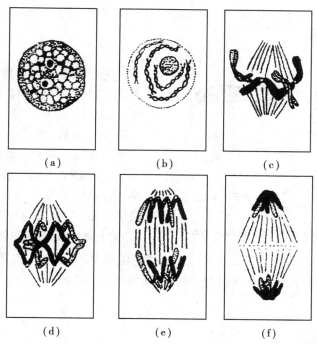

图 1.23　有丝分裂的过程图解

　　(a)间期;(b)前期;(c)中期;(d),(e)后期;(f)末期(赤道板处的虚线表示成膜体)

　　(1)前期　前期的主要变化是染色质细丝通过螺旋化缩短变粗,呈染色体的形态。此时的每一条染色体因和间期的染色质细丝相对应,故含有两个相同的组成部分,我们将其称为染色单体。一条染色体上的两个染色单体,仅在着丝点处相连。着丝点是染色体上一个染色较浅的缢痕,在光学显微镜下可明显看到。

　　在前期末,核膜、核仁消失,并开始从两极出现纺锤丝。

　　(2)中期　细胞内所有的纺锤丝形成纺锤体。纺锤丝牵引着染色体的着丝点,移向细胞中央与纺锤体纵轴垂直的平面——赤道面,最后染色体的着丝点整齐排列到赤道面上,而染色体的其余部分在两侧任意浮动。在移动过程中,染色体进一步缩短变粗。此期是观察染色体形态、数目和结构的最佳时期。

（3）后期　每条染色体的着丝点一分为二,两条染色单体分开而成为染色体,并在纺锤丝的牵引下分别移向细胞两极。此时细胞内的染色体平均分成完全相同的两组。

（4）末期　染色体到达两极,解螺旋变成细丝状的染色质;纺锤体消失;核仁、核膜重新形成,与染色质共同组成新的细胞核。

子核的出现标志着核分裂的结束,然后通过产生新的细胞壁,完成胞质分裂而形成两个子细胞,再进入下一个细胞周期。

通过有丝分裂的过程可以看出:有丝分裂产生的子细胞,其染色体数目与类型,同母细胞的染色体数目与类型完全一致。由于染色体是遗传物质的载体,所以通过有丝分裂,子细胞就获得了与母细胞相同的遗传物质,从而保证了子细胞与母细胞之间遗传的稳定性,也为细胞的全能性奠定了结构基础。

1.3.3　无丝分裂

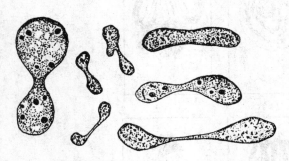

无丝分裂又称直接分裂,其过程比较简单,一般是核仁首先伸长。中间发生缢裂并分开,随后细胞核一分为二,细胞也随之分裂成两个子细胞（图1.24）。因在其分裂过程中不出现染色体和纺锤体,故名无丝分裂。

无丝分裂不但在低等植物中比较常见,高等植物中未发育到成熟状态的细胞,如甘薯的块根、马铃薯的块茎以及胚乳细胞的发育、愈伤组织的形成等均有无丝分裂发生。

图1.24　棉花胚乳游离核时期细胞核的无丝分裂

无丝分裂的特点是分裂过程简单、分裂速度快、耗能少,但由于不出现纺锤丝,复制后的遗传物质不能均等地分配到两个子细胞中,因此其遗传性是不太稳定的。

1.3.4　减数分裂

减数分裂又叫成熟分裂,是植物有性生殖过程中一种特殊的有丝分裂。被子植物中雌、雄配子的形成,都要经过减数分裂。

减数分裂的过程和有丝分裂相似,主要变化也是复制后的遗传物质的平均分配,但由于减数分裂时遗传物质只复制一次,而细胞连续分裂两次,所以产生的子细胞和母细胞相比,染色体的数目减半,减数分裂由此得名。

减数分裂也有间期,称为减数分裂前的间期,其主要变化和有丝分裂的间期相同,也是DNA 分子的复制和相关蛋白质的合成。经过间期的复制及其他变化后,细胞即开始进行两次连续的分裂(图 1.25)。

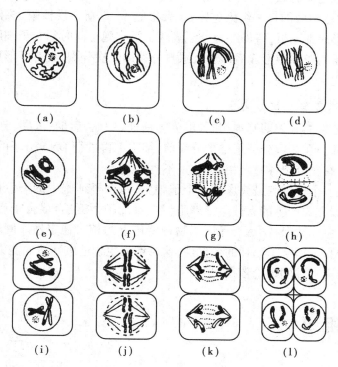

图 1.25　减数分裂各期模式图
(a)细线期;(b)偶线期;(c)粗线期;(d)双线期;(e)终变期;(f)中期Ⅰ;
(g)后期Ⅰ;(h)末期Ⅰ;(i)前期Ⅱ;(j)中期Ⅱ;(k)后期Ⅱ;(l)末期

1)减数分裂第一次分裂(分裂Ⅰ)

(1)前期Ⅰ　和有丝分裂的前期相比,减数分裂前期Ⅰ的变化比较复杂,且经历的时间较长,根据其变化特点,又可分为以下5个时期:

①细线期　细胞核内出现细长、线状的染色体,细胞核增大。

②偶线期(又叫合线期)　同源染色体(一条来自父方、一条来自母方,形态、大小相似的两条染色体)逐渐两两靠拢配对,称为联会。

③粗线期　染色体进一步缩短、变粗,这时的每一条染色体都含有两个相同的组成部分,叫姊妹染色单体,它们仅在着丝点处相连。联会的两条同源染色体间的染色单体互称非姊妹染色单体,非姊妹染色单体间可发生横断及片断的交换,交换后染色体有了遗传物质的变化,含有同源染色体中另一染色体上的部分遗传基因,这种交换现象对生物的变异具有重要意义。

④双线期　染色体继续缩短变粗,同时联会的同源染色体开始分离,但在染色单体交叉处仍然相连,从而使染色体呈现"X""V""O""S"等形状。

⑤终变期　染色体进一步缩短变粗,此期是观察与计算染色体数目的最佳时期。以后核仁、核膜消失,开始出现纺锤丝。

(2)中期Ⅰ　在纺锤丝的牵引下,配对的同源染色体的着丝点等距分布于赤道板的两侧,同时由纺锤丝形成纺锤体。

(3)后期Ⅰ　纺锤丝牵引着染色体的着丝点,使成对的同源染色体发生分离,分别向两极移动。此时每一极染色体的数目只有原来的一半。

(4)末期Ⅰ　到达两极的每一组染色体,又聚集起来,重新出现核膜、核仁,形成两个子核,并在赤道面的位置形成细胞板,将母细胞分裂成两个子细胞。此时每个子细胞中的染色体数目是母细胞的一半。新的子细胞形成后即进入减数分裂第二次分裂,也有不形成新的细胞板而直接进入第二次分裂的。

2)减数分裂第二次分裂(分裂Ⅱ)

其变化和有丝分裂的分裂期基本相同,也分为前期、中期、后期、末期,分别称为前期Ⅱ、中期Ⅱ、后期Ⅱ、末期Ⅱ。在减数分裂第二次分裂前,细胞不再进行 DNA 分子的复制,染色体也不加倍,其分裂过程与有丝分裂各时期相似,这里不再重复。

经过减数分裂,一个母细胞最终形成 4 个子细胞,每个子细胞中的染色体数只有母细胞的一半。通过这种分裂方式产生的有性生殖细胞(雌、雄配子)相结合成合子后,恢复了原有染色体倍数,使物种的染色体数保持稳定,保证了物种遗传上的相对稳定性。同时由于非姊妹染色单体间的互换和重组,又丰富了物种的变异性,这对增强生物适应环境的能力、延续种族十分重要,也是人们进行杂交育种的理论依据。

1.4　植物的组织

植物的个体发育是细胞不断分裂、生长和分化的结果。一般植物细胞分裂后产生的子细胞,其体积和质量不可逆的增加,称为细胞的生长;当细胞生长到一定程度时,其形态和功能就逐渐出现了差异,称为细胞的分化。细胞分化的结果,会导致植物体中形成多种类型的细胞群,即植物的组织。

1.4.1　植物组织的概念

人们一般把在植物的个体发育中,具有相同来源的(即由同一个或同一群分生细胞生长、分化而来的)同一类型或不同类型的细胞群组成的结构和功能单位,称为组织。由同一类型的细胞群构成的组织叫简单组织,由多种类型的细胞群构成的组织叫复合组织。

植物的每类器官都含有一定种类的组织,其中每一种组织都有一定的分布规律,并执行一定的生理功能。同时各组织之间又相互协调,共同完成其生命活动。

1.4.2　植物组织的类型

根据植物组织是否具有分裂能力分为分生组织和成熟组织两大类型。

1)分生组织

(1)分生组织的概念　分生组织是指种子植物中具有持续性或周期性分裂能力的细胞群。

分生组织的特点是:细胞体积小而等径,排列紧密,细胞壁薄、细胞质浓、细胞核大,无大液泡,细胞分化不完全,具有较强的分裂能力。植物的其他组织都是由分生组织产生的。

（2）分生组织的类型

①依据分生组织在植物体内存在的位置分类　可将其分为顶端分生组织、侧生分生组织和居间分生组织3种类型（图1.26、图1.27、书前彩图）。

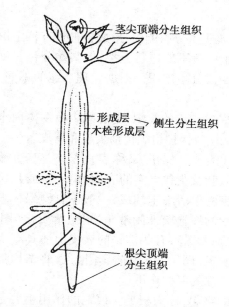

图1.26　顶端分生组织和侧生分生组织的分布　　　　图1.27　居间分生组织的分布

　　a.顶端分生组织　顶端分生组织位于根、茎主轴及侧枝的尖端,如根尖、茎尖。该部位细胞的分裂活动可使根和茎不断伸长,并在茎上形成侧枝和叶。茎的顶端分生组织还将产生生殖器官。

　　b.侧生分生组织　侧生分生组织主要存在于裸子植物及木本双子叶植物中,它位于根和茎外周的侧面、靠近器官的边缘部分。侧生分生组织包括形成层和木栓形成层。形成层的活动使根和茎不断加粗,以适应植物营养面积的扩大;木栓形成层的活动可使增粗的根、茎表面,或受伤器官的表面形成新的保护组织。

　　c.居间分生组织　居间分生组织分布在成熟组织之间,是顶端分生组织在某些器官的局部区域保留下来的、在一定时间内仍保持有分裂能力的分生组织,如小麦、水稻等禾谷类作物,依靠茎节间基部的居间分生组织活动,使节间伸长,进行抽穗和拔节,韭菜叶在刈割后仍能依靠叶基部的居间分生组织活动长出新叶。

　　居间分生组织的细胞分裂持续活动时间较短,分裂一段时间后即转变为成熟组织。

②根据分生组织在植物体内起源的性质分类　可将其分为原分生组织、初生分生组织和次生分生组织3种类型。

　　a.原分生组织　原分生组织是直接由胚细胞保留下来的,一般具有持久而强烈的分裂能力,位于根尖、茎尖部位,是形成其他组织的来源。

　　b.初生分生组织　初生分生组织由原分生组织衍生的细胞组成,这些细胞在形态上已经出现了最初的分化,但细胞仍具有很强的分裂能力,是一种边分裂、边分化的组织。根尖、茎尖中分生区的稍后部位的原表皮、原形成层和基本分生组织都属于初生分生组织。

c.次生分生组织　次生分生组织是由成熟组织的细胞,经过生理和形态上的变化,脱离原来的成熟状态(即脱分化),重新转变成的分生组织。

如果把这两种分类方法联系起来,则广义的顶端分生组织包括原分生组织和初生分生组织,而侧生分生组织一般讲属于次生分生组织,其中形成层和木栓形成层是典型的次生分生组织。

2)成熟组织

分生组织产生的大部分细胞,经过生长分化,逐渐丧失了分裂能力,形成各种具有特定形态结构和生理功能的组织,叫成熟组织。成熟组织的细胞一般不能进行分裂,但某些分化程度较低的成熟组织在适当条件下,仍能恢复分裂能力而转变成分生组织。根据生理功能的不同,可将成熟组织分为以下几种:

(1)保护组织　保护组织是覆盖在植物体表面起保护作用的组织,它能减少植物体内水分的蒸腾、抵抗病菌的侵入及控制植物体与外界的气体交换。保护组织包括表皮和周皮。

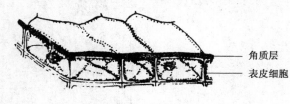

角质层
表皮细胞

图1.28　表皮细胞及角质层

①表皮　表皮又称表皮层,位于幼嫩的根、茎、叶及花和果实的表面,由一层或几层排列紧密的生活细胞构成,一般不含叶绿体。表皮细胞的细胞壁外侧常角质化、蜡质化(图1.28、书前彩图),有些植物的表皮上还具有表皮毛或腺毛(图1.29、书前彩图),这些结构都增强了表皮的保护作用。

根的表皮细胞的外壁常向外延伸,形成许多管状的突起,称为根毛。根毛的作用主要是吸收水和无机盐,因此根毛区的表皮属于吸收组织。

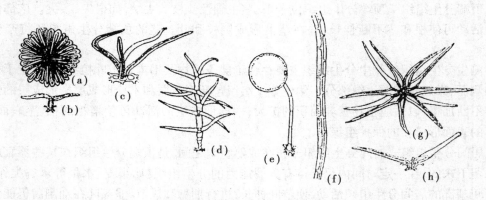

图1.29　表皮毛上的各种毛状物

(a),(b)齐墩果属叶上的盾状鳞片正面观(a)和切面观(b);
(c)栎属的簇生毛;(d)悬铃木属的分枝星状毛;(e)藜属的泡状毛;(f)马齿苋属多细胞的粗毛一部分;
(g),(h)黄花稔属的星状毛的表面观(g)和侧面观(h)

在植物体的地上部分(主要是叶),其表皮上具有气孔器,气孔器是由两个被称为保卫细胞的特殊细胞组成的,禾本科植物的保卫细胞两侧还有一对副卫细胞(图1.30、书前彩图、图1.31)。保卫细胞含有叶绿体,能进行光合作用。保卫细胞通过吸水或失水,会引起气孔的开放或关闭,从而调节水分蒸腾和气体交换。

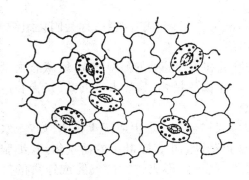

图 1.30 双子叶植物叶的表皮细胞和气孔器

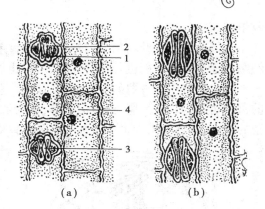

图 1.31 单子叶植物气孔的构造
(a)气孔开放;(b)气孔关闭

1.保卫细胞 2.副卫细胞 3.气孔 4.表皮细胞

②周皮 周皮是取代表皮的一种次生保护组织,存在于具有加粗生长的根和茎的表面,包括木栓层、木栓形成层和栓内层3部分。木栓形成层向内分裂产生栓内层,向外分裂产生多层细胞,叫木栓层。木栓层细胞排列紧密且高度栓质化,原生质解体,细胞死亡。木栓层不透水、不透气,对植物体有很好的保护作用。

(2)薄壁组织 薄壁组织又称基本组织,是构成植物体各种器官的基本成分,在体内所占比例最大。其细胞特点是:细胞壁薄,液泡较大,有细胞间隙;细胞分化程度低,有潜在的分裂能力,在一定条件下既可特化为具有一定功能的其他组织,也可恢复分裂能力而成为分生组织,这对扦插、嫁接、离体植物组织培养及愈伤组织形成具有重要作用。

根据薄壁组织的主要生理功能,可将其分为以下几种类型(图 1.32、书前彩图):

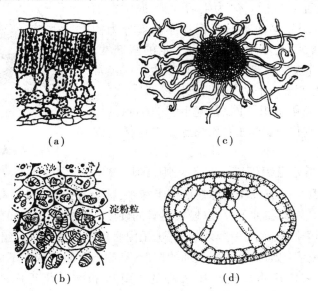

图 1.32 几种薄壁组织
(a)糖槭叶片中的同化组织;(b)马铃薯块茎中的贮藏组织;
(c)根表皮层的吸收组织;(d)金鱼藻叶中的通气组织

①吸收组织 根尖的薄壁组织(根尖外层的表皮)具有吸收水分和无机盐的能力,称为吸

收组织。

②同化组织　叶肉的薄壁组织富含叶绿体,能进行光合作用,合成有机物,称为同化组织。幼嫩的茎和果实也能进行光合作用,所以也属于同化组织。

③贮藏组织　甘薯的块根、马铃薯的块茎、种子的胚乳和子叶等处的薄壁组织,贮藏有大量的营养物质,如淀粉、脂类、蛋白质等,称为贮藏组织。旱生肉质植物,如仙人掌的茎、景天和芦荟的叶中,其薄壁组织含有大量的水分,特称贮水组织。

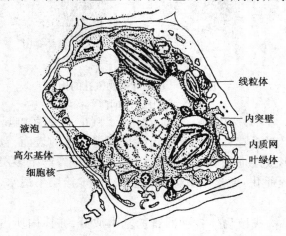

图1.33　菜豆茎初生木质部中一个传递细胞

线粒体
内突壁
液泡
内质网
高尔基体
叶绿体
细胞核

④通气组织　水生或湿生植物,如莲、水稻、金鱼藻等的根、茎、叶中的薄壁组织,细胞间隙特别发达,形成较大的气腔或连贯的气道,称为通气组织。

⑤传递细胞　有一类薄壁细胞,其细胞壁内突形成许多指状或鹿角状的突起,胞间连丝特别发达,与物质快速传递有关,称为传递细胞(图1.33)。它常位于小叶脉的导管、筛管周围,适于溶质的短途密集运输。

(3)机械组织　机械组织的主要功能是加固和支持植物体,使之具有抗张、抗压和抗曲挠的能力。机械组织的细胞常成束存在且细胞壁加厚。它包括厚角组织和厚壁组织两种类型。

①厚角组织　厚角组织为正在生长的茎、叶的支持组织,其细胞多为长棱柱形,含叶绿体,为生活细胞,通常在细胞的角隅处加厚(图1.34、书前彩图),但加厚的部分为初生壁性质,不含木质素,因此厚角组织既有一定的坚韧性,又有一定的可塑性和伸展性。它常存在于正在生长或经常摇动的器官中,如幼茎、叶柄、叶片、花柄、果柄等部分。

②厚壁组织　和厚角组织不同,厚壁组织的细胞具均匀增厚的次生壁并木质化,成熟时为死细胞。它包括石细胞和纤维两种类型。

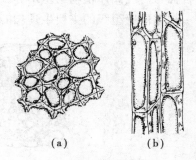

(a)　　(b)

图1.34　薄荷茎的厚角组织
(a)横切面;(b)纵切面

a.石细胞　有的厚壁组织细胞形状不规则,细胞壁木质化程度高,腔极小,常单个或成簇包埋在薄壁组织中,称为石细胞(图1.35、书前彩图)。它广泛分布于植物的茎、叶、果实和种子中,以增加器官的硬度和支持作用。如梨果肉中坚硬的颗粒就是成团的石细胞。核桃、桃果实中坚硬的核,也是由多层连续的石细胞组成的内果皮。

b.纤维　有的厚壁组织细胞呈两端尖细的梭形,细胞壁木质化程度不一致,且常相互重叠、成束排列,称为纤维,它包括木质化程度较高的木纤维和木质化程度较低的韧皮纤维(图1.36)。纤维广泛分布于成熟植物体的各部分,其成束的排列方式增强了植物体的硬度、弹性及抗压能力,是成熟植物体中主要的支持组织。

(4)输导组织　输导组织是植物体中担负物质长途运输的主要组织,其细胞呈管状并上下连接,形成一个连续的运输通道。它包括运输水分和无机盐的导管、管胞,以及运输有机物的筛

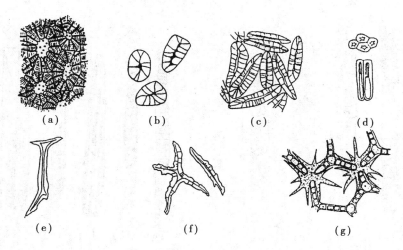

图1.35 石细胞

(a)桃内果皮的石细胞;(b)梨果肉中的石细胞;(c)椰子内果皮石细胞;

(d)菜豆种皮的表皮层石细胞;(e)茶叶片中的石细胞;

(f)山茶属叶柄中的石细胞;(g)萍蓬草属叶柄中的星状石细胞

管、筛胞。

①导管和管胞

a.导管   导管是被子植物主要的输水组织,由许多长管形的细胞连接而成的,每个细胞称为导管分子。导管分子在发育过程中,随着细胞壁的增厚和木质化,端壁溶解形成穿孔,最后原生质解体、细胞死亡,上下导管分子之间以穿孔相连,形成一个中空的导管管道。植物体内的多个导管以一定的方式连接起来,就可以将水分和无机盐等从根部运输到植物体的顶端。当中空的导管被周围细胞产生的物质填充后,就逐渐失去了运输能力而被新导管所取代。

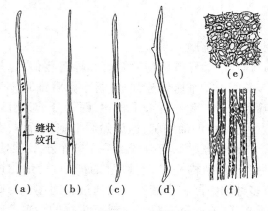

图1.36 纤维

(a)苹果的木纤维;(b)白栎的木纤维;

(c)黑柳的韧皮纤维;(d)苹果的韧皮纤维;

(e)向日葵的韧皮纤维(横切面);

(f)向日葵的韧皮纤维(纵切面)

因导管分子的侧壁增厚的方式不同,导管可分为环纹导管、螺纹导管、梯纹导管、网纹导管和孔纹导管5种类型(图1.37)。

b.管胞   管胞是绝大多数蕨类植物和裸子植物的输水组织,同时兼有支持作用。管胞是两端呈楔形、壁厚腔小、端部不具穿孔的长棱柱形死细胞。管胞与管胞间以楔形的端部紧贴在一起而上下相连,水溶液主要通过相临细胞侧壁的纹孔对而传输。和导管相比,管胞的运输能力较差。管胞侧壁的增厚方式及类型同导管分子(图1.38)。

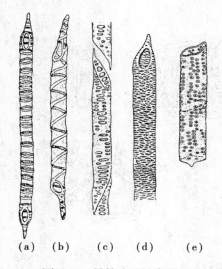

图1.37　导管分子的类型

（a）环纹导管；（b）螺纹导管；（c）梯纹导管；
（d）网纹导管；（e）孔纹导管

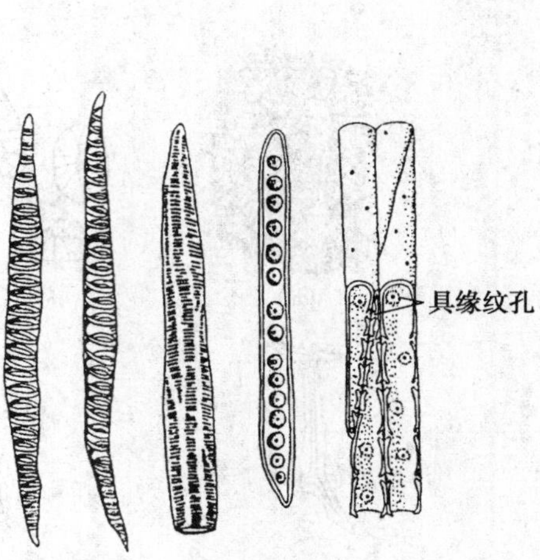

图1.38　管胞的主要类型

（a）环纹管胞；（b）螺纹管胞；（c）梯纹管胞；
（d）孔纹管胞；（e）4个毗邻孔纹管胞的一部分
（其中3个管胞纵切，示纹孔的分布
与管胞间的连接方式）

②筛管和筛胞

a.筛管　输导有机物的筛管和导管相似，也是由许多长管形的细胞纵连而成，每个筛管细胞称为一个筛管分子。和导管分子相比，筛管分子具有以下特点：为薄壁的活细胞，但成熟后细胞核解体；有伴胞。伴胞是紧贴筛管分子的一至数个小型、细长的薄壁细胞，结构完整，有明显的细胞核，细胞质浓，有多种细胞器和小液泡。它通过胞间连丝与筛管分子相连，协助筛管分子完成有机物的运输。筛管分子的端壁上分化出许多较大的孔——筛孔，具筛孔的端壁称为筛板。上下相连的两个筛管分子间以穿过筛孔的较粗的原生质丝（也叫联络索）连为一体（图1.39、书前彩图），这有利于筛管分子间有机物的运输。随着筛管分子的老化，一些黏性物质（碳水化合物）沉积在筛板上，堵塞筛孔，其运输能力也逐渐丧失。

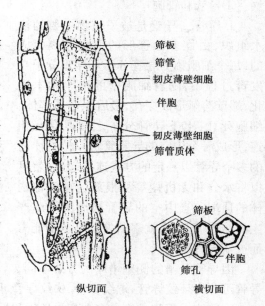

图1.39　筛管与伴胞

b.筛胞　筛胞是一种比较细长、末端尖斜的单个活细胞。和筛管相比，筛胞无筛板的分化，仅在端壁及侧壁形成小孔，孔间有较细的原生质丝通过，其输导能力不如筛管分子。

从系统发育的角度来看，导管和筛管是较进化的输导组织，它们只存在于被子植物中，是被子植物的主要输导组织，蕨类植物和裸子植物中一般没有导管和筛管，只有管胞和筛胞。

（5）分泌组织　植物体表或体内能分泌或积累某些特殊物质的单细胞或多细胞的结构，叫分泌组织。有的分泌组织分布于植物体的外表面并将分泌物排出体外,称为外分泌组织,如具有分泌功能的表皮毛状附属物——腺毛、能分泌糖液的蜜腺、能将植物体内过多的水分排到体表的排水器等(图1.40);有的分泌组织及其分泌物均存在于植物体内部,如贮藏分泌物的分泌腔、分泌道,能分泌乳汁的乳汁管等(图1.41)。

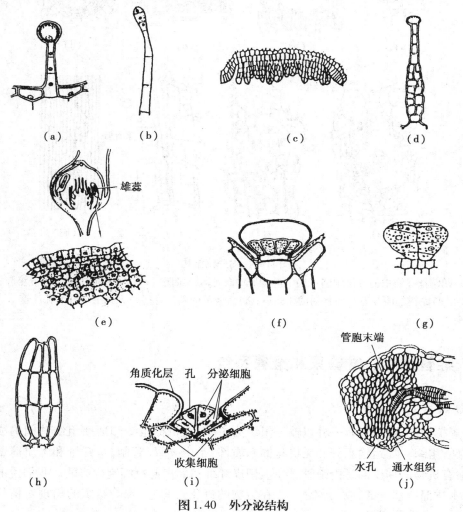

图1.40 外分泌结构

(a)天竺葵茎上的腺毛;(b)烟草具多细胞头部的腺毛;(c)棉叶中脉上的蜜腺;
(d)苘麻属花萼的蜜腺毛;(e)草莓的花蜜腺;(f)百里香叶表皮上的球状腺鳞;(g)薄荷属的腺鳞;
(h)大酸模的黏液分泌毛;(i)柽柳属叶上的盐腺;(j)番茄叶缘的排水器

植物的分泌组织能分泌多种类型的分泌物,如糖类、挥发油、有机酸、生物碱、单宁、树脂、蛋白质、酶、杀菌素、生长素、维生素以及多种无机盐。这些分泌物在植物的生活中起着重要作用,如植物分泌蜜汁和芳香油,能吸引昆虫传粉;某些植物分泌杀菌素能杀死或抑制病菌。许多植物的分泌物具有重要的经济价值,如橡胶、生漆、芳香油、蜜汁等。

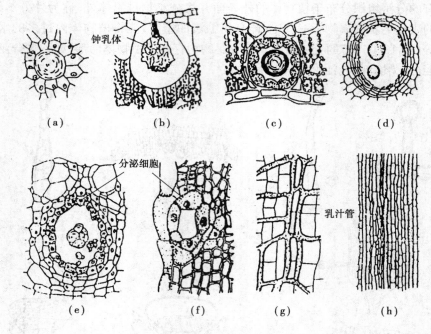

钟乳体

(a)　　　　(b)　　　　(c)　　　　(d)

分泌细胞

乳汁管

(e)　　　　(f)　　　　(g)　　　　(h)

图1.41　内分泌结构

(a)鹅掌楸芽鳞中的分泌细胞;(b)三叶橡胶中含钟乳体细胞;(c)金丝桃叶中的裂生分泌腔;
(d)漆树的漆汁道;(e)松树的树脂道;(f)蒲公英的乳汁管;(g)大蒜中的有节乳汁管

1.4.3　维管组织、维管束和维管系统

1)维管组织

　　在高等植物的器官中,有一种以输导组织为主体,与机械组织和薄壁组织共同构成的复合组织,叫维管组织。如运输水分和无机盐的木质部,是由导管、管胞、木纤维和木质薄壁细胞构成的;运输有机物的韧皮部是由筛管、伴胞、韧皮纤维和韧皮薄壁细胞构成的。我们说的维管组织就是指木质部和韧皮部,或二者之一。在植物的进化过程中,维管组织的出现对植物由水生到陆生的过渡有重要意义。

2)维管束

　　在蕨类植物和种子植物中,由木质部、韧皮部和形成层(有或无)共同组成的束状结构,叫维管束。凡植物体分化有维管束的植物称维管植物,如蕨类植物和种子植物。维管束贯穿于维管植物的各部分,如切开白菜、芹菜、向日葵、甘蔗的茎,看到里面丝状的"筋",就是许多个维管束。

　　(1)根据形成层的有无分类　可将维管束分为有限维管束和无限维管束。

　　①有限维管束　维管束中无形成层,不能产生新的木质部和韧皮部,因而植物的器官增粗能力有限,这种维管束叫有限维管束,如大多数单子叶植物的维管束属于这种类型。

　　②无限维管束　维管束中有形成层,能持续产生新的木质部和韧皮部,因而植物的器官能

不断增粗,这种维管束叫无限维管束,如裸子植物和大多数双子叶植物茎中的维管束属于这种类型。

（2）根据初生木质部和初生韧皮部的排列方式分类　可将维管束分为以下几种类型（图1.42）：

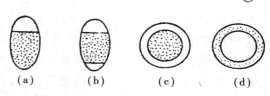

图1.42　维管束类型
（a）外韧维管束；（b）双韧维管束；
（c）周韧维管束；（d）周木维管束

①外韧维管束　韧皮部在外,木质部在内,呈内外并生排列。一般种子植物茎中具有这种维管束。

②双韧维管束　韧皮部在木质部的两侧,中间夹着木质部,如瓜类、茄类、马铃薯、甘薯等茎中的维管束。

③同心维管束　韧皮部环绕着木质部,或木质部环绕着韧皮部,呈同心圆排列,它包括周韧维管束和周木维管束。

a.周韧维管束　中央为木质部,韧皮部环绕在木质部外侧包围着木质部。这种类型在蕨类植物中比较常见。

b.周木维管束　中央为韧皮部,木质部环绕在韧皮部外侧包围着韧皮部。如单子叶植物中的莎草、铃兰地下茎的维管束,双子叶植物中的蓼科、胡椒科部分植物的维管束。

在植物根的初生结构中,木质部有明显的若干辐射角,韧皮部位于木质部的辐射角之间,二者交互排列、不相连接,未形成环状的维管束,也有人将这种相间排列的方式,称为辐射维管束。

3）维管系统

一个植物体或植物体的一个器官中,一种或几种组织在结构和功能上组成的一个单位,叫组织系统。植物体内的组织系统可分为维管组织系统、皮组织系统和基本组织系统3种类型。

一个植物体或一个器官内所有的维管组织,叫维管组织系统,简称维管系统,它包括木质部和韧皮部。维管系统连续贯穿于整个植物体,主要起运输和支持作用;皮组织系统包括表皮和周皮,它们覆盖于整个植物体的外表面,主要起保护作用;基本组织系统主要包括各类薄壁组织、厚角组织、厚壁组织,是植物体的基本成分,它包埋着维管系统。

总之,不论是植物的一个细胞、一个器官或一个个体,都具有各种复杂的结构,这些结构都有其特定的功能,保持着相对独立性;同时,它们之间又相互依赖、密切配合,共同完成植物体的各项生命活动。

复习思考题

1.名词解释:

原生质体　胞间连丝　原核细胞　有丝分裂　减数分裂　细胞周期　同源染色体　组织　分生组织　无限维管束　维管系统

2.细胞学说的主要内容是什么？为什么说细胞是生物生命活动的基本单位？

3.简要说明原生质体各部分的主要结构及其功能。

4.植物体中每个细胞所含有的细胞器的种类是否相同？为什么？试举例说明。

5. 质体在一定条件下能否相互转化？试举例说明。

6. 在电子显微镜下观察，细胞壁可分哪几层？各层的主要成分及特点是什么？

7. 举例说明细胞壁特化的种类及其作用。

8. 根据液泡和后含物中所含的化学成分，举例说明其对人们生产实践及日常生活的作用。

9. 试从细胞的结构和功能两方面来说明植物体是一个有机的统一体。

10. 植物体各部分的颜色及其变化主要与细胞中的哪些物质有关？举例说明。

11. 简述植物细胞有丝分裂和减数分裂的主要过程、特点及意义。

12. 什么叫组织？植物体有哪些主要的组织？

13. 薄壁组织有什么特点？它对植物生活有什么意义？

14. 厚角组织和厚壁组织的区别是什么？

15. 从输导组织的结构和功能两方面说明被子植物和裸子植物的主要区别。

16. 植物有哪几类组织系统？它们在植物体内如何分布？简述其生理作用。

2 种子和幼苗

种子和幼苗微课

[本章导读]

种子植物是植物界种类最多、进化程度最高的植物类群。种子既是种子植物的繁殖器官，又是农、林生产上收获的主要农产品。本章重点讲述种子的构造和类型，种子萌发需要的环境条件，种子萌发的过程及幼苗的类型。通过本章的学习，使学生了解园林植物种子的形态、构造和类型，为以后鉴定种子质量和播种育苗打好基础。

2.1 种子的构造与类型

2.1.1 种子的基本构造

植物种类不同，它们的种子在大小、形状、色泽、硬度等方面都存在着很大的差异，种子的形态特征虽然各不相同，但它们的基本结构却是相似的，一般由种皮、胚和胚乳三部分组成(图2.1)；有些种子仅有种皮和胚两部分(图2.2、书前彩图)。

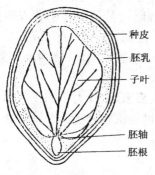

图2.1 油桐种子纵切面

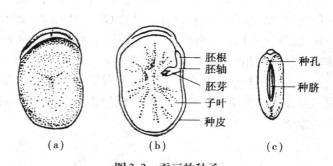

图2.2 蚕豆的种子

(a)种子外形的侧面观；(b)切去一半子叶显示内部结构；

(c)种子外形的顶面观

（1）种皮　种皮是种子最外面的保护层，具有保护种子不受外力机械损伤和防止病虫害入侵的作用。有些植物的种皮仅一层；有些有两层，即内种皮和外种皮。内种皮一般薄而软；外种皮厚、硬，通常有光泽。有的种皮还有花纹或其他附属物，如橡胶树的种皮有花纹，乌桕的种皮附着有蜡层。此外，有些种子的外种皮扩展为翅状，如油松、马尾松、泡桐、梓树的种子等；也有一些种子的外种皮附生长毛，如楸树种皮上的纤维毛；有些植物种皮外面还包有一层肉质的被套，称为假种皮，如荔枝（图2.3）、龙眼、卫矛等。种皮的花纹、颜色、茸毛等特征，是鉴别种子类型的依据。

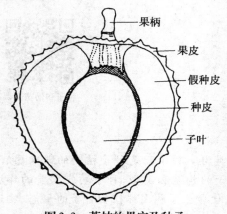

　　图2.3　荔枝的果实及种子

成熟的种子，在种皮上常具有种脐、种孔、种脊等部分（图2.2）。种脐是种子从果实上脱落时留下的痕迹，豆类的种子最为明显，多数种子不明显。种脐一端有一个细孔叫种孔，是种子萌发时吸收水分和胚根伸出的孔道；另一端与种孔相对处有隆起的种脊（图2.7），是进入种子的维管束集中分布的地方。蓖麻、橡胶树等植物的种子，种皮上有海绵状隆起物，可将种孔、种脐覆盖，称为种阜（图2.4）。种阜具有帮助种子吸收水分的功能。种脐和种孔是每种植物种子都具有的构造，而种脊、种阜等则不是每种植物种子都具有的。

（2）胚　胚是种子的最重要部分，是包在种子中的幼小植物体，新植物体就是由胚发育而成的。一粒种子是否能正常萌发，关键是看胚是否正常，有没有生活力。

胚由胚芽、胚轴、胚根和子叶所组成。胚轴上端连着胚芽，下端连着胚根，子叶着生在胚轴上端两侧或周围。种子萌发时，胚芽发育成地上部分的主茎和叶，胚根发育成初生根，而胚轴大多数将来成为茎的部分。子叶的功能是贮藏养料或从胚乳中吸收养料，供胚生长时消耗。有些植物的子叶，在种子萌发时伸出土面展开变绿，能进行光合作用，制造养料供幼苗生长。子叶的寿命较短，一般20 d左右脱落。

子叶的数目是植物一个比较稳定的遗传性状，因此根据子叶的数目，种子植物可分为三大类：具有两个子叶的植物称双子叶植物；具有一个子叶的植物称为单子叶植物；裸子植物的子叶数目不确定，通常在两个以上，称为多子叶植物。

（3）胚乳　胚乳位于种皮和胚之间，是种子内贮藏营养物质的部分，养分供种子萌发时胚生长之用。有些种子的胚乳在种子形成过程中被胚吸收后在子叶中贮藏，这类种子在成熟后无胚乳，如豆类植物。有些种子内虽无胚乳，但在成熟种子中，形成类似胚乳的组织，称为外胚乳，其功能与胚乳相同，如苹果、梨等的种子。

许多植物种子的胚乳和子叶所贮藏的营养物质是人类食物的主要来源，如大豆的子叶富含蛋白质；麻栎、板栗种子的子叶及梧桐的胚乳中含有大量的淀粉；胡桃科植物种子的子叶中含大量的脂肪等。

2.1.2　种子的类型

根据种子成熟后有无胚乳,可将种子分为有胚乳种子和无胚乳种子两类。

1) 有胚乳种子

这类种子由种皮、胚和胚乳三部分组成。胚乳占有较大比例,胚较小。大多数单子叶植物、许多双子叶植物和裸子植物的种子都是有胚乳种子。

(1) 双子叶植物有胚乳种子　油桐、柿、橡胶树、蓖麻(图2.4、书前彩图)、番茄等属于双子叶植物有胚乳种子。

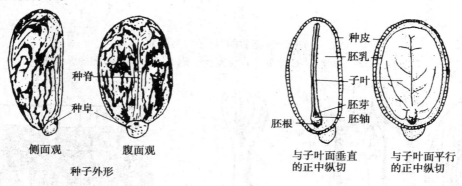

图2.4　蓖麻的种子

蓖麻种子椭圆形,略侧扁,外种皮坚硬、光滑、具花纹,内种皮薄。种子的一端有种阜,种孔被种阜覆盖,种脐紧靠种阜而不明显,有种脊;胚乳发达,呈乳白色,内含丰富的油脂;胚包埋于胚乳中,两片子叶大而薄,上面有明显的脉纹;子叶的基部与较短的胚轴相连,胚轴下方是胚根,上方是胚芽,胚芽夹在两片子叶的中间。

(2) 单子叶植物有胚乳种子　常见的竹类、稻、麦及其他禾本科植物的种子,都是有胚乳种子。

以毛竹为例说明(图2.5):毛竹的“种子”,实际上是含有种子的果实,其种皮与果皮愈合,不易分离,称为颖果。颖果的果皮由4~5层栓化细胞组成,种皮为一层薄壁细胞。胚乳占据果实的大部分,内含大量淀粉粒和糊粉粒。胚小并紧贴胚乳。在胚根及胚芽先端分别有胚根鞘和胚芽鞘。胚轴的一侧生有一肉质肥厚的子叶,形如盾状,称为盾片或内子叶,位于胚乳与胚之间,并与两者紧贴在一起。胚轴在与盾片相对的一侧,有一小突起,有人认为这是退化的子叶,称为外子叶。

(3) 裸子植物有胚乳种子　以松属种子为例说明(图2.6):松属种子具两层种皮,外种皮由4~5层木化的石细胞和外面一层栓化的厚壁细胞组成;内种皮膜质化。在多种松中,种子脱落时还连着一片很薄的称为翅的膜质状组织。胚棒状,被白色胚乳包被,胚根尖端带有一丝状物,是胚柄的残留物。胚轴上轮生着4~16片子叶。

2) 无胚乳种子

这类植物的种子只有种皮和胚两部分,没有胚乳,肥厚的子叶贮存了丰富的营养物质,代替了胚乳的功能。多见于大部分双子叶植物和部分单子叶植物。

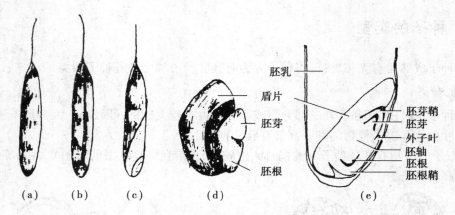

图2.5　毛竹的"种子"(颖果)
(a)～(c)种子外形:(a)背面;(b)腹面;(c)侧面;(d)胚;(e)胚的纵切面

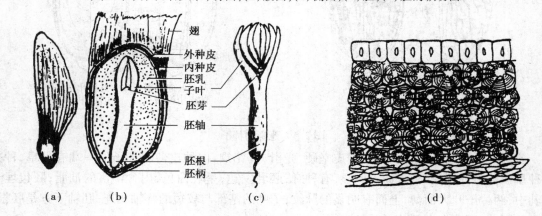

图2.6　松属的种子
(a)外形;(b)纵切的一部分;(c)取出的胚;(d)种皮横切面

(1)双子叶植物无胚乳种子　双子叶植物中刺槐、梨、核桃等的种子是无胚乳种子,以刺槐为例说明(图2.7)。

刺槐种子的形态呈肾状,有明显的种脐、种脊。种皮内,胚由两片子叶和胚芽及胚根构成。子叶发达,几乎占据了种子的全部。

(2)单子叶植物无胚乳种子　此类种子较少见,稻田杂草中的慈姑、泽泻、眼子菜等单子叶植物的种子是无胚乳种子。

以慈姑为例说明(图2.8):慈姑的种子由种皮和胚组成。种皮极薄,仅一层细胞,胚弯曲。子叶一片,呈长柱形。胚芽着生在胚轴上方,由生长点和幼叶组成。胚轴下端为胚根,胚根和下胚轴连在一起组成胚的一段短轴。

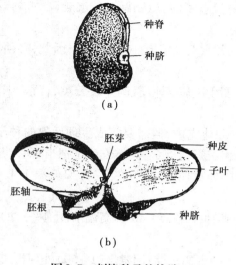

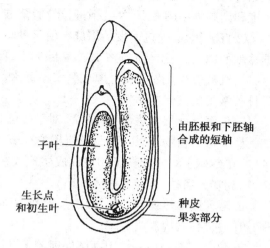

图2.7　刺槐种子的构造
(a)外形;(b)剖开的两片子叶

图2.8　慈姑属胚的结构

2.2　幼苗的类型

2.2.1　种子的萌发

1)种子萌发的条件

(1)内在条件

①种子休眠　种子萌发的内在条件是种子成熟、具有完整的胚和旺盛的生活力。有一些植物种子在成熟后,在适宜的环境下能立即萌发。但有一些植物的种子,即使有适宜的外界条件,也不能及时萌发,种子的这一性质称为休眠。有些植物种子成熟后立即可以萌发,如杨、柳等植物的种子。而人参、松树等植物的种子,必须经过一定时期的休眠才能萌发。

种子休眠的原因有以下3个方面:

a.胚未成熟　一种情况是胚尚未完全发育。如银杏种子成熟后从树上脱落时还未受精,等到外种皮腐烂、氧气进入后,种子里的生殖细胞分裂,释放出精子后才受精。又如兰花、冬青、当归、白蜡树等的种子胚体体积都很小,结构不完善,必须要经过一段时间的继续发育,才可达到萌发状态;另一种情况是胚在形态上似已发育完全,但生理上还未成熟,必须要经过后熟作用才能萌发。所谓后熟作用是指成熟种子离开母体后,需要经过一系列的生理生化变化后才能完成生理成熟,具备发芽能力,如人参和刺五加的种子。

b.种皮(果皮)的限制　豆科、锦葵科、樟科等植物的种子,有坚厚的种皮,果皮上有致密的蜡质和角质,被称为硬实种子、石种子。这类种子往往由于种壳的机械压制或由于种(果)皮不透水、不透气而阻碍种子的萌发,呈现休眠,如紫云英、刺槐等。

c.抑制物质的存在　有些植物种子不能萌发是由于果实或种子内部有萌发抑制物质的存在。这类抑制物质多数是一些低分子量的有机化合物,如具挥发性的氰氢酸、乙烯、芥子油,醛类化合物中的柠檬醛、肉桂醛,酚类化合物中的水杨酸、没食子酸,生物碱中的咖啡碱、古柯碱,不饱和内脂类中的香豆素、花楸酸以及脱落酸。

②打破休眠,促进萌发的措施　由于种子及器官的休眠对萌发有一定的影响,因此,必须根据休眠的原因,采用相应的措施来解除休眠,促进萌发。

a. 机械破损　如种皮过厚或紧实不透水的种子,可用碾擦破种皮,例如紫云英、苜蓿、烟草等种子常用此法促进萌发。

b. 低温湿沙层积法(沙藏法)　对于胚已长成或已分化完成,但需要完成生理后熟的种子,如一些蔷薇科植物苹果、桃、梨及松柏类种子,都可用此法破除休眠。具体方法是把当年收获的种子,在冬季用湿沙和种子相混或成层地放在室外背阴处或地窖堆积,在 $0 \sim 5$ ℃低温下 $1 \sim 3$ 个月,到春天播种,就能通过休眠期。

c. 晒种或加热处理　棉花、黄瓜等种子,在播种前晒种或在 $35 \sim 40$ ℃高温下浸泡一定的时间,可促进后熟,提高发芽率。

d. 化学药剂处理　如用酒精处理莲子,可增加莲子种皮的透性;用氨水(1∶50)处理松树种子;棉花种子在热 H_2SO_4($120 \sim 150$ ℃)搅拌 5 min,再用清水将 H_2SO_4 洗净;98% 浓 H_2SO_4 处理皂荚种子 1 h,清水洗净,再在 40 ℃清水浸泡 86 h(但此法必须注意安全)等,都可以打破休眠,提高种子的发芽率。

e. 清水冲洗　对由于抑制萌发物质的存在而休眠的种子或器官,如番茄、甜瓜、西瓜等种子,从果实中取出后,用清水冲洗干净,以除去附着在种子上的抑制物质可解除休眠。

③种子寿命　种子是有生命的有机体,故存在着寿命问题。种子的寿命是指种子在一定条件下保持生活力的期限,超过这个期限,种子的生活力就会丧失,失去萌发能力。根据种子的寿命长短可把种子分为短寿命种子、中寿命种子和长寿命种子 3 类。

a. 短寿命种子　这类种子的寿命为几个小时至几周,如杨树、榆树、可可属、椰子属等的种子。它们的种子成熟后随即播种大部分都能发芽。如柳树种子成熟后在 12 h 以内有发芽能力,杨树种子寿命一般不超过几周。

b. 中寿命种子　这类种子的寿命在几年到十几年。大多数栽培植物如水稻、小麦、大豆的种子寿命为 2 年,玉米 $2 \sim 3$ 年,油菜 3 年,蚕豆、绿豆、豇豆、紫云英 $5 \sim 11$ 年。

c. 长寿命种子　种子寿命在几十年以上。莲的种子可以活到 150 年以上。北京植物园曾对泥炭土层中挖出的沉睡千年的莲子进行催芽萌发,还能开花结果。由此可见,莲的种子寿命可达千年以上。

(2)外在条件

①充足的水分　水分是影响种子萌发最重要的条件之一,对种子萌发起着多方面的作用。首先,水分可以软化种皮,增加透水性和透气性,容易使氧气透过种皮进入种子内部,加强呼吸作用和新陈代谢的进行,同时,胚根、胚芽也容易突破种皮。其次,种子内贮藏的有机物质,种子在吸水之后,各种酶的活性增强,有机物质开始分解转化。一般种子在萌发时所需的水分条件以土壤饱和含水量的 60% $\sim$70% 为宜。

②适宜的温度　温度是影响种子萌发的一个重要因素,也是决定种子萌发速度的首要条件。温度的作用在于直接影响整个萌发过程代谢活动的进行。如温度可以影响酶的活性和原生质的状态,从而影响物质的转化和运输;温度也影响种子的吸水和气体交换等。种子萌发对

温度的要求有最高、最适和最低温度,即温度的三基点。不同的植物因原产地不同,种子萌发所需要的温度也不同。

③充足的氧气 种子萌发是非常活跃的生命活动,需要大量的能量供应,而能量来源于呼吸作用,所以,种子萌发时需要充足的氧气,才能使呼吸作用顺利进行。不同植物的种子萌发时需氧量不一样,一般种子萌发需要土壤空气含氧量在10%以上。含脂肪较多的种子对氧的需求量大。

④光照 自然界中大多数植物的种子萌发对光照无反应,但有些植物的种子萌发却受光的影响。如莴苣、烟草及一些禾本科牧草等植物的种子需要在光照下才能萌发,被称为"需光种子";而茄子、番茄、瓜类、葱属等植物的种子在光下则抑制萌发,需要在黑暗中才能萌发,被称为"嫌光种子"或"需暗种子"。

种子萌发对光的需求不是必需的,仅有少数植物种子萌发时需要光。而水分、氧气和温度是种子萌发时必需的环境条件,三者缺一不可。水分是前提,温度是关键,氧气是保证,三者相互促进,又相互制约,如温度、氧气可以影响呼吸作用的强弱,水分可以影响氧气供应的状况等。在农林业生产上要根据种子萌发的特点,调节水分、温度、氧气三者之间的关系,达到一播苗全、苗匀、苗壮的目的。

2)种子萌发的过程

发育正常的种子,在适宜的条件下开始萌发。从胚开始萌动,到幼苗形成的过程,称为种子的萌发。种子萌发的过程可分为吸胀、萌动和发芽3个阶段。

(1)吸胀 吸胀是指干种子吸水膨胀的过程。种子内含有蛋白质、淀粉等亲水胶体物质,在遇到较多水分供应时,必然发生吸胀作用。种子的吸胀是一个物理过程。死亡的种子也有吸胀作用,但不能萌动、发芽。

(2)萌动 生活的种子,随着细胞原生质吸水量的增加,酶的活性和代谢作用显著加强,原生质由原来的凝胶状态转化为溶胶状态,种子内贮藏的有机物质开始转化分解,通过有氧呼吸释放能量,又合成新的有机物质使胚芽、胚根生长,当胚根生长达到一定限度时,就突破种皮,这就是种子萌发的第二阶段——萌动。

(3)发芽 种子萌动后,胚继续生长。当胚根的长度与种子长度相等,胚芽长度达到种子长度的一半时,称为发芽。

种子萌发后,胚逐渐形成根、茎、叶,变成独立生活的幼苗。

2.2.2 幼苗的类型

由胚长成的幼小植物体就是幼苗。通常将幼苗子叶至第一片真叶间的胚轴称为上胚轴(图2.9),子叶到胚根之间的胚轴称下胚轴。由于胚轴的生长情况不同,因而有不同的幼苗类型。常见的有子叶出土幼苗和子叶留土幼苗两种类型。

(1)子叶出土幼苗 种子萌发时,胚根突破种皮,伸入土中;形成主根后,下胚轴迅速伸长,把子叶、上胚轴和胚芽一起推出土面,这样形成的幼苗称为子叶出土幼苗。大多数裸子植物和双子叶植物的幼苗都是这种类型,如刺槐、苦楝(图2.9)、马尾松等。

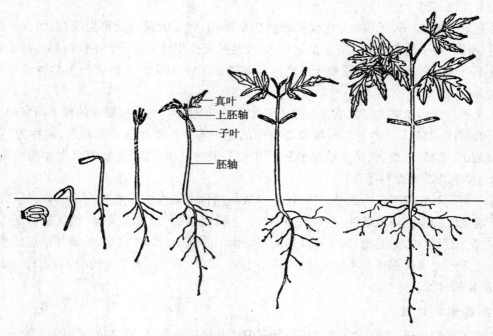

　　　真叶
　　　上胚轴
　　　子叶

　　　胚轴

图2.9　苦楝种子萌发及幼苗生长
(引自曹慧娟)

　　(2)子叶留土幼苗　种子萌发时,下胚轴发育不良或不伸长,只是上胚轴和胚芽迅速向上生长,形成幼苗的主茎,而子叶始终留在土壤中,这样形成的幼苗称为子叶留土幼苗。荔枝、柑桔、核桃、油茶等一部分双子叶植物和大部分单子叶植物(如毛竹、棕榈、蒲葵等)的幼苗都属此类型(图2.10、图2.11)。

　　花生种子的萌发,兼有子叶出土和子叶留土的特性,所以称它为子叶半出土幼苗。它的上胚轴和胚芽伸长较快,同时下胚轴也相应生长。所以播种较深时,则不见子叶出土;播种较浅时,则可见子叶露出土面(图2.12)。

　　子叶出土与留土,是植物对外界环境的不同适应性。了解子叶出土和子叶留土两类幼苗的特点,在农、林生产上都有一定的指导意义,可作为正确掌握种子播种深度的依据。一般情况下,子叶留土幼苗的种子播种可以稍深一些;子叶出土幼苗的种子播种可浅一些,以利于下胚轴伸长,将子叶和胚芽顶出土面。此外,还要考虑种子的大小、土壤湿度等条件,综合上述诸因素来最后决定播种的实际深度,以提高出苗率。

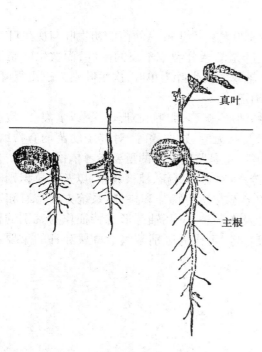

真叶

主根

图 2.10   核桃留土萌发的幼苗

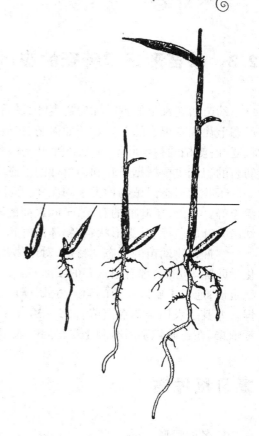

图 2.11   毛竹留土萌发的幼苗

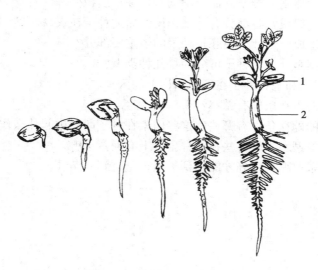

1

2

图 2.12   花生种子萌发过程

1.上胚轴   2.下胚轴

2.3　幼苗形态学特征的应用

幼苗初期长出的真叶称为初生叶,以后长出的真叶称为次生叶。幼苗的初生叶与次生叶在形态上往往有很大的差异。例如枫杨、核桃的初生叶是掌状分裂或不裂的单叶,而次生叶是羽状复叶;侧柏的初生叶呈刺状,次生叶是鳞片状;车轴草的初生叶为单叶,次生叶则为三出复叶。幼苗的识别主要根据子叶和初生叶的形态特征来确定。

子叶的形态因植物种类不同而异,有条形、长椭圆形、圆形、卵形、心形、二裂或多裂、深裂或浅裂等。另外,子叶柄的有无,子叶表面的颜色,以及有无毛绒、白霜等,对鉴定幼苗均有帮助。幼苗真叶的色泽、叶缘形状、植物体的气味、分泌物等,也是鉴定幼苗的重要参考依据。

掌握植物幼苗的形态学特征,对作物栽培、遗传育种、森林更新、植被调查,以及杂草识别和化学防除等方面,都有很重要的实践意义。幼苗的形态在遗传特征和科、属系统方面常有相对稳定性,通常主要以幼苗的萌发方式,子叶、初生叶及上胚轴、下胚轴等形态特征作为鉴别的依据。尤其是农田杂草在出苗后 25~30 d 子叶比较稳定,可作为区别某些杂草属和种的重要参考依据,在正确识别后有利于尽早除去农田杂草。

复习思考题

1.名词解释:

种子　胚　幼苗　休眠　种子寿命　萌动　发芽　层积处理

2.种子由哪几部分组成?各部分有什么作用?简述种子在农、林生产中的作用。

3.胚由哪几部分组成?为什么说胚是种子的最重要部分?

4.种子分类的依据是什么?种子可分为哪几种类型?

5.试比较油桐、蚕豆和毛竹种子在形态结构上的区别。

6.影响种子萌发的内在条件有哪些?

7.影响种子萌发的外在条件有哪些?这些因素在种子萌发中起什么作用?

8.幼苗有哪几种类型?了解这些在农林生产上有何意义?

9.在农林生产上采取哪些措施才能达到一播苗全、苗匀、苗壮。

3 根

[本章导读]

　　本章主要介绍被子植物根的基本形态、根的结构、根的变态及根的生理功能。重点介绍根系的类型与分布、根尖的结构、双子叶植物根的初生结构与次生结构、单子叶植物根的结构特点以及侧根的形成、根瘤和菌根的类型及其在农林生产中的重要意义，根的变态及其类型。

　　种子萌发形成幼苗后，根与茎、叶继续发育，成为根系发达、枝叶繁茂的成年植物。根、茎、叶担负着营养物质的吸收、合成、运输和贮藏等生理功能，是植物体的营养器官，对植物体的生长发育起着非常重要的作用。

　　根是植物长期演化过程中适应陆生生活的产物，是种子植物和大多数蕨类植物特有的地下营养器官。除少数根之外，根一般向地下生长，并能在主根上发生很多侧根，最后形成庞大的根系，根系是植物生长的基础。"根深叶茂，本固枝荣"就充分说明根在植物生命活动中的重要作用。

3.1　根的形态与功能

3.1.1　根的生理功能

　　根生长在土壤中，具有吸收、固定、合成、贮藏和繁殖等生理功能。

1)吸收和输导作用

　　植物体内所需的物质，除一部分由叶或幼嫩的茎自空气中吸收外，大部分是由根从土壤中获得的。根主要吸收土壤中的水分和溶解在水中的 CO_2、无机盐等。水是细胞原生质重要组成成分，是制造有机物的原料；CO_2 是光合作用的重要原料，除靠叶从空气中吸收外，根也从土壤中吸收溶解状态的 CO_2 或碳酸盐，供植物光合作用的需要；无机盐是植物生活中不可缺少的，其中氮、磷、钾是植物需要量最大的无机盐离子，土壤中的无机盐都是在水解后呈离子状态被根吸收的。土壤中的水分和无机盐通过根毛和表皮细胞吸收之后，经过根的维管组织输送到茎、叶；而叶所制造的有机养料经过茎输送到根，再经过根的维管组织输送到根的各部分，以维持根的正常生长。

2) 固定和支持作用

植物的地上部分之所以能够稳固地直立在地面上，主要是因为根在土壤中具有固定和支持作用。一般而言，植物的树冠和地下根系所占的范围大致相同。植物的主根多次分枝、深入土壤形成庞大的根系，由于根系以及根内的机械组织和维管组织的共同作用，把植物体固定在土壤中，使茎叶挺立于地表之上，并能经受风雨、冰雪以及其他机械力量的冲击。

3) 贮藏和繁殖作用

根内的薄壁组织一般比较发达，常常作为物质贮藏的场所。叶子制成的有机养料，除了一部分被利用消耗外，其余的就运输到根部，在根内贮存起来。贮存的形式，有的形成淀粉，有的形成生物碱等。有些植物的变态根特别发达，成为专门贮藏营养物质的器官，即为"贮藏根"，如大丽花、萝卜等。

许多植物的根能产生不定芽，然后由不定芽长成新的植物体，因此植物的根具有繁殖作用。在营养繁殖中根的扦插和造林中森林的更新，常常利用植物的根进行繁殖，如泡桐、樟树、刺槐、枣树等可用根进行扦插繁殖。

4) 合成和分泌作用

根不仅是吸收水分和无机盐的器官，也是一个重要的合成和分泌器官。它所吸收的物质有一部分经根细胞的代谢作用，合成氨基酸、蛋白质等有机氮和有机磷化合物，供给植物代谢活动的需要。大量研究证明，根能合成糖类、有机酸、激素和生物碱，这些物质的形成对植物地上部分及根本身的生长有重要作用。

3.1.2　根与根系的种类

1) 根的种类

（1）按来源分类　按来源，根可分为主根和侧根。种子萌发时，胚根先突出种皮，向下生长，这种由胚根直接生长形成的根，称为主根。主根上产生的各级大小分枝称为侧根。

（2）按发生部位分类　按发生部位，根可分为定根和不定根。主根和侧根都从植物固定的部位生长出来，均属于定根。许多植物还能从茎、叶、老根或胚轴上生出根，这类根因发生位置不固定，统称为不定根。

2) 根系的种类

一株植物地下部分所有根的总体称为根系。植物的根系有直根系和须根系两种基本类型。

（1）直根系　植物主根粗壮发达，主根与侧根有明显区别，如松、杨、苹果、黄麻、向日葵、白菜、大豆、棉花等植物的根系是直根系（图3.1（a））。大多数双子叶植物的根系为直根系。

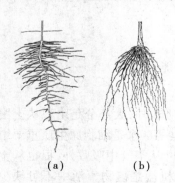

（a）　　　　（b）

图3.1　根系的类型

（a）直根系；（b）须根系

（2）须根系　主根不发达，主根和侧根没有明显区别或主要呈胡须状的不定根，如棕榈、百合、玉米、小麦、葱、大蒜等植物的根系是须根系（图3.1（b）），大多数单子叶植物的根系为须根系。

3.1.3　根系分布与环境的关系

根系在土壤中的分布状态，因植物种类、生长发育状况、土壤条件等因素的不同而有差别。一般来说，具有发达主根的直根系，垂直向下生长，在土壤的深度达2～5 m，甚至10 m以上，常分布在较深土层，属于深根系；而须根系的主根不发达，侧根或不定根发达，并以水平方向朝四周扩展，多分布在土壤浅层，属于浅根系。其实，深根系和浅根系是相对的，根的深度在植物不同生育期是不同的，植物根系和地上部分具有一定的相关性，植物苗期的根均很浅，到成株后根系发达，入土深。

根系的分布往往受外界条件的影响，同一种植物，如果生长在雨水较少、地下水位较低、土壤排水和通气良好、土壤肥沃和光照充足的地方，其根系比较发达，入土较深。反之，根系入土较浅。人为的因素也能改变根系的深浅，如苗木的移栽、压条和扦插等易形成浅根系；种子繁殖、深层施肥能形成深根系。不同植物进行间作套种、绿化配置时，要考虑植物的根系在土层中的分布情况，将深根系和浅根系的植物互相搭配，使植物能吸收利用土壤中不同深度的养分和水分，充分发挥水肥的作用，使根系发育良好，有利于植物生长。

3.2　根的构造

3.2.1　根尖及其分区

根尖是指从根的顶端到着生根毛的部分，长约数毫米至几厘米。无论主根、侧根和不定根都具有根尖，它是根的生命活动最活跃的部分。根的伸长、水分和养料的吸收以及根内的组织分化都是在根尖进行的。因此根尖损伤后，则影响根的生长和发育。根据根尖细胞生长、分化及生理功能不同，可将根尖分为根冠、分生区、伸长区和成熟区4个部分（图3.2、书前彩图）。

（1）根冠　根冠是根特有的一种结构，位于根尖的顶端，一般呈圆锥形，如帽状物套在分生区的外面，所以称为根冠。根冠由多层不规则排列的薄壁细胞组成，具有保护作用。根冠外层细胞排列疏松，常分泌黏液，使根冠表面光滑，有利于根尖向土壤中推进。当根不断生长、向前延伸时，根冠外层细胞常因磨损而不断解体死亡和脱落，但由于分生区细胞的不断分裂，产生新的根冠细胞，所以根冠始终保持一定的形态和厚度。此外，根冠细胞内常含有淀粉粒，并集中分布在细胞的下方，可能有重力感应作用，控制根向地心的方向生长。绝大多数植物的根尖都有根冠，但寄生植物和有菌根共生的植物通常无根冠。

（2）分生区　分生区位于根冠的上方，呈圆锥状，全长1～2 mm，大部分被根冠包围着，是分裂产生新细胞的主要部位，又称为生长点。分生区是典型的顶端分生组织，细胞形状为多面体，排列紧密，具有细胞壁薄、细胞质浓、细胞核大、液泡小等特点。它们分裂产生的新细胞，除一部分向前,形成根冠细胞外,大部分向后,经过生长、分化,逐渐形成根的各种结构。

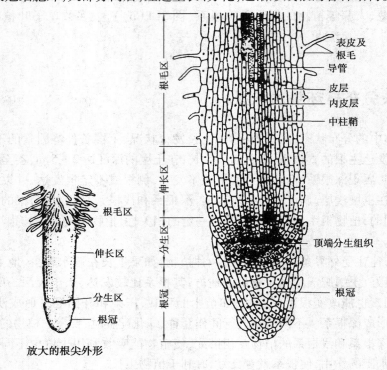

图3.2　根尖的纵切面
（植物与植物生理,陈忠辉,2002）

分生区的最前端为顶端分生组织的原始细胞,由原始细胞分裂分化出分生区稍后部的原表皮、基本分生组织和原形成层3种初生分生组织。原表皮最外一层细胞在纵切面上为扁平的长方形,将来分化为根的表皮;基本分生组织细胞较大,呈短圆筒形,将来分化为根的基本组织;原形成层位于分生区的中央,细胞长梭形,直径较小,密集成束,将来分化为根的维管组织。

（3）伸长区　伸长区位于分生区上方至出现根毛的地方。一般长2~5 mm,外观上透明而光滑,与分生区有明显的区别。此区细胞为长圆筒状,中央具有明显的液泡,多数细胞已逐渐停止分裂,但细胞体积却不断扩大,并迅速伸长,特别是沿根的纵轴方向显著延伸,使根尖不断地向土壤深处推进。同时,伸长区细胞已开始分化,相继出现导管和筛管。

根的分生区细胞的分裂能增加细胞的数量,伸长区细胞的延伸能增加根的长度,因此,根的生长是分生区细胞的分裂、增大和伸长区细胞的延伸共同活动的结果。尤其是伸长区细胞的延伸,使得根能显著地伸长,因而在土壤中能不断向前推进,不断转移到新的环境,吸取更多的水分和养料。

（4）成熟区　位于伸长区的上方,长约几毫米至几厘米。在这个区内,根的各种细胞已停止伸长,并且已分化成熟,形成各种初生组织。成熟区一个突出特点是表皮密生根毛,故又称为根毛区。根毛是由表皮细胞向外突起而形成的,是根的特有结构。根毛呈管状,不分枝,长度为1~10 mm,其细胞壁薄而柔软,具有黏性和可塑性,易与土粒紧贴在一起,能有效地吸收土壤中的水分和无机盐。

根毛的数目很多（几百个/mm^2）,但因植物的种类和所处的环境条件不同而出现变化。根毛的生长速度较快,但生存期很短,一般 10～20 d 即死亡。然而幼根在向前生长的过程中,伸长区上部又能不断产生新的根毛替代枯死的根毛,以维持根毛区的一定长度。所以具有根毛的成熟区是根中吸收能力最强的部位。一旦失去根毛,成熟区就不具备吸收能力,而主要进行输导和支持作用。在农、林生产实践中,当植物进行移栽时,纤细的根毛和幼根难免受损,因而吸收水分的能力大大下降。因此,移栽后必须充分灌溉和修剪部分枝叶,以减少植株体内水分的散失,提高植株的成活率。

综上所述,根的发育是起源于分生区顶端分生组织的原始细胞,由此分裂产生的细胞,逐渐分化为原表皮、基本分生组织和原形成层等初生分生组织。由初生分生组织分化形成成熟结构的生长过程称为初生生长,所形成的成熟结构称为初生结构,包括根毛区及根尖上方根毛脱落而未增粗的部分。在初生生长过程中,原为分生区的细胞都经历了成为伸长区、继而成为根毛区,最终成为无根毛的初生结构中的一部分,或成为根冠细胞而后又脱落的过程。这一生长过程是渐进的,所以除分生区与根冠间分界较清晰外,其他三区之间皆呈梯形过渡而无明显界线。由于分生区通过细胞分裂源源不断形成新细胞,并且继续分化、成熟,使根尖各区始终能保持体积相对不变。

3.2.2　双子叶植物根的构造

1)双子叶植物根的初生构造

由根的初生分生组织经细胞分裂、分化所形成的构造称为根的初生构造。通过根尖的成熟区做一横切面,就能看到根的全部初生构造,由外至内可划分为表皮、皮层和维管柱 3 部分(图3.3、书前彩图)。

(1)表皮　位于根的最外层,由原表皮发育而来,由一层薄壁细胞组成。表皮细胞呈长方体形,其长轴与根的纵轴平行,细胞排列紧密,无细胞间隙,外壁不角质化,无气孔。大多数细胞可形成根毛,扩大了根的吸收面积,所以根毛区表皮细胞的吸收作用较其保护作用更为重要。

(2)皮层　位于表皮和维管柱之间,由基本分生组织分化而来,由多层薄壁细胞组成,在幼根中占有相当大的比例。皮层薄壁细胞的体积比较大,排列疏松,有明显的细胞间隙,是水分和溶质从根毛到维管柱的横向输导途径,也是幼根贮藏营养物质的场所,并有一定的通气作用。另外,皮层还是根进行合成、分泌的主要场所。

皮层的最外一层或数层细胞形状较小,细胞排列紧密,称为外皮层。当根毛枯死,表皮细胞破坏后,此层细胞壁增厚并栓质化,能代替表皮细胞起保护作用。

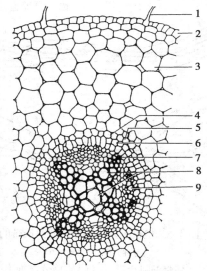

图 3.3　棉花幼根的横切面(示初生构造)
(植物学,贺学礼,2004)

1.根毛　2.表皮　3.皮层薄壁组织　4.凯氏点
5.内皮层　6.中柱鞘　7.原生木质部
8.后生木质部　9.初生韧皮部

皮层最内的一层细胞为内皮层(图3.4、书前彩图),它把皮层与维管柱隔开。内皮层细胞排列紧密,无细胞间隙,各细胞的径向壁(又称侧壁,即与该细胞所在部位的半径相平行的壁)和横向壁(又称横壁,即与生长点的横切面相平行的壁)有木质化和栓质化的带状加厚,并环绕在细胞的径向壁和横向壁上,称为凯氏带(图3.4)。凯氏带宽度不一,但远比其所在的细胞壁狭窄,从横切面上看,增厚部分呈点状,故称凯氏点。电镜下显示的凯氏带加厚,是木质和栓质沉积在初生壁及胞间层中,形成连续的环带(图3.5),并且凯氏带与质膜无孔隙地紧紧附着在一起。凯氏带的这种特殊结构,对根内水分和溶质的输导起着控制作用,它阻断了水分和溶质通过细胞间隙、细胞壁或质膜之间的运输途径,而必须全部经过内皮层的质膜及原生质体才能进入维管柱。这可减少溶质的散失,维持维管柱内溶液有一定的浓度,使水和溶质源源不断地进入导管。

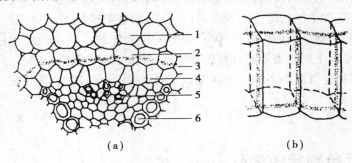

图3.4   内皮层的结构
(植物学,胡宝忠等,2002)
(a)根的部分横切面(示内皮层的位置,其横向壁上可见凯氏带);
(b)3个内皮层细胞的立体图解(示凯氏带在细胞壁上的位置)

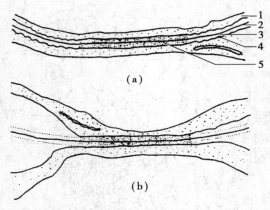

图3.5   电镜下内皮层径向壁凯氏带的结构
(植物学,贺学礼,2004)
(a)正常细胞的凯氏带区;(b)质壁分离细胞的凯氏带区
1.细胞质 2.胞间层 3.细胞壁 4.质膜 5.凯氏带

(3)维管柱   维管柱又称中柱,是内皮层以内的所有部分,由原形成层分化而来。包括中柱鞘、初生木质部、初生韧皮部和薄壁组织四部分,有的植物还具有髓。

①中柱鞘   中柱鞘位于维管柱的最外层,其外侧与内皮层相连,通常由一层薄壁细胞组成,有些植物的中柱鞘也可由数层细胞组成。中柱鞘细胞个体较大,排列紧密,但其分化水平低,具有潜在的分裂能力,侧根、不定根、根上的不定芽、维管形成层的一部分及木栓形成层等均起源于此。

②初生木质部   初生木质部位于根的中央,呈束状与初生韧皮部束相间排列(图3.6),其横切面呈辐射状。紧接中柱鞘内侧的辐射角端较早分化成熟,由管腔较小的环纹、螺纹导管组成,称为原生木质部;接近中心部分的木质部,分化成熟较晚,由管腔较大的梯纹、网纹和孔纹导管组成,称为后生木质部。根中初生木质部这种由外向内逐渐分化成熟的发育方式称为外始式。这是根发育上的一个重要特点,在生理上有其适应意义:最先形成的原生木质部的导管与中柱鞘相接,缩短了运输距离,有利于从皮层输入的溶液迅速进入导管而运向地上部分;而

后形成的后生木质部的导管管腔大,提高了输导效率,更能满足植株生长时对水分供应量增加的需求。在木质部的分化成熟过程中,如果后生木质部分化至维管柱的中央,便没有髓的存在。有些双子叶植物的主根直径较大,后生木质部没有分化至维管柱的中央,就形成了髓,如花生和蚕豆等的主根。初生木质部辐射角的数目因植物而异,在同种植物根中是相对稳定的,一般双子叶植物束数少,多为 2~7 束,分别称为二原型、三原型、四原型等。而单子叶植物至少是 6 束,常为多束。但同种植物的不同品种或同一株植物的不同根上,可出现不同束数的木质部。如茶树因品种不同而有 5 束、6 束、8 束甚至 12 束之分;花生的主根为四原型,侧根则为二原型。一般认为主根中的木质部束数较多,其形成侧根的能力较强。初生木质部的细胞组成比较简单,主要是导管和管胞,其主要功能是输导水分和无机盐。

③初生韧皮部　位于初生木质部辐射角之间,束数与初生木质部相同。其分化成熟的发育方式也是外始式,即原生韧皮部在外方,后生韧皮部在内方。初生韧皮部主要由筛管和伴胞组成,其主要功能是输导有机物。

④薄壁组织　分布于初生木质部与初生韧皮部之间,由一至多层薄壁细胞组成。在双子叶植物根中,这部分细胞可以进一步转化为维管形成层的一部分,由此产生次生结构。

双子叶植物中具有初生结构、尚未进行次生生长的根称为幼根。幼根中的维管柱所占比例小,机械组织不甚发达,这与此时植株尚幼小相适应。随着地上部分的长大,先形成的一部分幼根将进行次生生长,各部分结构比例也发生相应变化,形成次生结构。

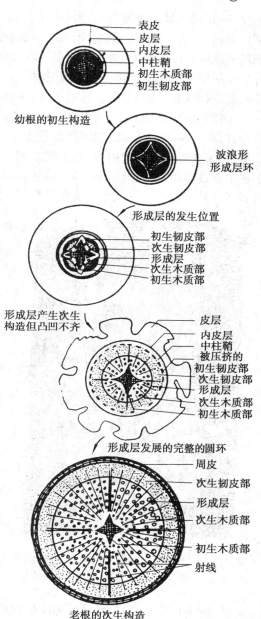

图 3.6　根由初生构造到次生构造的转变图
(植物与植物生理,陈忠辉,2002)

2)双子叶植物根的次生结构

大多数双子叶植物的根在完成初生生长之后,由于维管形成层和木栓形成层的发生及分裂活动,分别产生次生维管组织和周皮,使根不断地加粗。这种生长过程称为次生生长,次生生长所产生的结构称为次生结构。

(1)维管形成层的产生及活动　根部维管形成层产生于初生韧皮部内侧保留下来的一部分原形成层未分化的薄壁细胞和部分中柱鞘恢复分裂能力的细胞。维管形成层活动的结果是产生次生维管组织。

当次生生长开始时,保留在初生韧皮部内侧的一层原形成层细胞开始进行分裂活动,它们先进行切向分裂(新细胞壁与切向壁平行,即与细胞所在部位同侧外周切线平行,又称平周分裂),向内、向外产生新的细胞,所以,在根的横切面上,可观察到一条条弧形的片段(图3.6),即维管形成层片段。接着,每个形成层片段继续向左右两侧扩展,并向外移,直至与初生木质部辐射角端的中柱鞘细胞相接。之后,相接处的中柱鞘细胞也恢复了分裂能力,并分别与最初的维管形成层相联合,成为一个连续的、呈波浪状的形成层环,包围着初生木质部。

维管形成层细胞不断进行切向分裂,向内产生的细胞分化为新的木质部,位于初生木质部的外方,称为次生木质部,包括导管、管胞、木薄壁细胞和木纤维;向外产生的细胞分化为新的韧皮部,位于初生韧皮部的内方,称为次生韧皮部,包括筛管、伴胞、韧皮薄壁细胞和韧皮纤维。由于初生韧皮部内侧的形成层分裂活动比较早、分裂速度快,同时向内分裂增加的次生木质部数量多于向外分裂产生的次生韧皮部的数量,这样,初生韧皮部内侧的形成层被新形成的组织推向外方,最后使波浪形的形成层环发展为圆环状的形成层环。以后,形成层环的各部分等速地进行分裂,不断地增生次生木质部和次生韧皮部。此时,木质部和韧皮部已由初生构造的相间排列转变为内外排列。次生木质部和次生韧皮部合称为次生维管组织,是次生构造的主要部分。

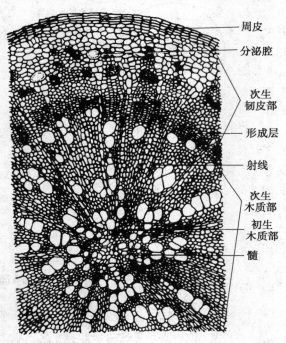

需要说明的是,形成层的原始细胞只有一层,但在生长季节,由于刚分裂出来的尚未分化的细胞与原始细胞相似,而成多层细胞,合称为形成层区。通常讲的形成层就是指形成层区,其横切面观,多为数层排列整齐的扁平细胞。由于形成层向内产生的次生木质部的成分较多,向外产生的次生韧皮部少,同时,初生韧皮部由于承受内方生长的较大压力而受到破坏,而次生木质部总是加在初生木质部的外方,使初生木质部能在根的中央被保存下来,因此在根的次生结构中,次生木质部所占的比例远远大于次生韧皮部(图3.7)。

图3.7　棉根次生构造横切面
(植物与植物生理,陈忠辉,2002)

周皮
分泌腔
次生韧皮部
形成层
射线
次生木质部
初生木质部
髓

形成层除了产生次生木质部和次生韧皮部以外,在初生木质部辐射角处,由中柱鞘发生的形成层分裂产生一些薄壁细胞,这些薄壁细胞沿径向延长,呈辐射状排列,贯穿在次生维管组织中,称次生射线。位于木质部的称木射线,位于韧皮部的称韧皮射线,两者合称维管射线。维管射线具有横向运输水分和养料的功能。维管射线组成根的维管组织内的径向系统,而导管、管胞、筛管、伴胞、纤维等组成维管组织的轴向系统,它们共同构成根内的运输网络。

此外,维管形成层在进行切向分裂,使根直径增大的同时,也进行径向分裂,扩大其周径,以适应根径增粗的变化。

(2)木栓形成层的产生和活动　由于形成层的活动,根不断加粗,外面的表皮及部分皮层因受压挤而遭到破坏。与此同时,根的中柱鞘细胞恢复分裂能力,形成木栓形成层。木栓形成层进行切向分裂,向外产生多层木栓细胞,形成木栓层;向内产生数层薄壁细胞,形成栓内层。

木栓层、木栓形成层和栓内层合称为周皮(图3.8)。因木栓层细胞高度栓质化,不透水不透气,所以在周皮外面的表皮和皮层因得不到水分和营养而死亡脱落,于是周皮代替表皮和皮层,对老根起保护作用。周皮是根增粗过程中形成的次生保护组织。

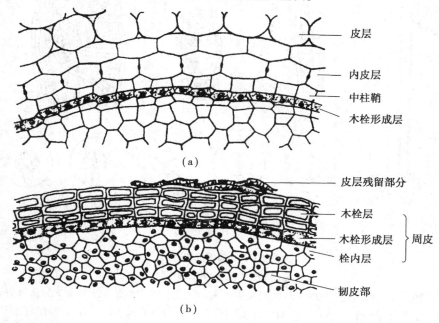

图3.8 木栓形成层及其相关结构

(植物学,贺学礼,2004)

(a)葡萄根中的木栓形成层由中柱鞘发生;(b)橡胶树根中的木栓形成层活动产生周皮

在多年生植物的根中,维管形成层随季节进行周期性活动,有的可持续活动多年,而木栓形成层则每年都要重新产生,所以木栓形成层的发生位置,逐年向根的内部推移,最后可深入到次生韧皮部的薄壁细胞或韧皮射线中。多年生植物的根部由于周皮逐年产生,死亡后逐渐积累,使根具有较厚的根皮。

综上所述,维管形成层和木栓形成层活动的结果产生了次生木质部、次生韧皮部和周皮,它们组成了根的次生结构。根由外到内的结构是:周皮(外方的表皮、皮层已脱落)、初生韧皮部、次生韧皮部、维管形成层、次生木质部、初生木质部等部分,其中次生木质部所占的比例最大。

3.2.3 侧根及其形成

不论是主根还是不定根,在初生生长后不久,便产生分支,即出现侧根。侧根上又能依次长出各级侧根。这些侧根构成了根系的主要部分,正是由于植物能不断地形成与母根有同样结构的侧根,才使根系在适宜条件下,不断地向新的土壤中扩展分布,以扩大吸收范围。

侧根起源于根毛区内的中柱鞘细胞。侧根在中柱鞘上产生的位置,常随植物种类而不同。一般情况,在二原型的根中,侧根发生于原生木质部与原生韧皮部之间或正对着原生木质部的地方;在三原型和四原型的根中,侧根多发生于正对着原生木质部的地方;在多原型的根中,侧根常产生于正对着原生韧皮部或原生木质部的地方(图3.9)。由于侧根发生的位置一定,因而在母根的表面上,侧根常较规则地纵列成行。

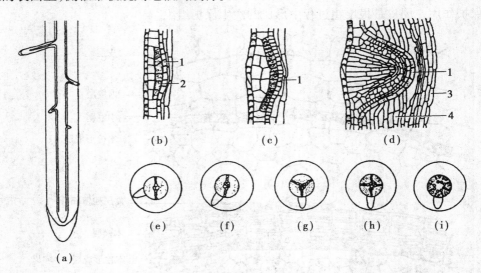

图3.9　侧根的发生

(植物学,贺学礼,2004)

(a)侧根发生的位置;(b)~(d)侧根发生的3个阶段:(b)中柱鞘细胞转变为分生细胞;
(c)分生细胞进行平周分裂;(d)侧根发育后期;(e)~(i)侧根发生的位置与根原型的关系:
(e),(f)二原型;(g)三原型;(h)四原型;(i)多原型
1.内皮层　2.中柱鞘　3.表皮　4.皮层

当侧根开始发生时,中柱鞘相应部位的细胞发生变化,细胞质变浓,液泡变小,细胞重新恢复了分裂能力。这部分细胞最初进行几次切向分裂,结果使细胞层数增加,因而新生的组织就产生向外的突起。之后这些细胞又进行包括切向分裂和径向分裂在内的多方向的分裂,使原有的突起继续生长,形成侧根的根原基,这是侧根最早的分化阶段。以后根原基细胞经过分裂、生长,逐渐分化出生长点和根冠。生长点的细胞继续分裂、增大和分化,并以根冠为先导逐渐深入皮层。此时,根冠细胞能够分泌含酶的物质,将部分皮层和表皮细胞溶解,并在新生根尖不断生长时所产生的机械压力的共同作用下,使新生根尖逐渐突破外围组织,顺利地伸入土壤之中,形成侧根(图3.9)。

侧根的发生,在根毛区就已经开始,但突破表皮、伸出母根之外,是在根毛区以后的部位,这样,侧根的发生便不会破坏根毛而影响其吸收的功能。同时由于侧根起源于中柱鞘,因而和母根的维管组织紧密地靠在一起。当侧根的维管组织分化后,就与母根的维管组织直接相连,形成一个连续的系统。

主根与侧根的生长存在着一定的相关性,当主根被切断或损伤时,常可促进侧根的发生。因此,在农、林、园艺实践中,利用这一特性,在移栽苗木时常切断主根,以引起更多侧根的发生,保证植株根系的旺盛发育,从而促使整个植株更好地生长。

3.2.4　禾本科植物根的构造特点

禾本科植物属于单子叶植物,其根的结构也可分为表皮、皮层、维管柱 3 部分(图 3.10、图 3.11)。但各部分结构与双子叶植物存在着一定的差异。

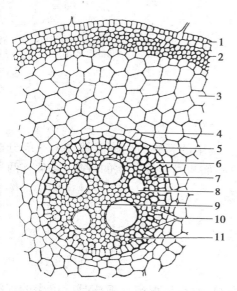

图 3.10　小麦老根横切面局部图

(植物学,贺学礼,2004)

　1.表皮　2.厚壁组织　3.皮层薄壁组织
　4.内皮层　5.通道细胞　6.中柱鞘
　7.原生木质部　8.后生木质部　9.髓
　　10.原生韧皮部　11.后生韧皮部

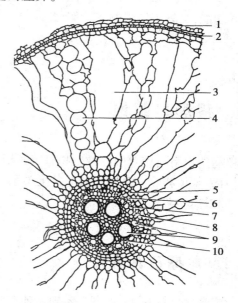

图 3.11　水稻老根横切面局部图

(植物学,贺学礼,2004)

　1.表皮　2.外表层　3.气腔　4.残余的表皮层薄壁细胞
　5.内皮层　6.中柱鞘　7.初生韧皮部　8.原生木质部
　9.后生木质部　10.厚壁细胞

①禾本科植物的根不能进行次生生长,不再产生次生结构,因而根中只具有初生结构,根的外形也不再加粗。

禾本科植物根的皮层中,靠近表皮的一层至数层细胞较小,排列紧密,称为外皮层,在根发育后期往往转变为厚壁的机械组织,起支持和保护作用。皮层薄壁组织中,细胞多呈明显的同心辐射状排列,细胞间隙大。在一些植物的老根中,部分皮层薄壁细胞互相分离,并解体形成大的气腔,该气腔与茎、叶中的气腔相连通,有利于通气(图 3.11)。

②禾本科植物的内皮层加厚和双子叶植物内皮层加厚明显不同。在根发育后期,其内皮层的大部分细胞呈五面加厚,即两侧径向壁、上下横壁以及内切向壁都进一步加厚并栓质化,只有外切向壁未加厚。在横切面上,增厚

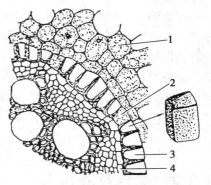

图 3.12　鸢尾根维管柱局部
(示内皮层细胞五面加厚)

(植物学,贺学礼,2004)

　1.皮层薄壁组织　2.通道细胞
　　3.内皮层　4.中柱鞘

的部分呈"马蹄形"(图 3.12)。在增厚的内切向壁上有小孔存在,以便使通过细胞质的某些溶质能穿越内皮层,进入维管柱。

另外,少数位于初生木质部辐射角处的内皮层细胞,仍停留在具有凯氏带的阶段,被称为通道细胞,它是内皮层与维管柱之间进行物质运输的唯一途径。

③禾本科植物的初生本质部为多原型,束数多为 7 束以上。大多数植物维管柱中央有发达的髓。有些植物的维管柱在发育后期,除韧皮部外,所有的组织都木质化增厚,整个维管柱既保持输导功能,又具有较强的支持作用。

3.3　根瘤与菌根

植物的根系与土壤中的微生物有着密切的关系。土壤中的某些微生物能够侵入一部分植物的根部,与植物建立互助互利的共生关系。高等植物根部与微生物共生的现象,通常有两种类型,即根瘤和菌根。

3.3.1　根瘤及其意义

在豆科植物的根上,常可观察到各种形状的瘤状突起物,称为根瘤。根瘤是土壤中的根瘤菌侵入根部细胞而形成的瘤状共生结构。根瘤菌自根毛侵入,存在于根的皮层薄壁细胞中。一方面在皮层细胞内大量繁殖,一方面通过其分泌物刺激皮层细胞迅速分裂,产生大量的新细胞,结果使该部分皮层的体积膨大,向外突出而形成根瘤(图3.13、书前彩图)。

根瘤菌的细胞内含有固氮酶,能把空气中游离的氮转变为可以被植物所吸收的含氮化合物,因此具有固氮作用。当根瘤菌和豆科植物共生时,根瘤菌可以从根的皮层细胞中吸取其生长所需要的水分和养料,同时也将固定的氮素供给豆科植物所利用。另外,根瘤菌固定的一部分含氮化合物还可以从豆科植物的根分泌到土壤中,为其他植物提供氮元素。可见,这种共生效益还可以增加土壤中的氮肥,所以在农、林生产中,常栽种豆科植物作为绿肥,以达到增产效果。除豆科植物外,现已发现自然界有一百多种非豆科植物亦能形成能固氮的根瘤或叶瘤。如桦木科、木麻黄科、蔷薇科、胡颓子科、禾本科等中的一些种类以及裸子植物的苏铁、罗汉松等。目前,利用遗传工程的手段使谷类作物和牧草等植物具备固氮能力,已成为世界性的研究目标。

3.3.2　菌根及其意义

菌根是高等植物的根与某些真菌形成的共生体。根据菌丝在根中生存的部位不同,可将菌根分为三种类型。

(1)外生菌根　与根共生的真菌菌丝大部分包被在植物幼根的表面,形成白色丝状物覆盖

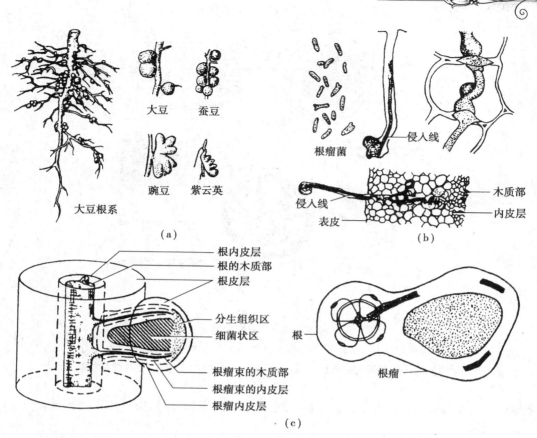

大豆　蚕豆

豌豆　紫云英

大豆根系

根瘤菌

侵入线

侵入线

表皮

木质部

内皮层

（a）　　　　　　　　（b）

根内皮层
根的木质部
根皮层

分生组织区
细菌状区

根瘤束的木质部
根瘤束的内皮层
根瘤内皮层

根

根瘤

（c）

图3.13　根瘤与根瘤菌

（植物学，贺学礼，2004）

（a）几种豆科植物根瘤外形；（b）根瘤菌自宿主根毛侵入皮层的过程；

（c）豆科植物根瘤结构（左为立体图，右为横剖面简图）

层，只有少数菌丝侵入根的表皮和皮层的细胞间隙中，但不侵入细胞内。菌丝代替了根毛的功能，增加了根系的吸收面积。因此，具有外生菌根的根，根毛不发达，甚至完全消失；根尖变粗或成二叉分支（图3.14、书前彩图）。外生菌根多见于木本植物的根，如马尾松、油松、冷杉、白杨等树种都能形成外生菌根。

（2）内生菌根　真菌的菌丝穿过细胞壁，进入幼根的生活细胞内。在显微镜下，可以看到表皮细胞和皮层细胞内散布着菌丝。具有内生菌丝的根尖仍具根毛，很多草本植物如禾本科、兰科和部分木本植物如银杏、侧柏、五角枫、杜鹃、胡桃、桑等植物可形成内生菌根。

（3）内外生菌根　是上述两种菌根的混合型，即真菌的菌丝不仅从外面包围根尖，而且还伸入到皮层细胞间隙和细胞内部。如桦木属、柳属、苹果、草莓等植物具有内外生菌根。

真菌是低等的异养生物，当其与高等植物的根共生在一起时，即可从根细胞中吸收生活所需的营养物质，而菌丝如同根毛一样，可以从土壤中吸收水分和无机盐，并供给绿色植物利用；菌丝还能分泌多种水解酶类，促进根系周围有机物的分解，增进根部的输导作用；菌丝还可产生一些活性物质，如维生素 B_1（硫胺素）、维生素 B_6（吡哆类）等，促进根系发育。此外，有些真菌还有固氮作用，为植物的生长及周围土壤提供可被利用的氮素。有些树种，如马尾松、南亚松、栎等，如果缺乏菌根，就会生长缓慢甚至死亡。因此，在林业生产上，可根据造林树种，预先在根

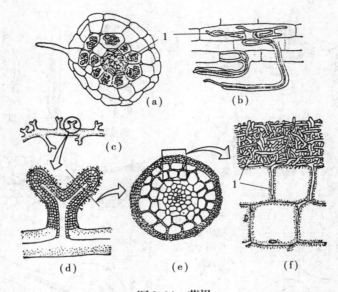

图 3.14   菌根

（植物学，胡宝忠等，2002）

（a）小麦的内生菌根的横切面；（b）芳香豌豆的内生菌根的纵切面；

（c）松的外生菌根的分枝；（d）～（f）松的外生菌根的不同放大倍数的图像

1. 菌丝体

部接种适宜的真菌或事先让种子感染真菌，以使这些植物菌根发达，保证树木生长良好。

3.4   根的变态

根和植物其他器官一样，在长期的演化过程中，由于适应生活环境的变化，其外部形态和内部结构发生一些变态，这些变态的特性形成后，能作为遗传性状一代代遗传下去，成为变态根。常见的变态根主要有贮藏根、气生根和寄生根 3 种类型。

3.4.1   贮藏根

根的一部分或全部膨大呈肉质，其内贮藏营养物质，这种根称为贮藏根。根据来源不同，贮藏根又可分为肉质直根和块根两种类型。

（1）肉质直根   由主根或有下胚轴参与而形成的肉质肥大的贮藏根，称为肉质直根。一株植物上只有一个肉质直根。肉质直根的上部为下胚轴和节间极短的茎发育而成，这部分没有侧根的发生；下部为主根发育而成，具有二纵列或四纵列侧根（图 3.15、图 3.16）。肉质直根的形态多样，有的呈圆锥状，如胡萝卜、桔梗；有的呈圆柱形，如萝卜、丹参；有的肥大成圆球形，如芜青根。

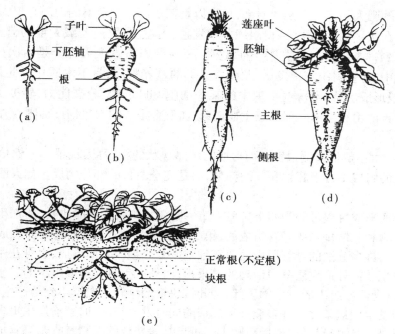

图 3.15　几种肉质直根的变态

（植物学，贺学礼，2004）

（a），（b）萝卜肉质根的发育与外形；（c）胡萝卜肉质根；（d）甜菜的肉质根；（e）甘薯的块根与正常根

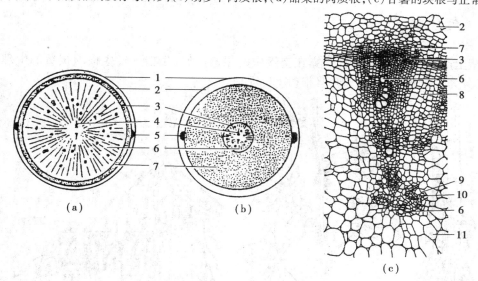

图 3.16　萝卜、胡萝卜贮藏根的构造

（植物学，贺学礼，2004）

（a）萝卜肉质根横切面结构图；（b）胡萝卜肉质根横切面结构图；（c）萝卜肉质根横剖面部分细胞图

1.周皮　2.皮层　3.形成层　4.初生木质部　5.初生韧皮部　6.次生木质部

7.次生韧皮部　8.射线　9.副形成层　10.三生韧皮部　11.三生木质部

肉质直根的肥大部位可以是木质部,也可以是韧皮部。胡萝卜的肉质直根大部分是由次生韧皮部组成。在次生韧皮部中,薄壁组织非常发达,占主要部分,贮藏大量的营养物质,而次生木质部形成较少,构成通常所谓"芯"的部分。萝卜的肉质直根大部分是由次生木质部组成。在次生木质部中,薄壁组织非常发达,贮藏着大量的营养物质,且不木质化。此外,萝卜的肉质直根中,除一般形成层外,木薄壁组织中的某些细胞,可以恢复分裂能力,转变为额外形成层。由额外形成层再产生三生木质部和三生韧皮部,而发育很弱的次生韧皮部则与外面的周皮构成萝卜的皮部。

(2)块根 由不定根或侧根发育而形成的肥厚块状的根,称为块根。一株植物上可形成多个块根。块根的组成不含下胚轴和茎的部分,而是完全由根的部分构成。如大丽花、花毛茛、甘薯等。

甘薯块根的形成过程可分为两个阶段。第一阶段是正常的次生生长,所产生的次生木质部是由木薄壁细胞和分散排列的导管组成的;第二阶段是异常生长,出现额外形成层的活动。额外形成层可以由许多分散的导管周围的薄壁细胞恢复分裂能力而形成,也可在距离导管较远的薄壁细胞中出现。额外形成层分裂活动的结果是,向外产生富含薄壁组织的三生韧皮部和乳汁管,向内产生富含薄壁组织的三生木质部。同时,块根的维管形成层不断地产生次生木质部,为额外形成层的发生创造条件。许多额外形成层的同时发生与活动,就能产生更多的贮藏薄壁组织和其他组织,从而使块根迅速地增粗膨大。可见甘薯块根的增粗过程是维管形成层和许多额外形成层互相配合活动的结果。

3.4.2 气生根

由茎上产生,不深扎土壤而暴露在空气中的根,称为气生根。气生根因担负的生理功能不同,又可分为支持根、攀援根和呼吸根(图3.17)。

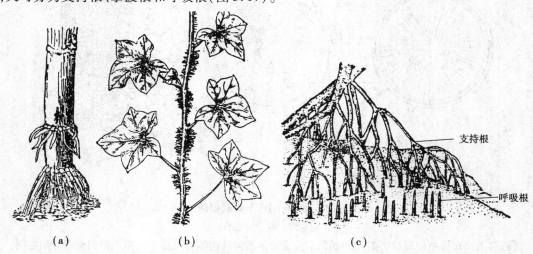

(a)   (b)   (c)

图 3.17 几种植物的气生根
(植物与植物生理,陈忠辉,2002)
(a)玉米的支持根;(b)常春藤的攀缘根;(c)红树的支持根和呼吸根

(1)支持根 有些植物为了支持植株的地上部分,常会从茎上产生一些具有支持作用的不定根,称为支持根。如玉米(图3.17(a))等植物茎节上产生的一些不定根,向下生长而伸入土壤,具有加固植株、吸收水分和无机盐的功能,也有人认为,玉米的支持根对氨基酸合成起主要作用。榕树等热带植物,常常从枝上产生很多须状的气生根,垂直向下生长,到达地面后,插入土壤,并进行次生生长,成为木质的支持根,犹如树干,起支持作用。支持根伸入土壤之后,可再产生侧根。

（2）攀援根　一些藤本植物,如常春藤(图3.17(b))、络石、凌霄花等植物从茎的一侧产生许多不定根,借以固着在其他树干、山石或墙壁等表面上,这样的根称为攀援根。这些根顶端扁平,易于附着攀援。

（3）呼吸根　有些生长于沼泽或热带海滩地带的植物,如红树(图3.17(c))、水松等产生许多向上生长伸出地面的根,挺立于淤泥外的空气中,称呼吸根。呼吸根通气组织发达,根外有呼吸孔,有利于通气和贮藏气体,以适应土壤中缺氧的环境。

3.4.3　寄生根

有些寄生植物如菟丝子(图3.18)、桑寄生等,它们的茎上能够产生不定根,伸入寄主茎的组织内,吸取寄主体内的水分和营养物质,以维持自身的生活,这种根称为寄生根。

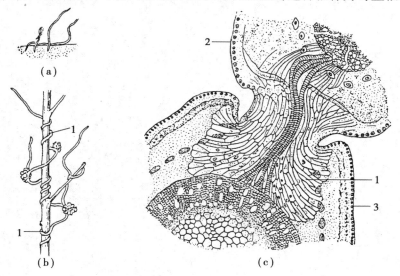

图3.18　菟丝子

（植物学,胡宝忠等,2002）

(a)菟丝子幼苗;(b)菟丝子寄生在柳枝上;(c)菟丝子的根伸入寄主茎内的横切面

1.寄生根　2.菟丝子根横切面　3.寄主茎横切面

复习思考题

1.根系有哪几种类型? 简述根的生理功能。

2.根尖分为几个区? 各区的特征及功能是什么?

3. 根毛和侧根有何区别？它们是如何形成的？

4. 简述根的初生结构及其特点。

5. 根的维管形成层是如何形成的？其活动结果如何？

6. 侧根是如何形成的？侧根发生有哪些规律？

7. 根的木栓形成层从何处发生？周皮的组成和功能是什么？

8. 简述单子叶植物根的构造特点。

9. 说明双子叶植物根的次生构造从外到内由哪些部分组成。

10. 根据你所学的知识，说明在园林生产中，移栽植物时应采取哪些措施，才能提高其成活率？为什么？

11. 根瘤和菌根是如何形成的？它们在林业生产中对植物有何作用？

12. 何为器官的变态？贮藏根有哪些类型？简述它与人们生活的关系。

13. 甘薯的三生结构是如何形成的？

14. 气生根有哪些类型？举出几种你熟悉的可用于绿化的藤本植物。

4 茎的形态和构造

[本章导读]

　　本章主要介绍茎的形态特征、结构及生理功能。从茎的形态特征、芽的构造、生长习性、分枝方式等方面介绍了茎的形态;从茎尖的分区、双子叶植物、单子叶植物、裸子植物三类植物的特点对茎的内部构造做了详细的阐述;最后讲述了茎的变态和类型。通过本章的学习,让学生了解茎在植物生命活动中的重要性,为在农业生产中利用茎的特点进行营养繁殖、整形修剪等奠定理论基础。

4.1　茎的形态与功能

　　种子萌发后,随着根系的发育,上胚轴和胚芽向上发育为地上部分的茎和叶。茎是联系根和叶,输送水分、无机盐和有机养料的轴状结构。除少数生于地下外,茎一般是植物体生长于地上的营养器官。

4.1.1　茎的生理功能

　　茎的主要功能是支持和运输。

　　茎和根系共同承载着整个植株的地上部分。大多数被子植物的主茎直立生长于地面,上面着生有枝条和叶。枝、叶有规律地分布并在空间保持适当的位置,以便充分接受阳光和空气,有利于进行光合作用制造营养物质和蒸腾作用散失水分;枝条又支持着大量的花,使它们在适宜的位置上开放,利于传粉以及果实、种子的生长、传播;茎还能抵抗外界风、雨、雪等对植株的压力。

　　茎是植物体内物质运输的主要通道。茎能将根系从土壤中吸收的水分、矿质元素以及在根中合成或贮藏的有机营养物质输送到地上各部分,同时又将叶光合作用所制造的有机物质输送到根、花、果、种子等部位加以利用或贮藏。所以,茎通过输导作用把植物体各部分的活动联成一体。此外,有些植物的茎还有贮藏和繁殖的功能,生产上常根据某些植物的茎、枝容易产生不定根和不定芽的特性,采用扦插、压条、嫁接等方法来繁殖植物;绿色幼茎、绿色扁平的变态茎,能进行光合作用;有的植物茎具有攀援、缠绕功能;有的还具有保护功能。

茎在经济上的利用价值是多方面的,除提供木材外,马铃薯、莴笋、甘蔗、甘蓝等的茎可食用;供药用的有天麻、杜仲、金鸡纳树等;作为重要工业原料的纤维、橡胶等也是植物茎提供的。随着对茎研究的深入,茎还将会有更多的经济价值被开发、利用。

4.1.2　茎的形态特征

茎的外形一般多为圆柱体。这种形状与其生理功能及所处环境有关:在同样体积下圆柱形以最小的表面与空气相接触(表面积越小,蒸腾量越小)。也有少数植物的茎有着其他的形状,如莎草科植物的茎呈三棱形、唇形科植物的茎为四棱形,有些仙人掌科植物的茎为扁圆形或多棱形。这些不同形态的茎对植物形体具有相应的加强机械支持作用。

茎是植物地上部分的主干。茎上着生许多侧枝,侧枝上有叶和芽(在生殖生长时期还有花与果),称为枝条。叶与枝条之间所形成的夹角称为叶腋。

枝条上着生叶的部位叫节,相邻两节之间的无叶部分叫节间。这些形态特征可以与根相区别:根没有节和节间之分,其上也不着生叶和芽。

茎上节的明显程度,各种植物不同。例如,玉米、小麦、竹等禾本科植物和蓼科植物,节膨大成一圈,非常明显。也有少数植物,例如,佛肚竹、藕等,节间膨大而节缩小。一般植物只是叶柄着生的部位稍为膨大,节并不明显。节间的长短往往随植物的种类、部位、生育期和生长条件不同而有差异。例如,玉米、甘蔗等植株中部的节间较长,茎端的节间较短;水稻、小麦、萝卜、甜菜、油菜等在幼苗期,各节密集于基部,使其上着生的叶如丛生状或成为"莲座叶",抽穗或抽薹后,节间才伸长;苹果、梨、银杏等果树,有的枝条节与节之间距离较远,称长枝,有的节与节之间相距很近,称短枝。短枝是开花结果的枝条,故又称为花枝或果枝(图4.1)。在果树栽培上常采取一些措施来调控果枝的生长发育,以达到高产、稳产的目的。

木本植物的枝条,其叶片脱落后留下的痕迹,称为叶痕。叶痕中的点状突起是枝条与叶柄间维管束断离后留下的痕迹,称为维管束痕或叶迹。花枝或一些植物的小营养枝脱落后留下的痕迹称为枝痕。在木本植物枝条节间的表面往往可以看到一些稍稍隆起的疤痕状结构,称皮孔,这是枝条内部组织与外界进行气体交换的通道。皮孔后来因枝条不断加粗而胀破,所以通常在老茎上就看不到皮孔。枝条上,顶芽开放后留下的痕迹称为芽鳞痕,这是由于鳞芽在生长季节展开、生长时,其芽鳞片脱落后形成的。顶芽开放后抽出的新枝段上又生有顶芽。在温带、寒温带,顶芽每年春季开放一次就形成一个芽鳞痕,因此根据芽鳞痕的数目和相邻芽鳞痕的距离,可以判断枝条的生长年龄和生长速度。例如,根据图4.2(书前彩图)中芽鳞痕的数目可推测该枝条已生长了3年;或者说最下方的一段枝条已生长了3年,依次向上为2年和1年的茎段。这对果树栽培上扦插或嫁接时枝条的选择具有实践意义。

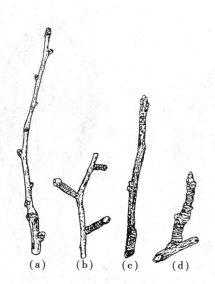

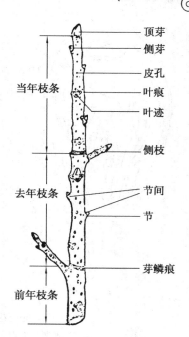

图4.1　长枝和短枝图

（a）银杏的长枝；（b）银杏的短枝；（c）苹果的长枝；（d）苹果的短枝

图4.2　胡桃冬枝的外形

4.1.3　芽的构造及类型

植物体上所有枝条、花或花序都是由芽发育来的,所以芽是处于幼态而未伸展的枝、花或花序,也就是枝条、花或花序尚未发育的原始体。

1）芽的构造

以枝芽为例,说明芽的一般结构（图4.3）。

把枝芽作一个纵切,从上到下可以看到生长点、叶原基、幼叶、腋芽原基和芽轴等部分。生长点是芽中央顶端的分生组织;叶原基是分布在近生长点下部周围的一些小突起,以后发育为叶。由于芽的逐渐生长和分化,叶原基愈向下者愈是先发育,较下面的已长成为幼叶,包围茎尖。叶腋内的小突起是腋芽原基,将来形成腋芽,进而发育为侧枝,它相当于一个更小的枝芽。在枝芽内,生长锥、叶原基、幼叶等各部分着生的中央轴,称为芽轴。芽轴实际上是节间没有伸长的短缩茎。

随着芽进一步生长,节间伸长,幼叶长大展开,便形成枝条。如果是花芽（图4.4（a））,其顶端的周围产生花各组成部分的原始体或花序的原始体。花芽中,没有叶原基和腋芽原基,顶端也不能进行无限生长。在有些木本植物中,无论是枝芽或花芽,都有芽鳞包在外面。

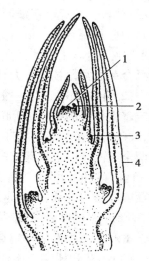

图4.3　枝芽的纵切面

1.顶端分生组织　2.叶原基
3.枝原基　4.幼叶

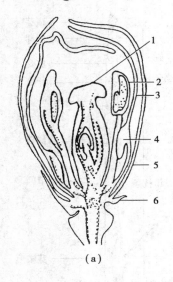
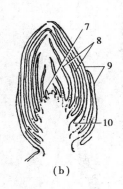
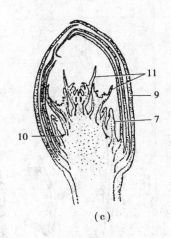

图4.4　芽的类型

(a)小檗的花芽;(b)榆的枝芽;(c)苹果的混合芽

1.雌蕊　2.雄蕊　3.花瓣　4.蜜腺　5.萼片　6.苞片

7.叶原基　8.幼叶　9.芽鳞　10.支原体　11.花原基

2)芽的类型

　　按照芽的性质、生长的位置、结构、生理状态,可将芽分为下列几种类型:

　　(1)枝芽、花芽、混合芽　根据芽发育后所形成的器官类型,可把芽分为枝芽、花芽、混合芽。发育后形成茎和叶的芽称枝芽(图4.4(b))。枝芽是枝条的原始体,由生长锥、幼叶、叶原基和腋芽原基构成;发育形成花或花序的芽称花芽。花芽是花或花序的原始体。发育成一朵花的花芽由花萼原基、花瓣原基、雄蕊原基和雌蕊原基构成;如果展开后既生枝叶又生花(或花序)的芽,称混合芽。混合芽是枝和花或花序的原始体,如梨和苹果短枝上的顶芽即为混合芽(图4.4(c))。丁香的芽在春天既开花又长叶,且几乎同时进行,就是混合芽活动的结果。花芽和混合芽通常比枝芽肥大,容易与枝芽相区别。

　　(2)定芽和不定芽　按芽在枝上的着生位置不同,芽分为定芽和不定芽。在茎、枝条上有固定着生位置的芽(包括胚芽),称为定芽。定芽可分为顶芽和腋芽:枝条顶端着生的芽叫顶芽,叶腋处着生的芽叫腋芽,又称侧芽。大多数植物每个叶腋处只有一个腋芽,但有些植物生长有两个或两个以上的芽(先形成的一个为正芽,其他的芽称为副芽),如忍冬、桃等(图4.5(a)、(b))。有些植物的芽为叶柄基部所覆盖,称为柄下芽,如悬铃木(图4.5(c))。着生位置不在枝顶或叶腋内的芽,叫不定芽。如甘薯、大丽花的块根,杨、柳、桑等植物的老茎,秋海棠、橡皮树、落地生根的叶,以及植物受创伤部位,均可生出不定芽。由于不定芽可以发育成新植株,生产上常利用植物形成不定芽和不定根的特性进行营养繁殖。

　　(3)鳞芽和裸芽　这是按芽鳞的有无来划分的。大多数生长在温带、寒温带和寒带的木本植物如榆、杨等,秋天形成的芽需要越冬,芽外的幼叶常常变成鳞片(称为芽鳞),包被在芽的外面,保护幼芽越冬,这种芽称鳞芽或被芽。芽鳞外层细胞常角质化或栓质化或具蜡层,有的被以茸毛,有的分泌黏液或树脂,以减少蒸腾和加强防寒。

　　一般草本植物和生长在热带潮湿气候的木本植物的芽没有芽鳞包被,这种芽叫裸芽,如油菜、棉花、蓖麻和核桃的雄花芽。有些树木的裸芽上常常具绒毛,如枫杨。

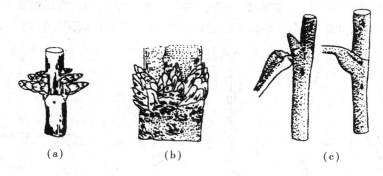

图4.5　几种着生位置不同的芽

(a)忍冬的叠生芽;(b)桃的并生芽;(c)法国梧桐的柄下芽,
腋芽被膨大的叶柄基部覆盖(左),叶脱落后芽方露出(右)

(4)活动芽和休眠芽　　按生理活动状态可将芽分为活动芽和休眠芽。通常认为能在当年生长季节中萌发生长为枝条或花和花序的芽,称为活动芽。一年生草本植物的芽多数是活动芽。温带、寒带的多年生木本植物,在秋末所有的芽都进入长达数月的季节性休眠,在翌年春天通常只有顶芽及距顶芽较近的腋芽萌发,这些芽为活动芽。而靠近下部的许多腋芽在生长季节里也不活动,暂时保持休眠状态,这些芽都称为休眠芽或潜伏芽。休眠芽仍具有生长活动的潜能。当植物顶芽被摘除时,体内的生理代谢状况发生了改变,休眠芽往往可以萌发而成为活动芽。相反,当高温干旱突然降临时,也会促使一些植物的活动芽转变为休眠芽。树木砍伐后树桩上所产生的枝条,是由休眠芽萌发而成的。这些都说明在不同的条件下,活动芽和休眠芽可以互相转变。

芽的休眠是植物对逆境的一种适应,这也与遗传因素有关。对任何一种植物的一个具体芽,由于分类依据不同,名称也不同。例如杨树的顶芽,是活跃地生长着的,可称活动芽;它将来能发育成花序,可称花芽;它有芽鳞包被,又可称鳞芽。同样,梨的鳞芽可以是顶芽或侧芽,也可以是混合芽。

4.1.4　茎的生长习性

不同植物的茎在长期进化过程中,各有其不同的生长习性,以适应不同的环境。比较常见的茎有直立茎、缠绕茎、攀援茎、匍匐茎4种类型(图4.6)。

(1)直立茎　　大多数植物茎的生长方向与根相反,是背地性的,一般为垂直向上生长,如杨、柳、松、杉等。

(2)缠绕茎　　有些植物茎内机械组织较少,因此茎细长而柔软,不能直立,只能缠绕于其他物体上才能向上生长,称缠绕茎。缠绕茎的缠绕方向,分为右旋和左旋:按顺时针方向缠绕的为右旋缠绕茎,按逆时方向缠绕的为左旋缠绕茎。

(3)攀援茎　　此类茎也是细弱类型,柔软,不能直立,必须借助它物才能向上生长。与缠绕茎不同之处是这种茎常常发育有适应的器官,用以攀援它物上升:葡萄、黄瓜、香豌豆以卷须攀援它物上升;地锦、爬山虎以卷须顶端的吸盘附着于墙壁或岩石上向上生长;常春藤、薜荔以气生根攀援;葎草、猪殃殃的茎以钩刺攀援;旱金莲的茎以叶柄攀援等。有些植物的茎同时具有攀援茎和缠绕茎的特征,如葎草既以茎本身缠绕于它物,同时又有钩刺附于它物之上。

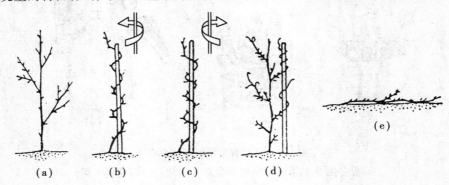

图4.6　茎的生长习性
(a)直立茎;(b)左旋缠绕茎;(c)右旋缠绕茎;(d)攀援茎;(e)匍匐茎

(4)匍匐茎　此类植物的茎细长柔弱,沿地表蔓延生长,如虎耳草、草莓、吊兰等。匍匐茎一般节间较长,节上还能产生不定根和芽。扦插吊兰、栽培草莓就是利用匍匐茎的这一习性进行营养繁殖的。

4.1.5　茎的分枝方式

茎通常是由种子萌发所形成的地上部分。主茎是由胚芽发育来的,以后由主茎上的腋芽形成侧枝,侧枝上形成的顶芽和腋芽又继续生长,最后形成庞大的分枝系统。植物的顶芽和侧芽存在着一定的生长相关性:当顶芽活跃生长时,侧芽的生长则受到一定的抑制;如果顶芽因某些原因而停止生长,侧芽就会迅速生长。由于上述关系,以及植物的遗传特征,每种植物常常具有一定的分枝方式,这是植物的基本特性之一,也是植物生长的普遍现象(棕榈科植物通常不分枝)。植物常见的分枝方式有单轴分枝、合轴分枝、二叉分枝、假二叉分枝(图4.7、书前彩图)和禾本科植物的分蘖。

(1)单轴分枝　单轴分枝又称总状分枝。从幼苗开始,主茎的顶芽活动始终占优势,可持续一生,因而形成一个直立而粗壮的主轴,而侧枝则较不发达。以后侧枝又以同样方式形成次级分枝,但各级侧枝的生长均不如主茎的发达。这种分枝方式,主轴生长迅速而明显,称为单轴分枝,这种分枝出材率最高。松柏类、杨、桦、银杏、山毛榉等森林植物的分枝方式均是单轴分枝,栽培时要注意保持其顶端优势,以提高木材的产量和质量。

(2)合轴分枝　这种分枝的特点是主干或侧枝的顶芽经过一段时间生长以后,停止生长或分化成花芽,由靠近顶芽的腋芽代替顶芽,发育成新枝,继续主干的生长。经过一段时间,新枝的顶芽又同样停止生长,依次为下部的腋芽所代替而向上生长,因此,这种分枝其主干或侧枝均由每年形成的新侧枝相继接替而成。在年幼的枝条上,可看到接替的曲折情况,而较老的枝条上则不明显,如榆、柳、槭、核桃、苹果、梨等。大多数被子植物都是合轴分枝。合轴分枝的主轴,实际上是一段很短的枝与其各级侧枝分段连接而成,因此呈曲折形状,节间很短,而花芽往往较多。树冠呈开展状态,更利于通风透光,合轴分枝是一种进化的性状。

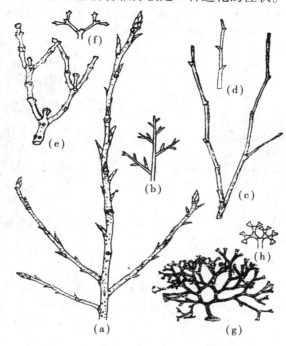

图4.7 分枝的类型
(a),(b)单轴分枝;(c),(d)合轴分枝;
(e),(f)假二叉分枝;(g),(h)二叉分枝((g)网地藻;(h)一种苔类)

有些植物,在同一植株上有两种不同的分枝方式,如玉兰、木莲、棉花,既有单轴分枝,又有合轴分枝。有些树木,在苗期为单轴分枝,生长到一定时期变为合轴分枝。

(3)假二叉分枝 假二叉分枝是合轴分枝的一种特殊形式。具有对生叶的植物,当顶芽停止生长后,或顶芽为花芽、开花后,由顶芽下的两侧腋芽同时发育成叉状的侧枝,这种分枝方式称为假二叉分枝,如泡桐、丁香、梓树、接骨木、石竹、茉莉、槲寄生等。

(4)二叉分枝 二叉分枝是顶端分生组织本身分裂为二所形成的分枝,二叉分枝多见于低等植物中,如网地藻;少数高等植物如地钱、石松、卷柏等也是二叉分枝。

植物的合理分枝,使其地上部分在空间协调分布,以提高充分利用周围环境中物质的能力。各种植物特有的分枝规律常常反映了植物在进化中的适应意义。单轴分枝在裸子植物中占优势,而合轴分枝和假二叉分枝却是被子植物主要的分枝方式,是一种进化的性状,由于顶芽停止活动(死亡、开花、形成花序、变成茎卷须或茎刺等),促进了大量侧芽的生长,从而使地上部有更大的开阔性,为枝繁叶茂、扩大光合面积创造了有利条件,因此被称为丰产的分枝形式。

(5)禾本科植物的分蘖 禾本科植物,如小麦、水稻等的分枝方式与双子叶植物不同(图4.8),这类植物茎上部的节上很少产生分枝,其分枝集中发生在接近地面或地面以下的茎节(分蘖节)上。分蘖节包括几个节和节间,节与节间密集在一起。由分蘖节上产生不定根和腋芽,以后腋芽形成分枝,这种分枝方式称为分蘖。分蘖有高蘖位和低蘖位之分,所谓蘖位就是发生分蘖的节位。蘖位高低与分蘖的成穗密切相关。蘖位越低,分蘖发生越早,生长期越长,成为有效分蘖的可能性越大;反之高蘖位的分蘖生长期较短,一般不能抽穗结实,成为无效分蘖。根据分蘖成穗的规律,农业生产上常采用合理密植、控制水肥、适时早播等措施,来促进有效分蘖的生长发育,控制无效分蘖的发生,使营养集中,保证穗多、粒重、增加产量。

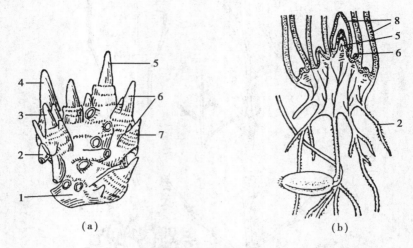

图4.8　小麦的分蘖节

(a)外形(外部叶鞘已剥去);(b)纵剖面

1.根茎　2.不定根　3.二级分蘖　4.一级分蘖　5.主茎　6.分蘖芽　7.叶痕　8.叶

4.2　茎的构造

除少数植物外,大多数植物的茎与根一样,都是呈辐射对称的圆柱形器官,在形态建成过程中同样经历伸长、分枝过程,裸子植物和双子叶植物茎还有加粗过程。茎的伸长通过茎的初生生长进行,茎的初生生长分为茎尖的顶端生长和单子叶植物的居间生长。

4.2.1　茎尖各区的结构与功能

茎尖与根尖一样也可分为分生区、伸长区和成熟区3个部分(图4.9)。但是由于茎尖所处的环境以及所担负的生理功能不同,相应地在形态结构上有着不同的表现。茎尖没有类似根冠的结构,顶端分生组织由芽鳞和幼叶保护,分生区的基部形成了一些叶原基突起,增加了茎尖结构的复杂性。

(1)分生区　位于茎的顶端,与根尖分生区相似,即茎尖的生长锥亦由顶端分生组织构成,被叶原基、芽原基和幼叶包围。它的最主要特点是细胞具有强烈的分裂能力,茎的各种组织均由此分裂而来,茎上的侧生器官也是由茎尖分生组织产生的。

(2)伸长区　位于分生区的下方。茎尖的伸长区较长,可以包括几个节和节间。该区特点是细胞迅速伸长,是使茎伸长生长的主要部分。同时,初生分生组织开始形成初生结构,如表皮、皮层、髓和维管束。所以伸长区可视为顶端分生组织发展为成熟组织的过渡区域。

单子叶植物的茎,除了茎尖的伸长区以外,在每一节间的基部都存在居间分生组织。这些细胞有正常分生组织的特征,具有细胞分裂和细胞伸长的能力。促使居间分生组织分裂活动的细胞分裂素来自茎尖的叶,如果切去茎尖,居间分生组织就会停止生长。

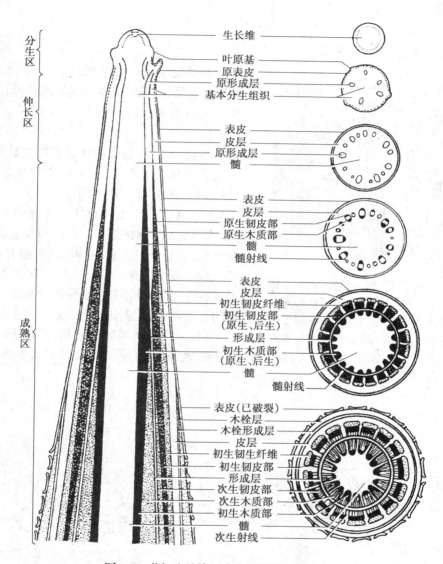

分生区

伸长区

成熟区

生长维
叶原基
原表皮
原形成层
基本分生组织

表皮
皮层
原形成层
髓

表皮
皮层
原生韧皮部
原生木质部
髓
髓射线

表皮
皮层
初生韧皮纤维
初生韧皮部(原生、后生)
形成层
初生木质部(原生、后生)
髓
髓射线

表皮(已破裂)
木栓层
木栓形成层
皮层
初生韧生纤维
初生韧皮部
形成层
次生韧皮部
次生木质部
初生木质部
髓
次生射线

图4.9　茎初生结构至次生结构的发育过程

（3）成熟区　位于伸长区下方,其特点是细胞伸长生长停止,各种成熟组织的分化基本完成,已形成幼茎的初生结构。

在生长季节里,茎尖的顶端分生组织不断分裂(在分生区内)、伸长生长(在伸长区内)和分化(在成熟区内),结果使节数增加,节间伸长,同时产生新的叶原基和腋芽原基。

4.2.2 茎的结构

1)双子叶植物茎的初生构造

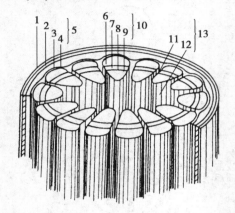

图4.10 双子叶植物茎初生结构的立体图解
1.表皮 2.厚角组织 3.含叶绿体的薄壁组织
4.无色的薄壁组织 5.皮层 6.韧皮纤维
7.初生韧皮部 8.形成层 9.初生木质部
10.维管束 11.髓射线 12.髓 13.维管柱
外气体交换的通道。

茎的顶端分生组织经过细胞分裂、伸长和分化所形成的结构,称为初生构造。双子叶植物茎的初生结构由表皮、皮层和维管柱三大部分组成(图4.10)。

与根相比,茎的皮层和维管柱之比较小,且具有较大的髓部。茎的三大部分的详细结构如下(图4.11、图4.12、书前彩图):

(1)表皮 表皮是幼茎最外面的一层生活细胞,是茎的初生保护组织。在横切面上表皮细胞形状规则,多近于长方形,排列紧密,没有间隙,细胞外壁较厚常形成角质层。有些植物茎上还有表皮毛或腺毛,具有分泌和加强保护的功能。表皮这种结构上的特点,既能防止茎内水分过度散失和病虫的入侵,又不影响通风和透光,使幼茎内的绿色组织正常地进行光合作用。表皮具有少数气孔,是内

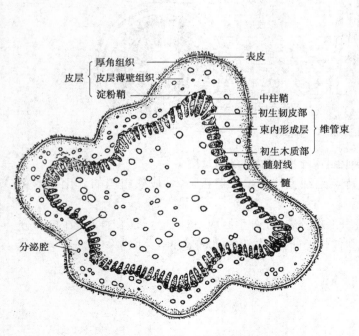

图4.11 楝茎初生构造简图

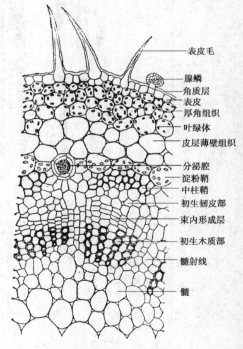

图4.12 楝茎部分横切面,示初生构造

（2）皮层　位于表皮内方，主要由薄壁组织所组成。细胞较大，排列疏松，有明显的胞间隙。靠近表皮的几层细胞常分化为厚角组织，增强幼茎的支持作用。有的木本植物茎的皮层内，往往有石细胞群的分布。薄壁组织和厚角组织细胞中常含有叶绿体，能进行光合作用，故幼茎常呈绿色。幼茎皮层中具有厚角组织和绿色组织的这种特点，在幼根中是不存在的。这是因为幼茎生长于地面，所受到的光照、重力等条件的作用与生长在土壤中的幼根完全不同。水生植物的茎，一般缺乏机械组织，但皮层薄壁组织的细胞间隙却很发达，常常形成通气组织。有些植物茎的皮层中有分泌腔、乳汁管或其他分泌结构，有些则具有含晶体和单宁的细胞。

（3）维管柱　与根一样为皮层以内的中央柱状结构，但由维管束、髓和髓射线三部分组成，大多数植物的茎中不具中柱鞘，因而称为"维管柱"，而不像在根中称为"中柱"。

①维管束　指由初生木质部和初生韧皮部共同组成的分离的束状结构。多数植物的维管束是韧皮部在外方（向茎周的一方），由筛管、伴胞、韧皮薄壁细胞和韧皮纤维组成，主要功能是输导有机物。木质部在维管束的内方（向中心的一方），由导管、管胞、木质薄壁细胞和木质纤维组成，主要功能是输送水分和无机盐，并有支持作用。木纤维的数量随维管束的成熟而增加。在初生韧皮部和初生木质部之间保留的一层具有分裂能力的细胞，叫束中形成层，是进行次生生长的基础，它能不断分裂，产生次生结构，所以属于无限维管束。夹竹桃、甘薯、马铃薯、南瓜等的茎，其维管束的外侧和内侧都是韧皮部，中间是木质部，在外侧的韧皮部和木质部之间有形成层，属于双韧维管束。

②髓　位于幼茎中央，由薄壁组织组成，通常贮藏各种物质，如淀粉、晶体或单宁等。有些植物的髓发育成厚壁细胞（如栓皮栎）或石细胞（如樟树）；有些植物的髓在发育时破裂，致使节间中空（如连翘）或成薄片状（如胡桃、枫杨）。椴树属的髓部外围细胞小而壁厚，与内方的细胞差异很大，特称为髓鞘。

③髓射线　维管束之间的薄壁组织称髓射线。它位于皮层和髓之间，在横切面上呈放射状，外连皮层内通髓，有横向运输的作用，同时也是茎内贮藏营养物质的组织。大多数的木本植物，由于维管束排列相互较近，因而髓射线很窄，仅为 1~2 行薄壁细胞，而双子叶草本植物则有较宽的髓射线。木本植物的髓射线可随着茎的增粗而增长。

2）双子叶植物茎的次生生长和次生结构

一般草本植物的茎，由于生活期短，不具形成层或形成层活动很少，因而只有初生构造或仅有不发达的次生构造。而多年生双子叶植物茎和裸子植物茎，在初生构造形成以后，产生形成层与木栓形成层。形成层和木栓形成层每年周期性活动，形成了发达的次生构造。由次生分生组织——形成层和木栓形成层的细胞经分裂、生长和分化，产生次生结构的过程叫次生生长，由此产生的结构叫次生构造。木本植物茎的次生生长过程如下（图 4.13）：

（1）维管形成层的产生及活动　当茎的初生构造形成之后，束中形成层开始活动，此时与束中形成层相接连的髓射线细胞也恢复分裂能力，由薄壁细胞转变为分生细胞，形成束间形成层。束中形成层和束间形成层连成一环，共同构成维管形成层（图 4.13(d)）。

维管形成层产生后细胞不断分裂，进行次生生长而形成次生结构（图 4.14、书前彩图）。维管形成层向内分裂产生次生木质部，加在初生木质部的外方；向外分裂产生次生韧皮部，加在初生韧皮部内方。在形成层的分裂过程中，形成的次生木质部的量远比次生韧皮部多，所以木本植物的茎主要由次生木质部占据。树木生长的年数越多，次生木质部所占的比例越大，而次生韧皮部分布在茎的周边参与形成树皮而逐渐脱落。束中形成层还能在次生韧皮部和次生木质

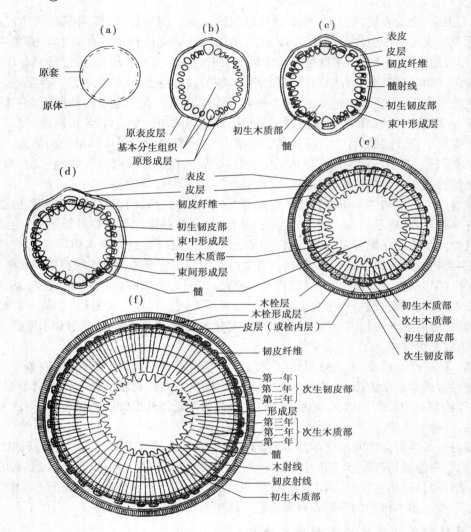

图4.13　多年生双子叶植物茎的初生与次生生长图解
(a)茎生长锥原分生组织部分的横切面;(b)生长锥下方初生分生组织的部分;
(c)初生结构;(d)形成层环形成;(e),(f)次生生长和次生结构

部内形成数列薄壁细胞,在茎横切面上呈辐射状排列,称微管射线。微管射线具有横向运输与贮藏养料的功能。

次生韧皮部和次生木质部的组成与其初生构造基本相同。韧皮部以韧皮薄壁细胞及筛管为主要成分,木质部中以木纤维及导管为主要成分。在茎的次生构造中,一般木薄壁组织较少,木纤维较多。木纤维是木材中主要的机械组织,茎中木纤维的多少,影响木材的硬度。

(2)年轮及其形成　在多年生木本植物茎横切面的次生木质部中,具有许多同心圆环,叫年轮。年轮的产生是形成层每年季节性活动的结果。在有四季气候变化的温带和寒温带,春季温度逐渐升高,形成层解除休眠恢复分裂能力,这个时期水分充足,形成层活动旺盛,细胞分裂快,生长也快,形成的次生木质部中导管大而多,管壁较薄,木质化程度低,颜色浅,质地疏松,构成早材或春材。由夏末秋初始,气温逐渐降低,形成层活动逐渐减弱,直至停止,产生的导管少而小,细胞壁较厚,颜色深而质密,构成晚材或秋材。同一年的早材和晚材之间没有明显的界线,但经过冬季的休眠,当年的晚材和第二年的早材之间形成了明显的界限,叫年轮界限,同一年内产生的春材和秋材构成一个年轮(图4.15)。温带和寒温带的树木,通常每年只形成一个年轮。因此,根据年轮的数目,可推出树木年龄。但没有季节性变化的热带、亚热带地区,无明显的年轮,或由于干湿季节影响生长形成多个年轮。在同一树种中,年轮的宽度可以反映植物的生长状况,例如通常在向阳的一侧年轮较宽,而背阳的一侧年轮较窄,这种情况在速生树种中反映更明显。

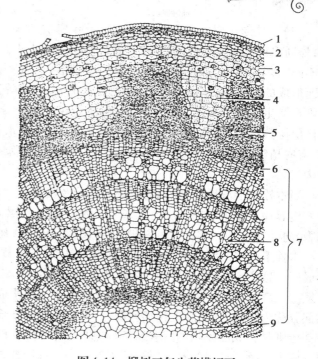

图4.14 椴树三年生茎横切面
1. 表皮 2. 木栓组织 3. 皮层 4. 韧皮射线
5. 韧皮纤维及筛管 6. 形成层 7. 木质部(三年年轮)
8. 木射线 9. 髓

很多树木,随着年轮的增多,茎干不断增粗,靠茎周的次生木质部颜色浅,导管有输导功能,质地柔软,材质较差,称为边材(图4.16)。木材的中心部分,是较早形成的木质部,导管被树胶、树脂及色素等物质所填充,失去了输导功能,薄壁细胞死亡,质地坚硬,颜色较深,材质较好,称为心材。心材的数量随着茎的增粗而逐年由边材转变增加。随着形成层不断形成新的次生木质部,增大了木材的边材部分,同时内方的边材也逐渐变为心材,因此心材的直径逐渐加宽,边材则相对保持一定的宽度。各树种边材与心材的宽度及比例都不同,例如榉树、檫木、刺槐、桑树的边材都较窄,而马尾松、白蜡树的边材比较宽,有些树种没有明显的心材,称隐心材树种。

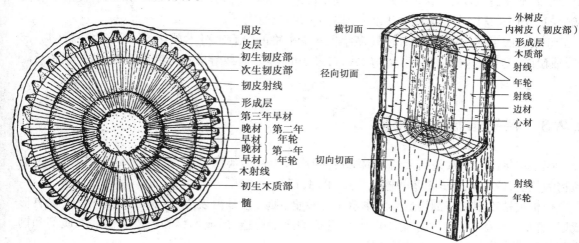

图4.15 木本植物3年生茎横切面图解(示年轮)　　　　图4.16 木材的3种切面(示边材和心材)

（3）木栓形成层的产生及活动　双子叶植物和裸子植物的茎在适应内部直径增大的情况下,外周出现了木栓形成层,并由它产生新的保护组织。茎中的木栓形成层在不同的植物中,来源不同。多数植物(如杨树、榆树)茎的木栓形成层是由紧接表皮的皮层薄壁细胞恢复分裂能力而形成的,但也有些植物由表皮细胞(如夹竹桃、柳等)或厚角组织(花生、大豆)转变而成,有的则在初生韧皮部发生(如茶树)。木栓形成层向外分裂形成木栓层,向内分裂形成栓内层。木栓层层数多,细胞排列紧密,成熟时为死细胞,不透水、不透气;栓内层层数少,多为1~3层细胞,有些植物甚至没有栓内层。木栓层、木栓形成层和栓内层三者合称周皮,是茎的次生保护结构。

当木栓层形成后,它外面的组织因水分及营养物质的隔绝而死亡并逐渐脱落,木栓层便代替表皮起保护作用。在表皮上原来气孔的位置,由于木栓形成层的分裂,产生一团疏松的薄壁细胞,向外突出,形成裂口,叫皮孔,具有代替气孔的作用,是茎进行气体交换的通道。

木栓形成层的活动期较短,一般只有一个生长季节,第二年由其里面的细胞再转变成木栓形成层。这样,木栓形成层的位置就逐渐内移。在老茎中,木栓形成层可以延伸到次生韧皮部中发生。新形成的木栓层及其以外的死亡组织共同构成树皮。在林业生产中,习惯将木材以外的部分称为树皮,它实际上包括两部分:一部分是最新形成的木栓形成层以外的真正的树皮,另一部分则是形成层以外的所有组织(包括生活的韧皮部)。树皮极为坚硬,能更好地起保护作用。树皮的特征常成为鉴定树种的依据之一。如洋槐、榆的树皮上有许多纵裂深沟,洋梨、雪松的树皮为鳞状,金银花、葡萄的树皮呈环状,而悬铃木属和一些桉属植物的树皮常大片脱落,现出鳞片状光滑的斑痕。树皮有重要的工业价值,如栓皮栎所产的栓皮是工业上的绝缘材料,栎属、柳属植物的树皮可提取单宁,桑及构树的树皮可以造纸,厚朴和杜仲的树皮可供药用等。

双子叶植物茎的次生结构自外向内依次是:周皮(木栓层、木栓形成层、栓内层)、皮层(有或无)、初生韧皮部、次生韧皮部、形成层、次生木质部、初生木质部、髓。在维管束之间还有髓射线,维管柱内有维管射线。

综上所述,双子叶植物茎的次生结构基本与根的次生结构相似,仅在下述方面不同:

①茎的次生结构中经常可见保留的皮层和初生韧皮部,根由于第一个木栓形成层常由中柱鞘发生而不保留有皮层(少数例外)。但茎中的皮层和初生韧皮部也可以在次生生长某个阶段减少甚至消失,这因木栓形成层相继向内发生的部位而定。

②茎的次生结构中央仍保留髓(多年生木本植物的髓后来可木质化,甚至成为心材的一部分)或髓腔;初生木质部的发育为内始式,口径小的螺纹、环纹导管在近髓的一方,这与根相反。

4.2.3　裸子植物茎的构造

裸子植物绝大多数是高大的木本植物,叶片多为针型或鳞片型,统称针叶树。现以松柏类植物为代表,说明裸子植物茎的构造特点(图4.17)。

松柏类植物茎的解剖构造与木本双子叶植物相似,也是由表皮、皮层、维管柱组成,也有形成层,进行次生生长,使茎逐渐加粗,产生发达的次生构造,形成木材和树皮。但其木质部和韧皮部的组成成分与木本双子叶植物有差别。

裸子植物的木质部,一般没有导管(只有麻黄属、买麻藤属、百岁兰属有导管)而以管胞输导水分。在木材的横切面上,管胞为四边形或多边形,排列整齐(图4.18)。由于缺乏导管,所以在木材的横切面上没有大而圆的导管腔,故称为无孔材。因此木材结构比较均匀,与双子叶植物的木材很易区分。根据管胞腔的大小,仍可区分出早材与晚材,年轮也清晰可见。年轮的形成、早材和晚材的划分、边材和心材的分化,裸子植物和木本双子叶植物一样。另外,木薄壁组织很少,一般无木纤维。

针叶树木材的木射线,通常是单列的(很少有二列,如落羽松属),因此在横切面上射线很窄。针叶树无异型射线(仅有横卧而无直立射线细胞),但除射线薄壁细胞外,常有射线管胞存在,如松属、云杉属、落叶松属、铁杉属、黄杉属的射线。射线管胞是厚壁长形的死细胞,壁上有具缘纹孔,在射线中成横卧排列。松属射线管胞的次生壁常增厚成齿状。

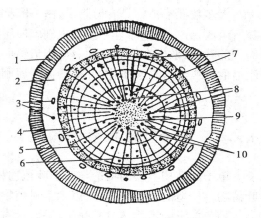

图4.17 油松幼茎的次生结构图解
1.周皮　2.皮层　3.树脂道　4.韧皮部
5.维管形成层　6.髓射线　7.次生木质部
8.叶隙　9.髓　10.初生木质部

管胞是裸子植物木质部的输导组织并兼有机械支持作用,因此针叶树木材的机械强度决定于管胞的大小及胞壁的厚度。

裸子植物的韧皮部主要由筛胞组成,无伴胞,韧皮薄壁组织较少,常含有淀粉、单宁、树脂等物质。韧皮纤维有(侧柏)或无(白松),而铁杉及冷杉属的韧皮部则有石细胞。

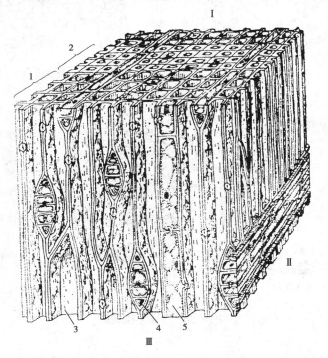

图4.18　裸子植物茎木质部的立体图解
Ⅰ.横切面　Ⅱ.径向切面　Ⅲ.切向切面
1.早材　2.晚材　3.管胞　4.射线　5.薄壁细胞

大多数裸子植物具有树脂道,由一圈称为上皮细胞的分泌细胞以及由它们所围成的细胞间隙所组成,分布在各器官中。上皮细胞向胞间隙形成的管道分泌树脂。在茎的横切面上常成大而圆的管腔,散生在管胞之间。树脂道纵向排列,也有存在于射线中成横向排列的。云杉属树脂道的上皮细胞具木质化的厚壁,而松属则是薄壁的。

4.2.4　单子叶植物茎的构造

单子叶植物茎尖的构造与双子叶植物相同,但由它所发育成的茎的构造则是不同的。单子叶植物茎构造的类型较多,现以禾本科植物为例说明其基本特征。

一般单子叶植物茎只有初生结构,没有次生结构,所以茎的构造比双子叶植物简单。禾本科植物的茎有明显的节与节间。大多数种类的节间中央部分解体萎缩,形成中空的秆,但也有的种类为实心的结构。它们共同的特点是维管束散生分布,没有皮层和中柱的界限,只能划分为表皮、基本组织和维管束 3 个基本的组成部分(图 4.19、图 4.20、书前彩图)。

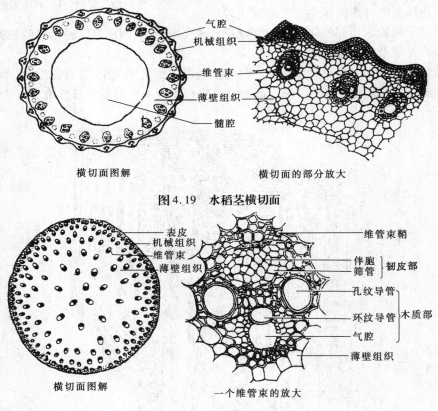

横切面图解　　　　　　　横切面的部分放大

图 4.19　水稻茎横切面

横切面图解　　　　　　一个维管束的放大

图 4.20　玉米茎横切面

1) 表皮

表皮由长细胞、短细胞和气孔器有规律地排列而成。长细胞的细胞壁厚且角质化,其纵向壁常呈波状,长细胞是构成表皮的主要成分。短细胞位于两个长细胞之间,排成整齐的纵列,一种是细胞壁栓质化的栓细胞,另一种是含有大量二氧化硅的硅细胞。硅酸盐沉积于细胞壁上的

多少,与茎秆的挺立强度和对病虫害抵抗力的强弱有关。禾本科植物表皮上的气孔,结构特殊,由一对哑铃形的保卫细胞构成,保卫细胞的旁侧还各有一个副卫细胞。

2)基本组织

基本组织主要是由薄壁细胞组成。玉米、高粱、甘蔗等的茎内为基本组织所充满;而水稻、小麦、竹等茎内的中央薄壁细胞解体,形成中空的髓腔。水稻长期浸没在水中的基部节间,在两环维管束之间的基本组织中有大型的气腔,形成发达的通气组织。离地面越远的节间,通气组织越不发达。紧连着表皮内侧的基本组织中,常有几层厚壁细胞存在。有的植物如水稻、玉米茎中的厚壁细胞连成一环,形成牢固的机械组织。小麦茎内也有机械组织环,但被绿色薄壁组织带隔开。这些绿色薄壁组织的细胞内含有叶绿体,若用肉眼观察小麦茎秆,可以看到相间排列的无色条纹和绿色条纹。位于机械组织以内的基本组织细胞,则不含叶绿体。

3)维管束

许多维管束分散在基本组织中。它们排列的方式分为两类:一类以水稻、小麦等为代表,各维管束大体上排列为内、外两环。外环的维管束较小,位于茎的边缘,大部分埋藏于机械组织中;内环的维管束较大,周围为基本组织所包围。另一类如玉米、甘蔗、高粱等,它们的维管束分散排列于基本组织中,近边缘的维管束小而密,靠中央的维管束大而疏。每个维管束的外周由厚壁组织组成的维管束鞘所包围,维管束鞘内为初生韧皮部和初生木质部,没有束中形成层,不能进行次生生长,这是单子叶植物的主要特征之一。初生木质部位于维管束的近轴部分,呈"V"字形。其基部为原生木质部,包括一至几个环纹和螺纹导管及少量木薄壁细胞。在分化成熟过程中,这些导管常遭破坏,其四周的薄壁细胞互相分离,形成一个气腔或称原生木质部腔隙。在"V"字形的两臂上,各有一个后生的大型孔纹导管。在这两个导管之间充满薄壁细胞,有时也有小型的管胞。初生韧皮部位于初生木质部的外方,其中的原生韧皮部已被挤毁。后生韧皮部是由筛管和伴胞组成。

禾本科植物茎的上述解剖结构,可随作物品种和农业技术措施而发生一定程度的变化。

毛竹茎在外形上和大多数禾本科植物一样,具有明显的节和节间。毛竹茎的节间是中空的,中空部分称为髓腔,其周围的壁,称为竹壁。竹壁自外而内可分为竹青、竹肉和竹黄三部分,如图4.21所示。

在显微镜下观察竹壁的横切面,自外而内分为下列各部分(图4.22):

(1)表皮 表皮是竹壁的最外一层生活细胞,由长形细胞和短形细胞纵向相间排列而成。根据细胞的栓化或硅化,短细胞又分为栓质细胞和硅质细胞。在表皮细胞的纵行排列中,一个长形细胞常常接着一个硅质细胞和一个栓质细胞。表皮上还分布有少数气孔。

(2)机械组织 毛竹茎的机械组织特别发达,共有3种:第一种是在表皮内侧的下皮,它是一层细胞壁较厚而横径较小的细胞;第二种是石细胞层,位于靠近髓腔的约十余层细胞,细胞形大而短,壁厚且木质化,十分坚硬;第三种是纤维,它环绕在维管束四周,构成维管束鞘。

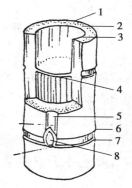

图4.21 毛竹茎秆
1.竹青 2.竹肉 3.竹黄 4.横隔板
5.沟 6.竿环 7.环 8.芽

（3）基本组织　表皮以内除维管束和各种机械组织外,均为基本组织。靠近外方的基本组织常含叶绿体,故竹青呈现绿色,分布在中、内部的基本组织则不含叶绿体。初期细胞壁一般较薄,随竹龄增加而逐渐增厚并木质化。

（4）维管束　维管束的数目很多,散生在基本组织中。在横切面上,靠外方的维管束较小,分布较密。这部分的维管束只有纤维细胞,故也称秆纤维束。靠近内方,维管束较大,分布也较稀,每个维管束四周环绕着由纤维构成的维管束鞘,每个维管束包括初生韧皮部与初生木质部,它们之间没有形成层(图4.23)。

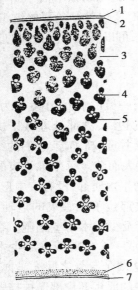

图4.22　毛竹茎横切一部分(示内部结构)
1. 表皮　2. 下皮　3. 基本组织　4. 维管束
5. 纤维　6. 石细胞层　7. 髓腔边缘组织

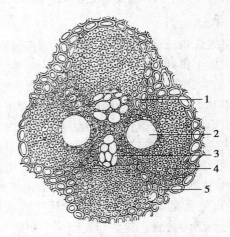

图4.23　毛竹茎内一个维管束的放大
1. 筛管　2. 后生木质部的孔纹导管
3. 由薄壁细胞填充的原生木质部腔隙
4. 纤维　5. 基本组织

维管束的外方为初生韧皮部,内方为初生木质部。初生木质部大体成"V"字形,"V"字形的基部为原生木质部,由一个环纹导管及一个螺纹导管组成。在环纹导管的附近,常有因导管破裂而形成的空腔;"V"字形的两臂各为一个大型的孔纹导管,就是后生木质部。在导管的周围,充满了木薄壁组织或厚壁组织。初生木质部的外方为初生韧皮部,具有筛管和伴胞,由于维管束内没有形成层,只有初生构造,不能增粗,因此毛竹的粗细在笋期已经定型。

4.2.5　单子叶植物茎的增粗

大多数单子叶植物的维管束是有限维管束,不能进行次生生长。少数单子叶植物茎有增粗过程,但与双子叶植物的增粗方式不同,一般有以下两种:

1)初生增厚生长

玉米、甘蔗、高粱、香蕉等单子叶植物有相当粗的茎秆,是由于初生增厚分生组织活动的结果。初生增厚分生组织整体如套筒状(图4.24),位于叶原基和幼叶着生区域的内方,其顶端紧靠着分生组织,由几层与茎表面平行的长方形细胞组成。细胞作平周分裂,分裂能力沿伸长区由上而下逐渐减弱,常于成熟区停止活动。初生增厚分生组织的快速分裂,衍生出大量薄壁组织,使顶端分生组织下方附近几乎达到成熟区的粗度。初生增厚分生组织由顶端分生组织衍生,属初生分生组织,所以这种加粗生长属于初生生长,形成的是初生结构。

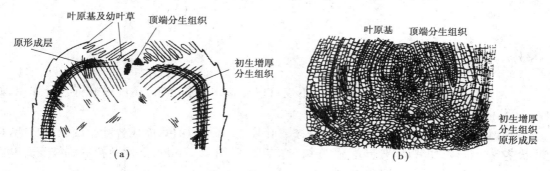

图4.24　玉米枝端纵切图(示初生增厚分生组织)

(a)图解;(b)细胞图

2)异常的次生生长

单子叶植物中的一些植物如龙血树、朱蕉等的茎也产生形成层,但其起源和活动情况与双子叶植物有很大不同。如龙血树的形成层是从初生维管束群外方的薄壁组织中发生,它向内产生次生的周木维管束和薄壁组织,向外仅产生少量的薄壁组织(图4.25)。

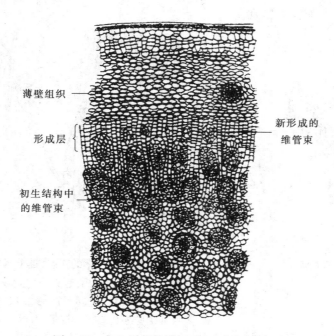

图4.25　龙血树茎的横切面(示次生加厚)

4.3　茎的变态

茎的变态可分地上茎的变态和地下茎的变态两种类型。

4.3.1　地上茎的变态

（1）肉质茎　茎肥厚多汁，常为绿色，不仅可以贮藏水分和养料，还可以进行光合作用，如仙人掌、莴苣、球茎甘蓝等（图4.26）。

（2）叶状茎　有些植物的叶退化，茎变态成叶片状，扁平，绿色，能代替叶行使生理功能，称为叶状茎或叶状枝，如蟹爪兰、昙花、假叶树、竹节蓼等（图4.27（d））。假叶树的侧枝变为叶状枝，叶退化为鳞片状，叶腋内可生小花（图4.27（e））。

（3）茎卷须　许多攀援植物的茎细长柔软，不能直立，部分枝条变成卷须，以适应攀援功能，这类茎称为茎卷须或枝卷须。有些植物（如黄瓜和南瓜）的茎卷须由腋芽发育形成，有的（如葡萄）则由顶芽发育而成（图4.27（c））。

（4）茎刺　由茎变态形成具有保护功能的刺，称茎刺或枝刺。常位于叶腋，是腋芽发育而来，不易剥落。茎刺有分枝的，叫分枝刺，如皂荚；也有不分枝的，叫单刺，如山楂、柑橘、酸橙（图4.27（a），（b））。蔷薇、月季上的皮刺是茎表皮突出形成的，数目较多，分布不规则，与维管组织没有联系，与茎刺有显著区别。

图4.26　肉质茎（球茎甘蓝）

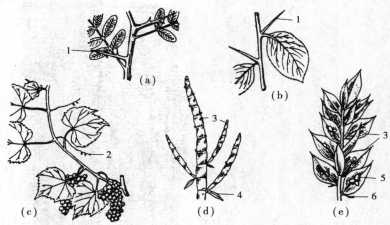

图4.27　茎的变态（地上茎）
茎刺[（a）皂荚；（b）山楂]；（c）茎卷须（葡萄）；
（d），（e）叶状茎[（d）竹节蓼；（e）假叶树]
1.茎刺　2.茎卷须　3.叶状须　4.叶　5.花　6.鳞叶

4.3.2 地下茎的变态

(1)根状茎　生长于地下与根相似的茎称为根状茎。许多单子叶植物具有根状茎,如白茅、芦苇、竹类、黄精、玉竹、鸢尾、莲等(图4.28(a))。根状茎蔓生于土壤中,具有明显的节和节间,节上有小而退化的鳞片状叶,叶腋内有腋芽,由此发育为地上枝,并产生不定根。根状茎顶端有顶芽,能进行顶端生长。根状茎贮藏有丰富的营养物质,繁殖能力很强,所以这些根状茎既是贮藏器官,又是营养繁殖器官。

(2)鳞茎　由许多肥厚的肉质鳞叶包围的扁平或圆盘状的地下茎,称为鳞茎,是单子叶植物常见的一种营养繁殖器官。洋葱鳞茎中央的基部为一个扁平而节间极短的鳞茎盘,其上生有顶芽,将来发育为花序。四周由肉质鳞片叶包围,肉质鳞片叶之外还有几片膜质的鳞片叶。叶腋有腋芽,鳞茎盘下端产生不定根,可见鳞茎也是一个节间极短的地下茎的变态(图4.28(b))。此外,蒜、百合、水仙等的地下茎也是鳞茎。

(3)球茎　球茎是肥而短的地下茎,节和节间明显,节上有退化的鳞片状叶和腋芽,基部可产生不定根。球茎内贮藏大量的淀粉等营养物质为特殊的营养繁殖器官,如荸荠(图4.28(c))、慈姑和芋等。

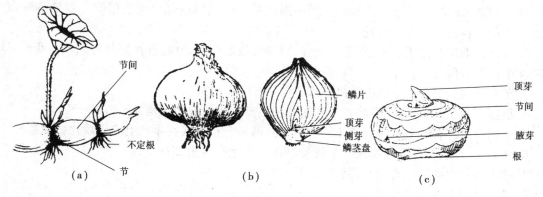

图4.28　茎的变态(地下茎)
(a)莲的根状茎;(b)洋葱的鳞茎;(c)荸荠的球茎

(4)块茎　马铃薯的薯块是最常见的一种块茎,其茎节不明显,为一形状不规则的肉质茎,贮藏着大量淀粉。马铃薯的块茎是由植株基部叶腋处的匍匐枝顶端,经过增粗生长而成。它的顶端有顶芽,四周有许多"芽眼",作螺旋排列。每个"芽眼"内有几个芽,每一芽眼所在处相当于茎节,两个相临芽眼之间即为节间。成熟块茎的结构,由外至内为周皮、皮层、维管束环、髓环区及髓等部分(图4.29)。所以块茎实际上是节间缩短的变态茎,菊芋的地下茎也是块茎。

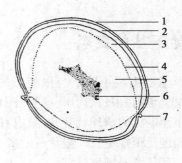

图4.29　马铃薯的块茎及其横切面
1. 周皮　2. 皮层　3. 外韧皮部及贮藏薄壁组织
4. 木质部束环　5. 内韧皮部及贮藏薄壁组织　6. 髓　7. 芽

复习思考题

1. 名词解释：

　　芽　枝条　叶痕　叶迹　芽鳞痕　束中形成层　束间形成层　维管射线　双韧维管束　边材　心材　春材　秋材　皮孔

2. 如何识别定芽与不定芽、花芽与叶芽、单轴分枝与合轴分枝、有效分蘖与无效分蘖？了解这些在生产上有何意义？

3. 芽有哪些类型？枝芽和花芽在形态结构上有何区别？

4. 根据茎的生长习性，可以将茎分为哪几种类型？它们的区别是什么？

5. 单轴分枝和合轴分枝有什么不同？对于这两种分枝方式在生产上应注意什么问题？

6. 什么是分蘖、分蘖节和蘖位？了解分蘖在生产上有何意义？

7. 茎尖和根尖的分区有何异同？

8. 举例说明变态茎的类型。

9. 说明双子叶植物茎的初生构造与各部分功能。

10. 列表说明双子叶植物茎的次生结构，并指出它们各属于哪种组织。

11. 双子叶植物的根与茎是怎样增粗的？为什么大部分禾本科植物的根与茎增粗有限？

12. 什么是年轮？年轮是怎样形成的？

13. 比较毛竹茎和小麦茎解剖构造的异同点。

14. 什么是周皮？为什么说周皮和树皮是两个完全不同的概念？

15. 试比较双子叶植物茎的初生构造和根的初生构造的异同。

5 叶

[本章导读]

    本章主要讲述叶的生理功能和经济用途,叶的形态与结构,落叶和离层,以及叶的变态。通过对本章的学习,要求学生能够从叶色、叶质、叶形、脉序、叶序等方面描述叶的外部形态特征,掌握单、双子叶植物及裸子植物叶的结构及特点,并能识别叶的各种变态,为植物分类、园林配置等知识的学习奠定基础。

    叶是植物地上部分的营养器官,叶的形态多种多样,是鉴定植物种类的重要依据之一。叶是植物光合作用制造有机物的主要场所,植物叶的光合作用是农林生产的基础。叶片对其个体和整个生物圈都有重要的生理功能,为了行使其生理功能,植物的叶形成了与其功能相适应的形态和解剖学特征。

5.1 叶的生理功能和经济用途

5.1.1 叶的生理功能

    叶的主要生理功能是进行光合作用和蒸腾作用,同时还具有吸收、繁殖和运输等功能,叶在植物生活中有重要意义。

    (1)光合作用 绿色植物的叶绿体吸收光能,利用二氧化碳和水合成有机物,并释放氧气的过程,称为光合作用。叶是植物光合作用的主要器官,光合作用合成的有机物质主要是碳水化合物,能量贮存在有机物中。光合作用的产物是人类和动物赖以生存的物质基础,动物的食物和某些工业原料,都是直接或间接地来自光合作用。

    (2)蒸腾作用 蒸腾作用是叶的主要功能之一。水分以气体状态通过植物体的表面散失到大气中的过程,称为蒸腾作用。植物体内的水分除了植物的吐水以外,蒸腾作用是水分散失的主要形式。叶片上有一些适应水分蒸腾的结构,如多数气孔分布在下表皮,表皮上生茸毛,气孔下陷等都是为了减少水分的蒸腾。

（3）吸收作用　叶具有吸收作用。在叶面上喷洒一定浓度的速效性肥料，叶片表面就能吸收，这种方法称为根外施肥，又叫叶面营养。喷施农药（如有机磷杀虫剂）时，也是通过叶表面吸收到植物体内的。在双子叶植物的作物生长后期，常要用根外追肥的方法补充营养，从而满足作物后期对肥料的需求。

（4）繁殖作用　有少数植物的叶片有繁殖作用，如落地生根，在叶的边缘生出许多不定芽或小植株，脱落后掉在土壤表面，就可以生成一个新个体。

5.1.2　叶的经济用途

叶有多种经济价值，可食用、药用或有其他用途。如可食用的叶菜有青菜、卷心菜、菠菜、大白菜、生菜、芹菜、韭菜、十香菜、荆芥、木耳菜等。甜叶菊可以从叶中提取较蔗糖甜度高 300 倍的糖苷。毛地黄含有强心苷，为高效的强心药。颠茄叶含有莨菪碱生物成分为著名的抗胆碱药，用于治疗平滑肌痉挛等。香叶天竺葵和富兰香的叶可提取香精。剑麻的叶可用来造纸。茶叶、柳叶和竹叶可以做饮料。烟草叶可以制卷烟、雪茄和烟丝。桑叶、蓖麻的叶可以养蚕。棕榈的叶鞘所形成的棕衣可制绳索、毛刷和床垫。薄荷、香薷和枸杞的叶可入药。

5.2　叶的形态

5.2.1　叶的组成

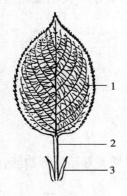

图 5.1　叶的外形
1.叶片　2.叶柄　3.托叶

植物的叶一般由叶片、叶柄和托叶三部分组成（图5.1）。叶片是叶的重要组成部分，多数呈绿色的扁平体，也有少数为针或管状，如马尾松、洋葱和大葱。还有少数的叶变态成刺状，如仙人掌。叶柄是细长的柄状部分，上端与叶片相接，下端与枝相连。托叶是叶柄基部的附属物，常成对而生。托叶的种类很多，如刺槐的托叶成刺状，棉花的托叶为三角形，梨树的托叶为线条形，齿果酸模有膜质的托叶鞘等。不同植物的叶片、叶柄和托叶的形态是多种多样的。具有叶片、叶柄和托叶三部分的叶叫完全叶，如梨、桃、月季等植物的叶。有些叶仅有一或两部分，称为不完全叶。其中无托叶的植物最为普遍，如茶、甘薯、白菜、油菜、丁香等植物的叶。不完全叶中，无托叶又无叶柄的叫无柄叶，如莴苣、苣菜、荠菜等植物的叶。烟草叶缺叶柄。台湾相思树除幼苗期外全树的叶无叶片，叶柄扩展成片状，能进行光合作用，称为叶状柄。

5.2.2 叶质

根据构成叶片的细胞层次的多少、表皮细胞的细胞壁的性质、加厚程度和叶脉在叶片中的分布情况、叶片含水量的多少,叶质可分为以下 4 种类型:

(1)草质叶　叶质地柔软,叶片比较薄,含水分多。大多数草本植物是草质叶,如棉花、大豆等植物的叶。

(2)纸质叶　叶较草质叶坚实,叶柔软性及含水量均不如草质叶。大多数落叶树木的叶是纸质叶,如杨树、泡桐的叶。

(3)革质叶　叶片较厚,表皮细胞壁明显角质化。大多数常绿树的叶是革质叶,如印度橡皮树、广玉兰的叶。

(4)肉质叶　叶片厚实,含有大量的水分,如瓦松、景天、芦荟、松叶菊等植物的叶。

5.2.3 叶色

植物的叶片通常为绿色,这是因为叶肉细胞中含有大量的叶绿体。不同的植物含叶绿体的数量不一样,因此叶色有深绿、浅绿、黄绿多种颜色。在同一叶片的上下两个面,由于受光情况不同,叶色也有深浅的变化。

有一些植物的叶片呈现红色、紫色、黄色或黄绿相间等色彩,主要是由于叶肉细胞内的花青素、叶黄素和胡萝卜素显示出来。有些植物叶的上下两面叶色明显不同,如青紫木的叶片,上面深绿色,下面紫红色,这样的叶片称为异色叶。植物叶片的色彩变化常用来丰富园林景色和季相变化。如红色的园林植物有红叶李、红花檵木、红叶小檗等;黄色的植物有撒金柏、金叶女贞等。

5.2.4 叶片的形态

对一种植物而言,叶的形态是比较稳定的。因此,叶的形态可作为植物分类的依据。叶片的大小,因植物种类不同或生态环境的变化有很大差异。如柏的鳞叶仅有几毫米,芭蕉的叶片长达 1～2 m,王莲的叶片直径可达 1.8～2.5 m、质量可达 70 kg,而亚马逊酒椰的叶片长达 22 m、宽达 12 m。

1)叶形

叶形一般是指整个单叶叶片的形状,但有时也可指叶尖、叶基或叶缘的形状。常见的叶形有以下几种(图 5.2)。

(1)针形　叶片细长,先端尖锐,称为针叶,如松、云杉的叶。

(2)线形　叶片狭长,全部的宽度基本相等,两侧叶缘近平行,称为线形叶,也称带形或条形叶,如水稻、韭菜和水仙的叶。

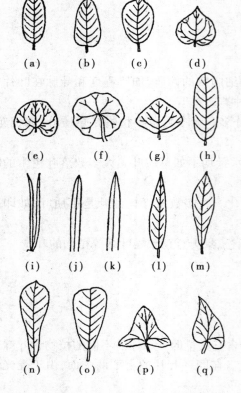

图5.2　叶形(全形)的类型

(a)椭圆形;(b)卵形;(c)倒卵形;(d)心形;(e)肾形;
(f)圆形(盾形);(g)菱形;(h)长椭圆形;(i)针形;
(j)线形;(k)剑形;(l)披针形;(m)倒披针形;
(n)匙形;(o)楔形;(p)三角形;(q)斜形

(3)披针形　叶片较线形为宽,由基部至先端渐次狭尖,称为披针形叶,如柳、桃的叶。

(4)椭圆形　叶片中部宽而两端较窄,两侧叶缘成弧形,称为椭圆形叶,如芫花、樟的叶。

(5)卵形　叶片下部圆阔,上部稍狭,称为卵形叶,如向日葵、苎麻的叶。

(6)菱形　叶片呈等边斜方形,称菱形叶,如菱、乌桕的叶。

(7)心形　与卵形相似,但叶片下部更为广阔,基部凹入,似心形,如紫荆的叶。

(8)肾形　叶片基部凹入成钝形,先端钝圆,横向较宽,似肾形,称为肾形叶,如积雪草、冬葵、天竺葵的叶。

上面是叶片的几种基本形状。在叙述叶形时,也常用"长""广""倒"等字眼冠在前面。如椭圆形而较长的叶称长椭圆形;卵形而较宽的叶,称为广卵型叶;卵形而先端圆阔与基部稍狭,像卵形倒置的叶,称为倒卵形叶。还有倒披针形、倒心形、长卵形叶、倒长卵形叶、广椭圆形叶、广披针形叶等。除上面几种基本形状外,其他形状的叶还有:圆形(莲)、扇形(银杏)、三角形(杠板归)、剑形(鸢尾)等。凡叶柄着生在叶片背面的中央或边缘内,无论叶形如何,均称为盾形叶,如莲、蓖麻的叶。叶片的形状主要是以叶片的长阔比例(即长阔比)和最阔处的位置来决定的。就长阔比而言,圆形为1:1,广椭圆形为1.5:1,长椭圆形为3:1,线形为10:1,带形或剑形为6:1。以上长阔比是大概数字,因具体植物的叶片可略有出入。除上述的整叶形状外,有时对叶尖、叶基和叶缘,也可作以下描述。

2)叶尖

叶尖有以下一些主要形状(图5.3):

(1)渐尖　叶尖较长,或逐渐尖锐,如菩提树的叶。

(2)急尖　叶尖较短而尖锐,如荞麦的叶。

(3)钝形　叶尖钝而不尖,或近圆形,如厚朴的叶。

(4)截形　叶尖横切成平边状,如鹅掌楸、蚕豆的叶。

(5)具短尖　叶尖具有突然生出的小尖,如树锦鸡儿、锥花小檗的叶。

(6)具骤尖　叶尖尖而硬,如虎帐、吴茱萸的叶。

(7)微缺　叶尖具浅凹缺,如苋、苜蓿的叶。

(8)倒心形　叶尖具有较深的尖形凹缺,而叶两侧稍内缩,如酢浆草的叶。

3）叶基

叶基的主要形状有渐尖、急尖、钝形、心形、截形等，与叶尖的形态相似，只是在叶基部出现。此外，还有耳形、箭形、戟形、匙形、偏斜形等（图5.4），现分述如下。

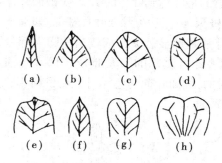

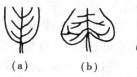

图5.3　叶尖的类型

（a）渐尖；（b）急尖；（c）钝形；（d）截形；

（e）具短尖；（f）具骤形；（g）微缺；（h）倒心形

图5.4　叶基的类型

（a）钝形；（b）心形；（c）耳形；（d）戟形；

（e）楔形；（f）箭形；（g）匙形；（h）截形；（i）偏斜形

（1）耳形　耳形是叶基两侧的裂片钝圆，下垂如耳，如狗舌草的叶。

（2）箭形　箭形是两裂片尖锐下指，如慈姑的叶。

（3）戟形　戟形是二裂片向两侧外指，如菠菜、旋花的叶。

（4）匙形　匙形是叶基向下逐渐狭长，如金盏菊的叶。

（5）偏斜形　偏斜形是叶基两侧不对称，如秋海棠、朴树的叶。

4）叶缘

叶缘有以下几种形态（图5.5）。

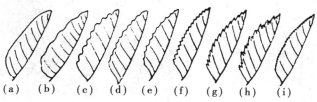

图5.5　叶缘的类型

（a）全缘；（b）波状缘；（c）皱缩状缘；（d）圆齿状；

（e）圆缺；（f）牙齿状；（g）锯齿；（h）重锯齿；（i）细锯齿

（1）全缘　叶缘平整，如女贞、玉兰、紫荆等植物的叶。

（2）波状　叶缘稍显凸凹而成波纹状，如胡颓子的叶。

（3）皱缩状　叶缘波状曲折，较波状更大，如羽衣甘蓝的叶。

（4）齿状　叶片边缘凹凸不齐，裂成细齿状，称为齿状缘，其中又有锯齿、牙齿、重锯齿、圆齿各种情况。

锯齿是指齿尖锐而齿尖朝向叶先端，如月季的叶。细锯齿是指锯齿较细小，如猕猴桃的叶。牙齿是指齿尖直向外方，如茨藻的叶。牙齿缘中，凡齿基成圆钝形的，称圆缺缘。重锯齿是锯齿上又出现小锯齿，如樱草的叶。圆齿是齿不尖锐而成钝圆的，如山毛榉的叶。

（5）缺刻　叶片边缘凹凸不齐，凹入和凸出的程度较齿状缘大而深，称为缺刻。缺刻的形式和深浅有很大区别（图5.6）。一般有以下两种情况：一种是裂片呈羽状，称为羽状缺刻，如蒲公英、莴苣等植物的叶；另一种呈掌状排列，称为掌状缺刻，如梧桐、悬铃木等植物的叶。依裂入的深浅，又有浅裂、深裂、全裂3种情况：浅裂也称半裂，缺刻很浅，最深达到叶片的1/2，如梧桐叶；深裂是超过1/2，缺刻较深，如荠菜的叶；全裂，也称全缺，缺刻极深，可深达中脉或叶片基部，如莴苣、铁树等植物的叶。植物学上所称的叶枕，是指植物叶柄或叶片基部显著突出或较扁的膨大部分，如豆科植物中含羞草的叶，包括复叶的总叶柄、初级羽片以及小叶基部的膨大部分（图5.7）。叶柄和托叶如果存在，在不同植物中它们的形态也是多种多样的，例如叶柄的色泽、长短、粗细、毛与腺体的有无、横切面的形状等。

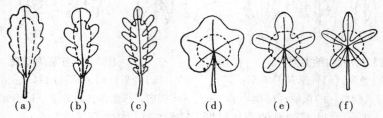

图5.6　叶的缺刻类型
（a）羽状浅裂；（b）羽状深裂；（c）羽状全裂；（d）掌状浅裂；（e）掌状深裂；（f）掌状全裂

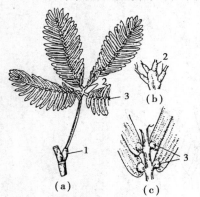

图5.7　含羞草的复叶（示叶枕）
（a）一个复叶；（b）初级羽片基部的放大；
（c）小叶基放大　1.总叶柄基部叶枕
2.初级羽片基部叶枕　3.小叶基部叶枕

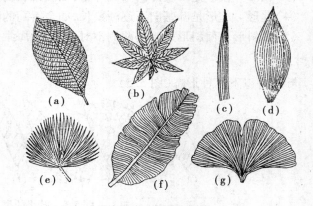

图5.8　叶脉的类型
（a），（b）网状脉（（a）羽状网脉；（b）掌状网脉）；（c）～（f）平行脉；
（c）直出脉；（d）弧形脉；（e）射出脉；（f）侧出脉）；（g）叉状脉

5）脉序

叶脉在叶片上呈现出各种有规律的脉纹的分布称为脉序。脉序主要有网状脉、平行脉和叉状脉3种类型（图5.8）。

（1）网状脉　叶片上有一条或数条明显主脉，由主脉分出较细的侧细脉，由侧细脉分出更细的小脉。各小脉交错连接成网状，称为网状脉。网状脉为双子叶植物所特有，又分为羽状网脉和掌状网脉。叶具有一条明显的主脉，细脉分生出平行侧脉为羽状网脉，如桃、苹果等大部分双子叶植物的叶。由叶基分出多条主脉，主脉间又继续分枝，形成细脉，称为掌状网脉，如蓖麻、向日葵、瓜类等植物的叶。

（2）平行脉   平行脉是各叶脉平行排列，多见于单子叶植物，其中各脉由基部平行直达叶尖，称为直出平行脉，如水稻，小麦；中央主脉明显，侧脉垂直于主脉，彼此平行，直达叶缘，称侧出平行脉(又叫横生脉)，如芭蕉、美人蕉等；由各叶脉的基部呈辐射状分出，称辐射平行脉或射出脉，如蒲葵、棕榈等；由各脉的基部平行发出，但彼此逐渐远离，稍作弧状，最后集中在叶尖汇合，称为弧状平行脉或弧形脉，如车前、平车前等。

（3）叉状脉   叉状脉是各脉作二叉分枝，如银杏。叉状脉在蕨类植物中比较常见，是较原始的脉序。

6) 单叶和复叶

根据植物在一个单叶柄上着生叶片的数目不同，可将叶分为单叶和复叶两大类。

（1）单叶   一个叶柄上仅着生一个叶片的称为单叶，如桃、棉花等。

（2）复叶   在一个叶柄上生有两个以上的叶片称复叶，如月季、刺槐、南天竹等。复叶的叶柄称为总叶柄或叶轴，总叶柄上着生的叶称为小叶，小叶的叶柄，称为小叶柄。复叶根据小叶的排列方式可以分为羽状复叶、掌状复叶、三出复叶和单身复叶 4 种类型（图5.9、书前彩图）。

①羽状复叶   小叶着生在总叶柄的两侧，呈羽毛状，称为羽状复叶。羽状复叶依小叶数目的不同，又可分为奇数羽状复叶和偶数羽状复叶。奇数羽状复叶是一个复叶上小叶的总数为单数，如月季、刺槐。偶数羽状复叶是一个复叶上

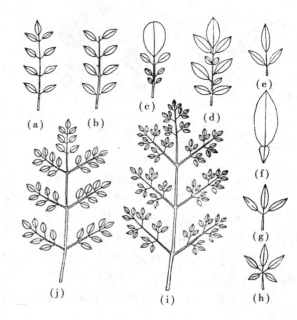

图5.9   复叶的主要类型
(a)奇数羽状复叶；(b)偶数羽状复叶；(c)大头羽状复叶；
(d)参差羽状复叶；(e)三出羽状复叶；(f)单身复叶；
(g)三出掌状复叶；(h)掌状复叶；
(i)三回羽状复叶；(j)二回羽状复叶

小叶的总数为双数，如花生、皂荚的叶。羽状复叶又因叶轴分枝情况，再分为一回、二回、三回和数回（多回）羽状复叶。一回羽状复叶，叶轴不分枝，小叶直接生在叶轴左右两侧，如刺槐、花生；二回羽状复叶，即叶轴分枝一次，再着生小叶，如合欢、云实等；三回羽状复叶，即叶轴分枝两次，再生小叶，如南天竹；数回羽状复叶，即叶轴多次分枝，再着生小叶。

②掌状复叶   掌状复叶是指小叶都着生在叶轴的顶端，排列似掌状，如七叶树、猴板栗等。

③三出复叶   仅由 3 个小叶着生在总叶柄上。如果 3 个小叶柄是等长的，称为三出掌状复叶，如橡胶树、草莓；如果顶端小叶柄较长称为三出羽状复叶，如大豆、苜蓿。

④单身复叶   总叶柄上两个侧生小叶退化，仅留下顶端的小叶，但是在小叶基部总叶柄与顶生叶连接处有关节，如柑桔、柚、橙和香橼的叶。

7) 叶序和叶镶嵌

（1）叶序   叶在茎上有规律的排列方式，称为叶序。叶序可分为互生、对生、轮生和簇生 4

种类型(图5.10、书前彩图)。

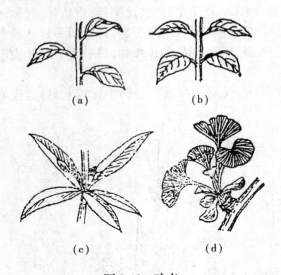

(a)　　　　　　　　(b)

(c)　　　　　　　　(d)

图5.10　叶序
(a)互生叶序；(b)对生叶序；
(c)轮生叶序；(d)簇生叶序

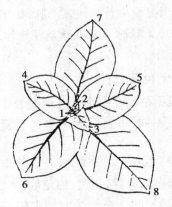

图5.11　叶镶嵌
幼小烟草植株的俯视图，
图中数字显示叶的顺序

①互生叶序　互生叶序是每节上仅生1叶，交互而生，称为互生，如白杨、悬铃木、扶桑等的叶序。互生叶序的叶，呈螺旋状着生在茎上。

②对生叶序　对生叶序是每节上着生两片叶，相对排列，如丁香、女贞、石竹等。在对生叶序中，一节上的两片叶，于上下相邻一节的叶交叉成十字形排列，称为交互对生。

③轮生叶序　在每节上着生3片叶或更多的叶，呈辐射状排列称轮生叶序，如夹竹桃、百合、茜草等。

④簇生叶序　枝的节间短缩密接，叶在短枝上成簇生出，称为簇生叶序，如银杏、枸杞、落叶松等。

有少数植物的叶在茎基部簇生称为基生叶序，如平车前、车前等。

(2)叶镶嵌　叶在茎上的排列，不论是哪一种叶序，相邻两节的叶，总是不相重叠而成镶嵌状态，这种在同一枝上的叶，以镶嵌排列而不重叠的现象称为叶镶嵌(图5.11)。叶镶嵌的形成主要是由于叶柄的长短、扭曲和叶片的排列角度不同，形成了叶片互不遮蔽。从植株顶部看去，叶镶嵌现象十分明显，如烟草、蒲公英等。在园林绿化中，爬墙虎、常春藤的叶片，均匀展布在墙壁上，是垂直绿化的好材料，就是由于叶镶嵌的结果。叶镶嵌使茎上的叶片互不遮蔽，有利于植物进行光合作用。

8)异形叶性

在一般情况下，一种植物具有一定形态的叶，有少数植物在同一植株上有不同形态的叶，这种在同一植株上具有不同叶形的现象，称为异形叶性。异性叶的发生有两种情况：一种是因枝的老幼不同而叶形各异，如蓝桉嫩枝上的叶较小，卵形无柄，对生；而老枝上的叶较大，披针形或镰刀形，有柄互生，且常下垂(图5.12(b))。金钟柏在幼枝上的叶为针形，老枝上的叶为鳞片状(图5.12(a))。构树的叶在幼株时呈心脏形，而成株叶两侧成深裂状，这些植物的叶属于发育异形叶。另一种是稻田杂草慈姑，气生叶为箭形，在水面上漂浮的叶为椭圆形，而沉水叶呈带状

（图5.12（c））。水毛茛的气生叶扁平广阔,而沉水叶却细成丝状(图5.12(d)),这些植物的叶属于生态异形叶。

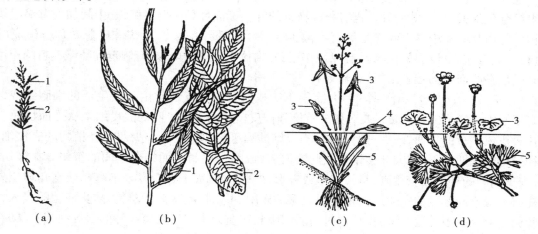

图5.12　异形叶性

（a)金钟柏；(b)蓝桉；(c)慈姑；(d)水毛茛
1.次生叶　2.初生叶　3.气生叶　4.漂浮叶　5.沉水叶

9) 禾本科植物叶的组成

禾本科植物的叶是单叶,由叶片和叶鞘两部分组成(图5.13)。

叶片扁平狭长呈线形或狭带状,具纵列的平行脉序。叶的基部扩大成鞘状,包裹着茎秆,起保护幼芽、居间生长和加强茎的支持作用。叶片和叶鞘相连接处的外侧有色泽稍淡的带状结构,称为叶环,栽培学上又叫叶枕。叶环有弹性和延伸性,可以调节叶片的位置。叶片和叶鞘相接触的腹面(叶环)内方有一膜质向上突出的片状结构,称为叶舌,使叶片向外伸展,有利于接受光能,还可以防止害虫和

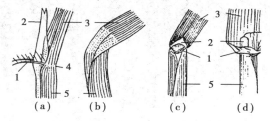

图5.13　禾本科植物叶片的组成

（a)水稻叶；(b)稗叶；(c)小麦叶；(d)大麦叶
1.叶耳　2.叶舌　3.叶片　4.叶环　5.叶鞘

病菌孢子侵入叶鞘内。在叶舌的两端的外侧,有片状、爪状或毛状伸出的突出物,称为叶耳。叶耳的有无,以及形态大小等,可作为鉴定植物种类和品种,以及识别幼苗和杂草的依据。如水稻有叶耳、叶舌,稗草没有;水稻叶舌顶端分叉成狭三角形,叶耳狭长有茸毛;甘蔗叶舌为弧状,叶耳为三角形或披针形;大麦叶耳大,小麦叶耳小。

5.3　叶的结构

5.3.1　双子叶植物叶的结构

一般被子植物的叶有上下面的区别,上面(即腹面或近轴面)深绿色,下面(即背面或远轴面)淡绿色。由于叶片两面受光情况不同,因而两面的内部结构也不相同,即组成叶肉的组织

有较大的分化,形成栅栏组织和海绵组织,这种叶称为异面叶。有些植物的叶和枝的长轴平行而与地面垂直,叶片两面的变化情况基本一致,因而叶片两面的内部结构也就相似,即组成叶肉的组织分化不大,称为等面叶。也有一些植物的叶上下面都具有栅栏组织,中间加着海绵组织,也称为等面叶。无论异面叶还是等面叶,就叶片而言,都是由表皮、叶肉和叶脉3部分组成(图5.14)。表皮包在叶的最外层,具有保护作用;叶肉位于表皮的内方,有制造和贮藏养料的作用;叶脉是埋在叶肉中的维管组织,有输导和支持作用。

(1)表皮　表皮包被着整个叶片,有上下表皮之分。表皮通常由一层生活的细胞组成,但也有多层细胞组成的称为复表皮,如夹竹桃和橡皮树叶的表皮。叶的表皮细胞从平面切面(与叶片表皮成平行的切面)看,一般是形状不规则的扁平细胞,也有不少双子叶植物的表皮细胞的径向壁往往凹凸不平,犬牙交错地彼此镶嵌着,成为一层紧密而结合牢固的组织。在横切面上,表皮细胞的外形比较规则,呈长方形或方形,外壁较厚,常具角质层。有些植物在角质层外,往往有一层不同厚度的蜡质层。角质层起保护作用,可以控制水分的蒸腾,防止病菌的侵入,如在叶面上喷药或根外追肥,表皮可通过角质层吸收矿质元素。一般植物叶的表皮细胞不具叶绿体。表皮毛的有无和表皮毛的类型因植物的种类而异。

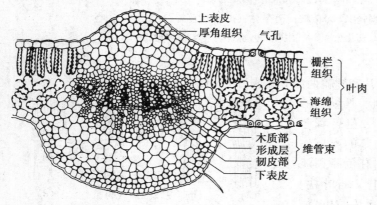

图5.14　双子叶植物叶片通过主脉的横切面

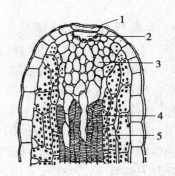

图5.15　藏报春叶顶端的纵切面图
1.水孔　2.气腔
3.通水组织　4.管胞　5.叶肉组织

叶的表皮上具有很多气孔(图5.15),气孔是与外界进行气体交换的通道,也是蒸腾作用的通道。气孔由保卫细胞和它们间的孔口共同组成。各种植物的气孔和气孔器由于形态和结构不同,在表面和各切面上存在着显著的差异。如向日葵等植物的叶上、下表皮都有气孔,但下表皮气孔数目多于上表皮。也有一些植物,气孔仅限于下表皮,如苹果、旱金莲;有的仅限于上表皮,如睡莲、莲;个别植物的气孔仅限于下表皮的某些区域,如夹竹桃的气孔仅在凹陷的气孔窝部位。沉水植物的叶一般无气孔,如眼子菜等。植物叶片气孔的分布,一般在阳光充足处较多,阴湿处较少。总之,不同植物的气孔数目、形态结构和分布有着明显的差异(表5.1)。

双子叶植物叶的气孔是由两个肾形的保卫细胞围成(图5.16),保卫细胞内含有叶绿体,当保卫细胞从邻近细胞吸水膨胀时,气孔就张开;当保卫细胞失水收缩时,气孔就关闭。

表5.1　植物叶片表皮上的气孔数目和大小
（植物学,胡宝忠等,2002）

植物名称	上表皮/cm²	下表皮/cm²	下表皮上气孔全张开时孔的大小（长×阔,μm×μm）
小麦	3 300	1 400	38×7
玉米	5 200	6 800	19×5
向日葵	8 500	15 600	22×8
菜豆	4 000	28 000	7×3
大花天竺葵	1 900	5 900	19×12
旱金莲	0	13 000	12×16
野燕麦	2 500	2 300	38×8
番茄	1 200	13 000	13×6

在叶尖和叶缘的表皮上,还有一种类似气孔的结构,其保卫细胞长期开张,称为水孔(图5.16),是气孔的变形,是植物向外排水的通道,在晴天早上植物叶尖和叶缘上的小水珠(即吐水)就是通过水孔排出的。

（2）叶肉　叶肉是指上、下表皮之间的绿色组织的总称,是叶的主要部分。叶肉通常由薄壁细胞组成,内含叶绿体。在异面叶中,在上表皮以下的绿色组织排列整齐(图5.16),细胞呈长柱状,细胞的长轴和叶表面相垂直,形似栅栏,称为栅栏组织。在栅栏组织的下方,近于下表皮部分的绿色组织,形状不规则,排列不整齐,疏松,有很多间隙,形如海绵状,称为海绵组织。栅栏组织含有较多的叶绿体,而海绵组织含叶绿体比较少,因此,叶片上面绿色较深,下面较浅。

（3）叶脉　叶脉是叶肉内的维管束,它

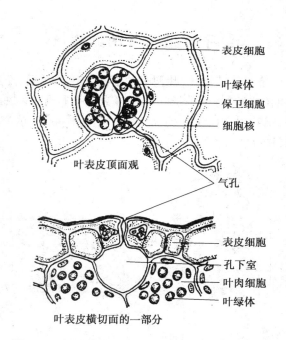

叶表皮顶面观

气孔

叶表皮横切面的一部分

图5.16　双子叶植物叶的下表皮的一部分（示气孔）

的内部结构,因叶脉的大小而不同。中脉比较粗大,它的内部结构是由维管束和机械组织组合而成。叶片中的维管束通过叶脉和茎的维管束相连接,由茎向叶运输水和无机盐。双子叶植物叶的维管束和茎的维管束有明显区别,它的木质部在上方(近轴面),而韧皮部在下方(远轴面),这是由于维管束从茎中向外方,侧向地进入叶的结果。维管束中,还有薄壁组织组成的维管束鞘包围着。在中脉和较大的叶脉中维管束比较发达,并有形成层可产生次生组织,如泡桐、悬铃木、锦葵的叶,不过在叶中形成层的活动有限且活动时间比较短,因此,产生的次生组织较少。在大叶脉横切面上,维管束的上下方均有大量的机械组织,直接和上下表皮相连接。在叶中叶脉越细,结构也越简化,首先是形成层的消失,其次是机械组织逐渐消失,再次是木质部和韧皮部的结构简化。

　　表皮、叶肉和叶脉 3 种基本结构,在植物的叶片中普遍存在,但是由于叶肉组织分化和发达的程度,栅栏组织有无和排列的疏松程度,气孔的类型和分布,以及表皮毛的有无和类型,都使叶片的结构在不同植物和不同环境中有一定的变化。叶肉是光合作用的场所,表皮包在外面起保护作用。叶脉分布于叶肉,可运输水和无机盐,同时也运输光合产物;另一方面,叶脉有支撑作用,使叶片在空中伸展,接受阳光,有利于叶片进行光合作用。

　　(4)叶柄　叶柄的结构比叶片简单,它类似于茎的结构,是由表皮、基本组织和维管束组成。叶柄的横切面一般为半月形、圆形、三角形等。表皮为基本组织,基本组织近外方的部分往往是厚角组织,内方为薄壁组织;基本组织以内为维管束,其数目和大小不定,常排列成弧形、环形、平列形。维管束的结构和幼茎中的维管束相似,但木质部和韧皮部的排列方式和双子叶植物叶相似,木质部在上,韧皮部在下。每个维管束外,常有厚壁的细胞包围。在双子叶植物的叶柄中,木质部和韧皮部之间有一层形成层,但形成层仅有短期活动。在叶柄中,由于维管束的分离和联合,会使维管束的数目和排列变化大,从而使叶柄的结构复杂化。

5.3.2　单子叶植物叶的结构

　　单子叶植物叶,叶型多种多样,如线形(稻、麦)、管形(葱)、卵形(玉簪)、披针形(鸭趾草)、戟形(慈姑)等。单子叶植物多数为平行脉,少数为网状脉(薯蓣、菝葜)。现以禾本科植物为例,就叶片内部结构加以说明。禾本科植物的叶片由表皮、叶肉和叶脉 3 部分组成(图 5.17、图 5.18)。

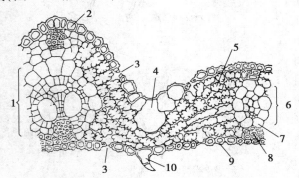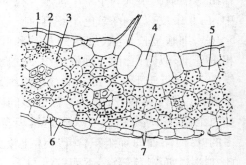

图 5.17　水稻叶的横切面　　　　　　　图 5.18　玉米叶横切面的一部分
1.大维管束　2.上表皮　3.气孔　　　　　　　1.表皮　2.机械组织
4.泡状细胞　5.叶肉　6.小维管束　　　　3.维管束鞘　4.泡状细胞
7.维管束鞘　8.厚壁组织　9.下表皮　10.表皮毛　　5.胞间隙　6.副卫细胞　7.保卫细胞

　　(1)表皮　细胞的形状比较规则,常包括长、短两种细胞。长细胞呈长方柱形,长径与叶的纵轴方向一致,横切面近于方形,细胞壁不仅角质化,而且充满硅质,这是禾本科植物的主要特征。短细胞又分为硅质细胞和栓质细胞两种。硅质细胞常为单个的硅质体所充满,禾本科植物的叶,往往质地坚硬,就是因为含有硅质。栓质细胞是一种细胞壁栓质化的细胞,常含有有机物质。禾本科植物叶的上表皮和下表皮都有气孔,成纵行排列,与一般植物不同。保卫细胞呈哑铃形,中部狭窄,具厚壁,两端膨大成球状,具薄壁。气孔的开闭是两端球状部分胀缩变化的结果:当两端球状部分膨胀时,气孔开放;反之,收缩时气孔关闭。保卫细胞的外侧各有一个副卫细胞,它和一般的表皮细胞形状不同,是由气孔侧面的表皮细胞衍生而来。

在叶的上表皮中还有一些特殊的大型细胞,有较大的液胞,无叶绿素或含有少量的叶绿素。这些细胞的径向壁薄,外壁较厚,在横切面上,常有几个细胞在一起排列成扇形称为泡状细胞。一般认为泡状细胞和叶片的伸展卷缩有关:在水分缺失时,泡状细胞失水较快,细胞外壁向内收缩引起整个叶面上卷成筒状,减少蒸腾;水分充足时,泡状细胞膨胀,叶片伸展。因此泡状细胞又叫运动细胞。

(2)叶肉　禾本科植物的叶肉,没有栅栏组织和海绵组织的分化,为等面叶。叶肉细胞排列紧密,细胞间隙小,在气孔的内方有较大的间隙,称孔下室。叶肉细胞形状不规则,如水稻、小麦等植物的叶肉细胞壁向内皱褶,形成了具有“峰、谷、腰、环”的结构。这种特点有利于更多的叶绿体排列在细胞的边缘,便于叶片吸收二氧化碳和接受光能,进行光合作用。

(3)叶脉　叶脉由木质部、韧皮部和维管束鞘组成,木质部在上,韧皮部在下,无形成层,属于有限维管束,外面由一层或两层细胞构成的维管束鞘包围。维管束鞘有两种类型:一是以玉米、高粱、甘蔗为代表,维管束鞘由单层细胞组成,其细胞较大,排列整齐,含叶绿体大而多,在维管束鞘的周围毗接着一圈排列很规则的叶肉细胞组成“花环形”结构,这种结构有利于固定还原叶内产生的二氧化碳,提高光合速率;二是以小麦、大麦、水稻为代表,维管束鞘有两层细胞,外层细胞薄而大,含叶绿体比叶肉细胞小而少,内层细胞壁厚而小,无叶绿体。

禾本科植物叶脉的上下方,常有成片的厚壁组织把叶肉隔开,而与表皮相接。水稻的中脉,向叶片背面突出,结构比较复杂,它是由多个维管束和薄壁组织组成,大维管束和小维管束相间排列,中央部分有大而分隔的空腔3~4个,与根、茎的通气组织相连接。

5.3.3　裸子植物叶的结构

裸子植物中松属植物是常绿树,叶为针叶,又称为松针。针叶植物呈旱生形态,叶就大大缩小了蒸腾面积。松叶发生在短枝上,多数是两针或多针一束,一束中的针叶数目不同,因而在横切面形状各异。马尾松和黄山松的针叶是两针一束,横切面是半圆形;而云南松是三针一束,华山松是五针一束,它们的横切面呈三角形(图5.19)。现以马尾松为例,说明针叶的内部结构(图5.20)。马尾松叶的表皮细胞壁较厚,角质层发达,表皮下有多层厚壁组织(称为下皮),气孔内陷,这些都是旱生的形态特征。叶肉细胞的细胞壁,向内凹陷,呈无数褶壁,叶绿体沿褶壁面分布,这就使细胞扩大了光合面积,叶肉细胞实际就是绿色折叠的薄壁细胞。叶肉具若干树脂通道,呈环状排列。在叶肉内有明显的内皮层,维管组织两束,位于叶的中央。松属的其他种类叶中仅有一束维管组织。松针叶小,表皮壁厚,叶肉细胞壁内褶叠,具树脂道,内皮层显著,维管束排列在叶的中心部分,都是松属针叶的特点,也表明它具有能适应低温和干旱的形态结构。

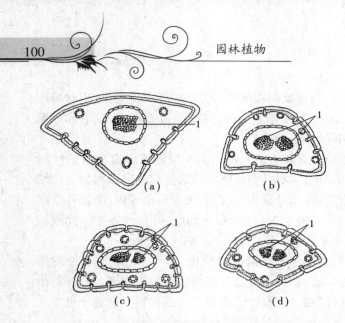

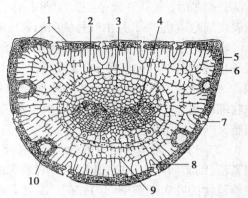

图 5.19　几种松针横切面图
(a)华山松;(b)马尾松;(c)黄山松;(d)云南松
1.维管束

图 5.20　马尾松叶的横切面
1.下表皮　2.内表皮　3.薄壁组织
4.维管束　5.角质层　6.表皮　7.下陷气孔
8.孔下室　9.叶肉细胞　10.树脂道

5.4　落叶与离层

　　植物的叶有一定的生活期(即寿命),不同植物叶的生活期有长有短,在一定的生活期终结时,叶就枯死。一般植物的叶,生活期仅有几个月,但也有个别植物的生活期在一年以上。一年生植物的叶随着果实的成熟而枯萎凋落。常绿植物的叶,生活期一般较长,如女贞的叶为 1~3 年,松叶为 3~5 年,罗汉松叶为 2~8 年,冷杉叶为 3~10 年。

　　当植物的叶生活到一定时期后,便会从枝上脱落下来,这种现象叫落叶。有些草本植物的叶枯死后常残留在植株上,如麦、稻、豌豆等草本植物。树木的落叶有两种情况:一种是植物的叶只能生活一个生长季节,在冬季寒冷时全部脱落,这种树称为落叶树,如杨树、柳树、悬铃木等;另一种是新叶发生后,老叶才逐渐枯落,而不是集中在一个时期内脱落,就全树来看,终年常绿,这种树木称为长绿树,如茶、广玉兰、松、柏、黄杨等。落叶能减少蒸腾面积,避免水分过度散失,是植物度过寒冷或干旱季节等不良环境的一种适应性。

　　植物的叶经过一定时期的生理活动,细胞内产生大量的代谢产物,尤其是一些矿物元素的积累,引起叶细胞功能的衰退,渐渐衰老,终至死亡,这是落叶的内在因素,落叶树的落叶总是在不良季节进行。在温带地区,冬季干冷,根系吸水困难而蒸腾作用并不降低,这时缺水也引起脱落。在季节干旱时也会发生叶发黄脱落的现象。在热带地区,旱季到来时引起大气干旱,环境缺水,也同样会促进落叶。

　　叶脱落的结构基础是因为在叶柄基部或靠近叶柄基部的某些细胞,由于细胞生物化学性质的变化,落叶之前在叶柄基部分裂出数层较为扁小的薄壁细胞,成为离区(图 5.21、书前彩图)。离区包括离层和保护层两个部分。有一区域内的薄壁细胞的细胞壁胶化,细胞成游离状态,因此,支持力量变得异常薄弱,这个区域称为离层。叶从离层脱落后,伤口表面的细胞就栓质化,形成保护层。保护层的形成,能避免水的散失和昆虫、真菌、细菌的伤害。

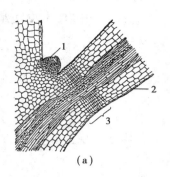

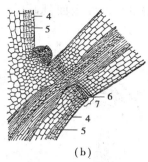

（a） （b）

图5.21 离区、离层和保护层结构示意图

（a）离区的形成；（b）离层和保护层

1. 腋芽 2. 叶柄 3. 离区 4. 表皮 5. 周皮 6. 保护层 7. 离层

科学研究证明,在植物体内存在着一种内生植物激素,称为脱落数(简称ABA)。它是一种生长抑制剂,能刺激离层的形成,促进叶、花、果脱落,它也影响植物的休眠和种子的萌发。随着人们对脱落过程的深入研究,人们可以用化学物质控制落叶、落果,这在生产上有重要的实践意义。如在生产上用10～25 mg/L的2,4-D喷洒番茄,可防止花果脱落;在棉花花铃期喷洒20 mg/L的赤霉素,可有效防止棉花的蕾铃脱落。在农产品收获季节有时也采用人为促进落叶的方法,例如在机械化采棉时,为了防止叶片的影响,用3%的硫氰化铵(NH₄SCN)或马来酰肼(MH)喷洒棉花叶片,能促进叶片脱落,有利于机械化收获。

5.5 叶的变态

叶的可塑性最大,最易受外界环境的影响,发生的变态种类较多,常见叶的变态有以下几种类型,现分述如下。

（1）苞片和总苞 苞片是生在花下面的变态叶。苞片一般较小,绿色,但有的较大,呈现各种不同的颜色。棉花的花最外层的苞片(副萼)有3个。苞片若聚生在花序的外围,称为总苞。如菊科植物向日葵的总苞在花序的外围,起保护花和果实的作用。蕺菜(鱼腥草)、珙桐有白色花瓣状总苞,有吸引昆虫帮助传粉的作用。苍耳的总苞成束状,包住果实,上生细刺,可附着在动物体上,有利于果实的传播。

（2）叶卷须 由叶的一部分变成卷须状,称为叶卷须。豌豆羽状复叶顶端的叶片变成卷须,菝葜的托叶变成卷须(图5.22(a),(b))。叶卷须具有攀援作用。

（3）鳞叶 叶的功能特化或退化成鳞片状,称为鳞叶。鳞叶的存在有以下两种情况:一是木本植物的鳞芽外的鳞叶,常呈褐色,有茸毛或有黏液,如杨树的叶,有保护芽的作用,又称为芽鳞。二是地下变态茎上的鳞叶,有肉质和膜质两类。肉质叶出现在鳞茎上,鳞叶肥厚多汁,营养丰富(图5.22(c))。有些可以食用,如洋葱、百合等。洋葱除肉质鳞叶外,还有呈膜质的鳞片包被,膜质的鳞叶呈褐色,干膜状,是退化的叶,如球茎(荸荠、慈姑)、根茎(藕、竹鞭)上的叶。

（4）捕虫叶 有些植物具有能捕食小虫的变态叶,称为捕虫叶(图5.23)。具有捕虫叶的植物,称为食虫植物或肉食植物。捕虫叶有囊状(如狸藻)、盘状(如茅膏菜)、瓶状(如猪笼草)。狸藻是多年生水生植物,长在池沟中,它的捕虫叶膨大成囊状,每囊有一个开口,并由一活瓣保护，活瓣只能向内开启，外表面具硬毛。小虫触及硬毛时，活瓣开启，小虫随水流入，活瓣又关闭。

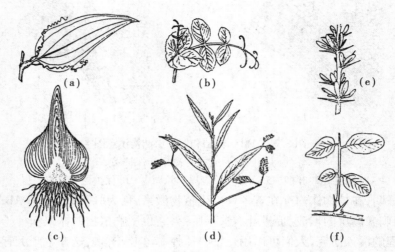

图 5.22　叶的变态

(a),(b)叶卷须[(a)菝葜;(b)豌豆];(c)鳞叶（风信子);
(d)叶状柄(金合欢属);(e),(f)叶刺[(e)小檗;(f)刺槐]

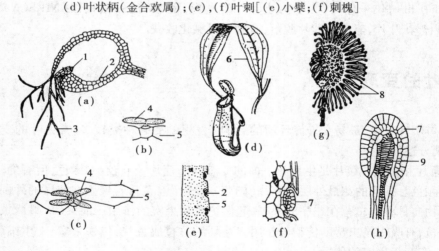

图 5.23　捕虫叶

(a)～(c)狸藻[(a)捕虫囊切面];
(b)囊内四分裂的毛侧面观;(c)毛的顶面观);(d)～(f)猪笼草[(d)捕虫瓶外观];
(e)瓶内下部分的壁，具腺体;(f)壁的部分放大;(g),(h)茅膏菜[(g)捕虫叶外观;(h)触毛放大]

1.活瓣　2.腺体　3.硬毛　4.吸水毛　5.表皮　6.叶　7.分泌层　8.触毛　9.管胞

茅膏菜的捕虫叶呈半月形或盘状，上面有许多顶端膨大并能分泌黏液的触毛，能黏住昆虫，同时触毛能自动弯曲，包围虫体并分泌消化液，将虫体消化并吸收。

猪笼草生长在广东南部和海南岛一带，其叶柄细长，基部为扁平的假叶状，中部细长如卷须，具有攀援作用，上部变成瓶状（图5.23(d)），叶片生于瓶口，呈一小盖覆于瓶口之上。当叶片发育成熟后，瓶盖张开，盖内表面和瓶口内缘均有蜜腺，能引诱昆虫，当昆虫一旦落入瓶口后，便被瓶内的消化液消化吸收。

（5）叶状柄　有些植物的叶片不发达,而叶柄转变为扁平的片状,并具有叶的功能,称为叶柄状(图5.23(d))。我国广东、台湾的台湾相思树,仅在幼苗时出现几片正常的羽状复叶,以后产生的叶,其小叶完全退化,仅具叶状柄。

（6）叶刺　由叶或叶的部分(如托叶)变成刺,称为叶刺。叶刺腋(即叶腋)中有芽,以后发展成短枝,枝上有正常的叶。如小檗长枝上的叶变成刺,刺槐的托叶变成刺,刺位于托叶部位,很好区别(图5.23(e),(f))。

复习思考题

1.名词解释:
完全叶　脉序　叶序　复叶　叶镶嵌　异形叶性　等面叶和异面叶　栅栏组织　海绵组织　运动细胞　常绿树　叶的寿命　总苞　捕虫叶　叶刺

2.简要说明叶的生理功能和经济用途。

3.简述叶质是如何划分的,叶质有哪些类型?

4.叶色有哪几种类型? 在园林绿化中常见的黄色和红色植物有哪些?

5.叶有哪些基本形态? 叶序、脉序有哪些基本类型?

6.举例说明生态异形叶和发育异形叶有何区别。

7.简述双子叶植物叶在横切面上的构造特点。

8.禾本科植物的叶在横切面上有哪些主要特点?

9.简述裸子植物叶在横切面上的构造特点。

10.常绿树和落叶树有何区别? 在园林绿化中常用的长绿树有哪些?

11.离层是怎样形成的? 落叶有何意义?

12.叶的变态有哪些主要类型? 如何区分叶刺和茎刺?

13.试比较双子叶植物叶和双子叶植物茎初生构造在横切面上的区别。

14.按表5.2描述当地园林植物叶的各种类型。

表5.2　植物叶片描述表

形态类型 植物种类	完全叶或不完全叶	托叶	叶形	叶基	叶缘	叶裂	叶脉	质地	单叶	复叶类型
月季										
百日红										
海桐										
朱顶红										
扶桑										
橡皮树										
七叶树										
丁香										

植物的生长与繁殖

[本章导读]

　　本章主要讲述植物的生长、分化和发育；植物生长的基本特性，生长大周期、极性现象、再生现象，植物生长的相关性及其在林业生产中的应用。植物之间的竞争与化感作用。通过本章的学习，使学生了解植物竞争与化感作用的指导意义，营养器官的繁殖及其类型，自然营养繁殖的种类，掌握人工营养繁殖的种类，分株、扦插、压条、嫁接技术和生产上常用的嫁接方法。

6.1　植物的生长

　　每一种生物的个体，都要经历发生、发展和死亡，人们把一个生物体从发生到死亡所经历的过程称为生命周期。植物的生长是在细胞生长的基础上进行的，细胞生长是植物生长的基础。通常把细胞生长分为 3 个时期：分裂期、伸长期和分化期。通过细胞分裂增加细胞的数目，通过细胞伸长增加细胞的体积，通过细胞的分化形成不同的组织和器官。我们通常把生命周期中生物个体及其器官的形态结构的形成过程称为形态发生和形态建成。在生物形态建成的过程中，植物体发生着生长、分化和发育的变化。

6.1.1　生长、分化和发育的概念

　　（1）生长　在生命周期中，在新陈代谢的基础上，植物的细胞、组织和器官的数目、体积或干重的不可逆的增加过程称为生长。种子播种后吸水膨胀，形成芽和胚根，就是植物最初的生长，而后继续生长，形成根、茎、叶等器官，经过生长、发育、开花、结果，完成其生活史。通常把植物根、茎、叶的生长称为营养生长；生殖器官花、果实、种子的生长称为生殖生长。

　　（2）分化　分化是指植物从同一合子或遗传上相同的细胞转变成在形态、结构、功能和化学组成上不同细胞的过程。分化是所有生物共有的基本特性。植物的分化可分为细胞分化、组

织分化和器官分化。如形成层的薄壁细胞分化形成木质部,茎尖分化成叶及侧枝,根的中柱分化出侧根等;杨树枝条的扦插,形态学的上端分化出芽,下端分化成根,将来形成根系。

（3）发育 在生命周期中,植物的组织、器官或整体在形态和功能上有序变化的过程称为发育,发育是泛指植物的发生与发展。狭义的发育概念,通常是指植物从营养生长向生殖生长的有序变化过程。植物的发育是一个漫长的过程,实质上发育包括了生长和分化两个方面,生长和分化贯穿在植物的整个发育过程中。如花的发育包括从花原基的发生到形成花的各个部分或完整的花序;果实的发育包括子房受精后果实的各部分的生长和分化;从根原基的发生到形成完整的根系是根的发育过程。

6.1.2 植物生长的基本特性

1）植物生长大周期

植物在生长过程中,细胞、器官和整个植物的生长速度所表现出来的"慢—快—慢"的节奏性,称为生长大周期。即开始生长缓慢,以后逐渐加快,达到一定限度以后,生长又逐渐减慢,最后停止生长。测定植物生长周期的生长量,可以得到一个 S 形曲线,叫做生长曲线(图 6.1、图 6.2)。植物的生长大周期揭示了植物生长的基本规律。植物在其生长过程中显示"慢—快—慢"的节奏性是因为植物的生长是细胞分裂生长的结果,而细胞的生长有 3 个时期,即分裂期、伸长期和成熟期,刚好符合植物生长"慢—快—慢"的基本规律。

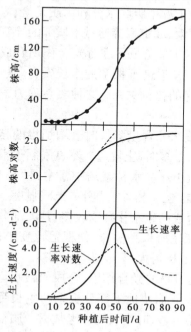

图6.1 玉米的生长曲线

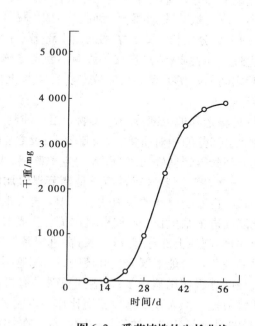

图6.2 番茄植株的生长曲线

一般草本植物的生长都表现出"慢—快—慢"的节奏性,而园林植物的生长有明显的季节周期性。在华北地区树木一般从3—4月份开始生长,在夏季生长较快,有一些阔叶树有两次生长,如毛白杨、胡桃等,到秋季落叶停止生长。在一年中树木高度的生长变化也是呈 S 形曲线(图 6.3),特别是一次生长的树种,如红松、落叶松和红皮杉更为明显,二次生长的树种整体趋势也是如此。在农林生产中掌握植物生长速率的变化规律,有利于人为地调控植物的生长。

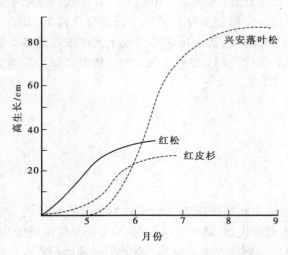

图 6.3　3 种针叶树高生长的季节变化

2) 植物生长的相关性

高等植物是由各个器官组成的,构成植物体的各器官之间既有精细的分工,又相互联系,既相互促进又相互制约。植物体之间在生长过程中所表现出来的相互促进和相互制约的现象称为生长的相关性。植物生长的相关性包括地下部分与地上部分的相关、主干与侧芽的相关、营养生长与生殖生长的相关等。

(1)地下部分(根系)与地上部分(枝叶)的相关性　当植物种子在适宜的条件下萌发时,首先是胚根突破种皮形成主根,主根上发生侧根形成根系;下胚轴和胚芽的生长,逐渐形成地上部分的茎叶。只有根系发育得好,地上部分才能生长良好。"根深叶茂,本固枝荣"说的就是植物地上部分与地下部分的相关性。

产生地下部分和地上部分生长相关性的原因是根系从土壤中吸收水分和矿质元素、氮素以及根系内合成的氨基酸、生物碱、细胞分裂素、脱落酸、木质素、赤霉素等通过木质部的导管运向枝叶,供地上部分生长需要。植物的地上部分(主要是叶片)在光照下进行光合作用合成有机物质和生理活性物质,通过韧皮部源源不断地送输到根部,又促进了根系的生长发育。植物根系与枝叶之间的密切关系必然导致二者在生长上出现一定的比例关系,这种关系称为根冠比(根重/茎、叶重)。

植物的根系和地上部分的生长也会相互抑制。当土壤水分含量降低时会增加根的相对质量,减少地上部分的相对质量,根冠比值大;反之,土壤含水量多时,土壤通气不良限制了根系活动,而地上部分得到良好的水分供应,生长旺盛,根冠比值小。在水稻栽培中常常是"旱生根,水生芽",玉米在苗期要进行蹲苗就是调节根冠比的农业措施。除水分之外,光照强度、氮肥、磷肥等因素,也影响植物的根冠比。在阳光充足时,叶中合成的碳水化合物较多,其大部分运向根系,就能促进根系生长,导致根冠比值大。整枝、修剪能减缓根系生长,使根冠比变小;中耕断根能暂时抑制地上部分茎、叶生长,促进根系发展,使根冠比增大。

如果光照不足,地上部分枝叶茂密,互相遮阴,将影响植物的光合作用,合成的碳水化合物比较少,枝叶呼吸作用消耗多,运输到根系的有机物质少,从而使地下部分根系的生长受到抑制,导致根冠比小。农业上常以根冠比作为控制、协调根系与茎、叶生长的参考数据。调整根冠比直接影响到萝卜、甜菜、甘薯等作物产量。在甘薯块根形成初期,适合"三干六湿"的土壤,采取农业措施增大根冠比,是甘薯高产的关键。

(2)主干(顶芽)与分枝(侧芽)的相关性　植物在生长过程中,主干与分枝之间也存在生长相关性。当主干的顶芽生长活跃时,下面的腋芽休眠而不活动;如果顶芽摘除或受伤,腋芽就迅速萌动生长而形成侧枝。这种顶芽对侧芽的抑制作用,称为顶端优势。地下部分主根和侧根之间,也存在这种相关关系。

不同植物顶端优势的强弱有明显的区别。松、杉、杨等乔木的顶端优势很强,侧枝短而斜生,常形成塔形树冠。而茶、丁香、迎春、连翘、枸杞等灌木顶端优势比较弱,多分枝,没有明显的主干。在农作物中玉米、麻、烟草等作物的顶端优势很强,一般不分枝或分枝较少;而水稻、小麦的分枝较多,顶端优势很弱,甚至侧芽不受抑制,分蘖旺盛,成丛生长,有时分蘖生长势超过主茎。

关于顶端优势产生的原因,目前主要是从激素和营养两方面来解释。一般认为是由于植株顶芽产生的生长素通过极性运输,使附近侧芽的生长素浓度增大,而侧芽对生长素较敏感,浓度稍大便被抑制。也有人认为由于生长素含量高的顶端,成为营养物质运输的"库",顶芽在一定程度上夺取了侧芽的营养。此外,也有研究材料证明,侧芽的维管束发育差,与主茎的联系不好,有机物运输不畅,因而造成侧芽营养不足而不发育或生长不良。有人提出细胞分裂素能解除生长素引起的顶端优势,而使侧芽生长。也有研究发现顶芽解除后,豌豆幼苗侧芽内 DNA 含量减少,随后侧芽鲜重增加。因此,细胞分裂素也参加了顶端优势的调节作用。

在农林业生产实践中,常常利用顶端优势提高作物的产量和品质。烟草、麻类要注意保持其顶端优势,减少分枝;雪松、法桐和杨树也要保持其顶端优势,使之有一个好树形。在园艺作物生产中,常采取摘除顶芽的方法来抑制顶端优势,促进腋芽生长,使分枝增多,多结果实。苹果树、山楂树要抑制顶端优势,并根据果实的生长情况,每年要进行修剪来均衡树势,改善通风透光条件,从而达到高产的目的。

(3)营养生长与生殖生长的相关　营养生长与生殖生长是植物生长周期中的两个不同阶段,通常以花芽分化作为生殖生长的标志,但是这两个阶段是密切相连的,不能截然分开。植物的营养生长与生殖生长既相互依赖,又相互制约。营养生长是生殖生长的基础,生殖生长需要的养料,大部分是由营养生长所供应的,因此营养生长的好坏直接关系到生殖器官的生长发育。如果营养器官生长不好,就会影响到生殖生长。另一方面,在生殖生长过程中,生殖器官常产生一些植物激素,反过来影响营养器官的生长。营养生长与生殖生长还存在相互制约的关系,如果营养生长过旺,会消耗很多养分,影响生殖器官的生长。相反,生殖器官的生长也会影响到营养生长。如番茄,在自然状态下开花结果后,让果实自然成熟,营养生长就会日趋衰弱,最后逐渐衰老死亡;如果摘除花、果,营养生长就会继续旺盛生长。在园林植物的果树中,如苹果、梨、荔枝等,常常有大小年现象,即一年结果多,一年结果少,因此在果树生产上要定期修剪,适当疏花、疏果,使果树营养分配均衡,避免大小年现象。

3)植物的极性与再生

(1)极性　一株植物或一段枝条总是形态学的上端长芽,下端长根,即使将枝条颠倒过来,原来的上端还是长芽,下端仍然长根(图 6.4),植物的这种形态学两端在生理上具有的差异性称为极性。事实上,受精卵合子在

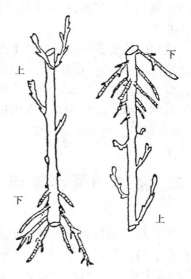

图 6.4　柳枝的极性生长

第一次分裂形成基细胞和顶细胞就是极性现象。极性一旦建立,即难以逆转。根的切断再生植株上也具有极性,通常是在近根的一端形成根,近茎的一端形成芽。叶片再生时也表现出极性。不同器官的极性强弱不一样,一般而言,茎大于根,根大于叶。产生极性现象的原因与生长素的极性运输有关。由于生长素在茎中极性运输的结果,从而使形态学的下端 IAA/CTK 的比值较大,最终导致下端长根,上端长芽。了解植物的极性现象在农、林生产上有一定的指导意义,在园林植物扦插、嫁接和组织培养时,应将枝条或外植体的形态学上端向上,下端向下,不能倒置。

(2)再生　再生现象在高等植物中普遍存在,在农林生产上应用广泛。植物体离体器官(根、茎、叶)在适宜的环境条件下能恢复缺损的部分,重新形成完整植株的现象,称为再生现象。在农业生产上常用甘薯的薯蔓进行繁殖;林业生产上的扦插、压条繁殖都是再生现象的实际应用。柳、杨树的再生能力很强,枝条易于扦插成活;而松和柏利用扦插繁殖时,成活率比较低,必须采取适当的措施以促进不定根的形成。

6.1.3　植物生长的相互竞争和相生相克

植物个体的生长经常受到其他生物的影响,如土壤中的微生物、鸟类和农业昆虫等。在农田或森林中,植物种类有上千种,由于大小、高低不一样,它们之间存在着对光、水分、养分的竞争。竞争是指同种或异种的两个以上的个体,利用共同的有限资源,从而发生对环境资源的争夺的现象。植物之间除了竞争以外,还普遍存在相生相克,也称为化感作用。化感作用的概念是 Molish 于 1937 年首次提出来的,1984 年(E. L. Rice)形成了大家公认的概念,即生活或腐败的植物通过向环境中释放化学物质而产生促进或抑制其他植物生长的效应。释放的化学物质是植物次生代谢物质,如阿魏酸、对-叔丁基苯甲酸、醚、醛、酚类、有机酸类物质。Muller 在 1966 年研究了南加利福尼亚的海岸鼠尾草与一年生草地的空间分布关系,在鼠尾草灌丛周围 1～2 m,甚至 6～10 m 的范围内,一年生植物无法生长。Muller 发现,这不是水分竞争所引起的,也不是因土壤差异造成的,而是鼠尾草的叶片释放出挥发油,对周围一年生植物的种子萌发和生长造成的毒害产生的。

植物的化感作用广泛存在于自然界中,与植物间的竞争一起构成植物间的相互作用。对植物化感作用的研究,在林业生产上具有重要的指导作用。某些树种不能与另一些树种栽植在一起,如白桦与松树、苹果树旁不能种玉米,等等。在作物布局上可以利用有益的作物组合,尽量避免与相克生的作物为邻。在农田杂草防治上,人工合成化感物质不但可以有效地防治农田杂草,而且还不会给土壤环境带来污染。

6.2　植物的营养繁殖

无论高等植物还是低等植物,它们的全部生命活动包含着相互依存的两个方面:一方面是维持它自身一代的生存;另一方面是保持种族的延续。植物在一生中都要经过生长、发育、衰老阶段,直至死亡。所以,植物在生长发育到一定阶段时,就必然通过一定的方式,由旧个体产生新个体,以保持种族的延续,这种现象叫繁殖。植物通过繁殖增加了新个体,扩大了植物的生活范围，丰富了后代的遗传性和变异性。

植物的繁殖可分为以下 3 种类型：第一种是营养繁殖，是通过植物营养体的一部分从母体分离后，进而直接形成一个独立生活的新个体的繁殖方式，植物的细胞培养和组织培养都属于营养繁殖的类型；第二种是无性繁殖，是通过一种称为孢子的无性繁殖细胞，从母体分离后，直接发育成新个体的繁殖方式；第三种是有性生殖，是由两个称为配子的有性生殖细胞经过彼此相融合的过程，形成受精卵，再由受精卵发育成新个体的繁殖方式。植物的有性生殖（主要是种子繁殖）在第 7 章有专门论述，本节主要讲述植物的营养繁殖。

自然界有许多植物，在其根、茎、叶等器官上具有形成不定根、不定芽的能力，这种能力可以使植物体的一部分在一定条件下发展成独立的植株，从而达到繁殖的目的，这种繁殖方法叫营养繁殖。营养繁殖可分为自然营养繁殖和人工营养繁殖两大类。

6.2.1　自然营养繁殖

植物体的一部分，在自然条件下能产生新植株的现象叫自然营养繁殖。植物的自然营养繁殖主要靠块根、块茎、鳞茎、球茎、根状茎等变态器官，这些变态器官本身贮藏有丰富的营养物质，其不定根和不定芽在外界条件适合时即可成长新的植株。营养繁殖不仅可以达到繁殖的目的，还能克服种子萌发力弱，寿命短，或是用种子繁殖需要经过较长的幼年期，使开花结果延迟等缺点。植物的自然营养繁殖的方式有以下几种类型：

（1）鳞茎繁殖　借助鳞茎繁殖的植物有郁金香、百合、水仙、风信子、大蒜等。鳞茎的鳞叶营养丰富，鳞叶叶腋内长出的小鳞茎和地上部分叶腋内长出的珠芽都能进行营养繁殖。蒜的每一个小鳞茎从母株分离后，即能长成一个独立的小植株；同时一部分花朵可转变成珠芽，也能起到繁殖作用（图 6.5）。但并不是所有的鳞茎都具有营养繁殖作用，例如洋葱一般是以种子进行繁殖。

图 6.5　大蒜的珠芽繁殖
大蒜的花序，一部分花朵变成珠芽
1. 正常花朵　2. 珠芽

（2）块茎、球茎繁殖　用块茎进行营养繁殖的植物有马铃薯、菊芋、花叶芋等。马铃薯块茎上的顶芽和芽眼内的腋芽，可以在第二年生长发育成新的植株，植株形成后，在植株基部形成横生的根茎，根茎膨大后形成肉质的块茎，即食用的马铃薯（图 6.6）。

用球茎繁殖的植物有慈姑、荸荠、唐菖蒲、藏红花等，它们的繁殖方式与块茎相似，当一些根茎的顶端积累了大量的营养后，就膨大形成球茎。

（3）根状茎繁殖　依靠根状茎进行繁殖的植物有竹、芦苇、姜、藕、白茅、薄荷（图 6.7）等。根状茎的节上有不定芽，不定芽生长发育后伸出地面，成为地上部分直立的茎枝，同时还从节上丛生许多不定根。如果把根茎从节间中间切成小段，每个小段都会长成一株新植物。农田恶性杂草白茅、芦苇、狗芽根很难清除，就是因为它们地下有发达的根状茎，中耕时将地表以上切断后，在一至两周左右就能恢复原状。

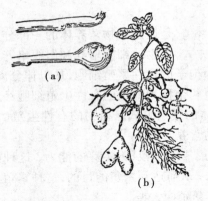

图6.6　马铃薯块茎的形成
（a）地下茎顶端积累养料后膨大成块茎；
（b）具地下块茎的马铃薯植株

图6.7　姜的根状茎繁殖

（4）块根繁殖　利用块根进行繁殖的植物有甘薯、大丽菊等（图6.8）。甘薯和大丽菊地下有肥大的块根，块根内贮藏丰富的营养。将其埋在离地表约3 cm，在适宜的环境条件下，块根上就能长出不定根和不定芽，形成新的个体。在农业生产上甘薯育苗就是把甘薯栽培到苗床上，给予适宜的温度条件，使其长出不定根和不定芽，当不定芽长到18～20 cm时，就可剪芽种植春薯。在黄河流域一般4月份剪芽种薯，到5月底6月初，可以剪春薯上的薯蔓栽培夏薯。也可在4月份将较小的薯块直接栽在田垄上，地上芽形成薯蔓，地下长出不定根膨大后形成薯块，到收获时种薯糠秕，在种薯基部长成2～3个甘薯，这种栽培方法称"甘薯下蛋"。"甘薯下蛋"用种薯较多，目前在生产上很少利用此法繁殖。

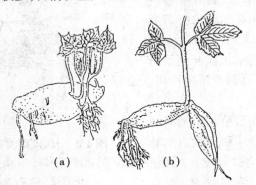

图6.8　块根的繁殖
（a）甘薯；（b）大丽菊

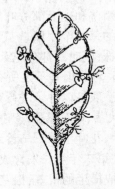

图6.9　落地生根的营养繁殖

（5）叶繁殖　有些植物的叶也能形成不定根和不定芽，从而长成新的植株。如落地生根的叶缘上可以长出不定根和不定芽，它们从叶上脱落后就能在地表面形成新植株，落地生根由此而得名（图6.9）。

此外，刺槐、白杨等木本植物的根上，也常生出许多不定芽，这些不定芽也能长成植株进行繁殖，通常把这类植物称为根蘖植物。

6.2.2 人工营养繁殖

人们在园林植物生产和农业生产实践中利用植物营养繁殖的特性,采取多种措施加速苗木的繁殖,改良植物品种,尤其对一些不能产生种子或产生种子是无效的植物种类,如香蕉、无花果、柑桔、葡萄等,人工营养繁殖是主要的繁殖方式。人工营养繁殖常用的方法有分株、扦插、压条和嫁接等。

1)分株

分株是把植物体的根茎、根蘖、枝条等器官长成的植株,人为地加以分割,使其与母体分离,然后移栽在合适的场所,使其长成新植株的繁殖方法。这种分离的小植株,一般是已经长成的植株,因此成活率高。有许多木本植物的繁殖是采用根蘖,如野生刺槐、花楸、银杏等。我国杉木林繁殖或杉木林的更新,主要是利用砍伐过的树干基部,由老根上产生的不定芽形成的新苗来实现的。

2)扦插

扦插是剪取植物的一段枝条、根或叶,插入湿润的土壤或基质中,在适宜的温度下,使其上端长出不定芽、下端长出不定根,进而长成新植株的方法。扦插是花卉、果树繁殖最常用的方法,扦插最常见的是用幼茎和枝条,如杨、柳、葡萄、三角梅、菊花、月季、枸杞、橡皮树等;有些植物用根插效果好,这些植物是苹果、蔷薇、梨、无花果、合欢、泡桐等;有个别植物用叶插,如落地生根、秋海棠、柑桔、柠檬等。

3)压条

将母株的枝条压入湿土中,使其在受压部位发出新根,然后将发根的枝条剪离母株,成为独立生存的新植株,这种繁殖方法叫压条。压条繁殖操作容易,成活率高。缺点是繁殖系数低。黄河流域一般落叶树木在4月树木开始萌芽时压条,常绿树木在夏季6—7月份进行。全国各省区可根据当地的气温,酌情掌握压条时间。

4)嫁接

嫁接是取植物体的一部分枝和芽,接到另一具有根系的植物体上,使二者彼此愈合后形成一个新植株的繁殖方法。接上去的枝和芽称为接穗,保留根系被接的植物称为砧木。嫁接是许多果树和花卉应用最广泛的一种繁殖方法,通过嫁接育成的新植株称为嫁接苗。接穗和砧木嫁接后,二者形成层的薄壁细胞进行分裂并形成愈伤组织,把彼此的原生质连接起来,同时形成层的细胞进行分裂,向里面产生新的木质部,向外面生成新的

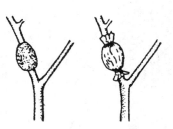

图 6.13 空中压条

韧皮部,把接穗和砧木的输导组织联系起来构成一个整体,即嫁接成活。但是,并不是任何两种植物都能嫁接成活的,只有两者亲和力比较高的能成活。嫁接亲和力是指两个植物体嫁接愈合而能生长在一起,并有一定寿命和生产能力的特性。嫁接亲和力高的,嫁接容易成活,且生长良好;嫁接亲和力低的,不易嫁接成活;没有嫁接亲和力的,则没有嫁接成活的可能。嫁接时最好选择与接穗嫁接亲和力高的砧木。

一般来说,植物间的亲缘关系越近,嫁接亲和力越高,成活率越高。同一品种间的嫁接成活率最高,这种嫁接称为共砧嫁接。同属异种间嫁接成活率也较高,同科异属间嫁接成活率较低。因品种、种类不同,嫁接成活率也有一定差异,如苹果接在杜梨上成活率不高,即使成活也生长不良,愈合部位易断裂,苹果接在海棠果上就容易成活。柑橘接在枳壳上嫁接成活率高,生长良好。嫁接成活的关键是维管束的相互连接,如果嫁接仅仅是薄壁细胞的愈合或是接穗在砧木组织中生根,这些嫁接表面上来看好像生长正常,但不能认为是嫁接成活。

复习思考题

1. 名词解释:

生长　分化　发育　生长大周期　顶端优势　生长相关性　竞争　相生相克　繁殖
自然营养繁殖　人工营养繁殖　压条　扦插　嫩枝嫁接　芽接

2. 植物的生长和发育有什么区别? 如何理解生长和发育之间的关系?

3. 何为相关性和生长大周期? 了解这些在农、林生产上有何指导意义?

4. 什么是极性、再生现象? 了解这些在园林植物繁殖方面有何指导作用?

5. 植物的繁殖有哪些类型? 简述营养繁殖的种类及其特点。

7 被子植物的生殖器官

[本章导读]

　　本章主要讲述花的发生和组成,花程式和花图式及花序的类型。雌、雄蕊的发育与结构,以及花粉粒的发育过程。植物的开花习性以及传粉、受精的过程。受精后种子胚和胚乳的发育,果实的发育及其类型。通过本章的学习,使学生了解植物除营养繁殖之外,主要以种子繁殖,园林植物的花、果实和种子在园林绿化中各有其妙用,研究种子植物繁殖器官的形态、结构和发育过程,在实际工作中有十分重要的意义。

7.1 花的发生及组成

7.1.1 花芽分化

　　花是由花芽发育而来的。多数植物经过幼年期达到一定的生理状态时,植物体的某些部分接受外界信号的刺激,主要是叶片感受光周期、茎的生长锥感受低温后,就不再形成叶原基和腋芽原基,而是分化出花原基或花序原基,最后形成花或花序,这个过程称为花芽分化。幼年期的长短,因植物种类而异,如牵牛、油菜等几乎没有幼年期,种子萌发后 2 ~ 3 d,只要有适当的日照,就可以长出花芽。草本植物的幼年期较短,木本植物的幼年期较长。同是木本植物幼年期的长短差异也很大,如桃为 2 ~ 3 年,梨、苹果、茶为 3 ~ 4 年以上,龙舌兰为 20 年,竹子约为50 年。

　　花芽分化的顺序,除花托外通常是由外向内进行的。植物不同花芽分化的顺序稍有变化,但最早分化的多是萼片原基。在萼片原基形成后,接着就分化出雄蕊原基和雌蕊原基,最后才形成花瓣原基。

　　花序的发生和分化与花相似,花序基部或外侧的总苞通常最早分化,然后自基向顶或自外向内进行小花的分化。

　　花芽分化和形成的时间在一些植物中一生只有一次,如水稻、麦、向日葵等;而棉花、番茄等植物能不断形成花芽,直到最后死亡。一般落叶树种如桃、梨、苹果、梅等,从开花前一年的夏季便开始了花芽分化,且持续时间较长,到第二年春季,未成熟的花才继续发育直至开花。下面以桃为例说明花芽分化的过程。

(1)桃花芽分化的过程 桃、李和苹果等果树,在开花的前一年夏季就开始花芽分化,而且持续时间较长。桃的花芽着生在腋芽的两侧,在花芽分化时,生长锥呈宽圆锥形,顶部比较平坦,先在生长锥的周围形成5个小突起,即萼片原基。在萼片原基的内方,相继出现5个花瓣原基和外轮的雄蕊原基。而后,在近中央的部分不断凹入,其外侧的杯托部分伸长,在外轮雄蕊原基的下方,分化出数轮雄蕊原基。最后,在生长锥中央逐渐向上突起,形成雌蕊原基(图7.1)。

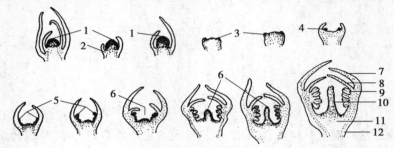

图7.1 桃的花芽分化

(植物学,傅承新,2002)

1.生长锥 2.叶原基 3.花萼原基 4.花瓣原基 5.雄蕊原基
6.雌蕊原基 7.花萼 8.花瓣 9.雄蕊 10.雌蕊 11.花托 12.维管束

(2)花芽分化的条件 植物的花芽分化需要一定的环境条件,最重要的是光周期中暗期的长短和对低温的要求。短日照植物花芽分化时需要短日照条件,否则就不能进行花芽分化。而冬小麦等长日照植物,花芽分化时则需要低温和长日照的条件。另外,花芽分化时还与水分和矿质营养有关。因此,在实际生产中要确定适宜的播种期,并在花芽分化(或幼穗分化)前采取相应的栽培措施,促进生殖生长,为花芽分化创造有利条件。对温室栽培的蔬菜和花卉,给予一定的温度和光照处理,或喷施植物生长调节剂,以调节开花和结果的时间。

7.1.2 花的组成

花的组成微课

被子植物种子萌发后,经过营养生长,就进入花芽分化,形成花或花序。一朵典型的花由花柄(花梗)、花托、花被(包括花萼、花冠)、雄蕊群和雌蕊群(图7.2、书前彩图)组成。从植物形态学的角度来看,花梗是枝条的一部分,花萼、花冠、雄蕊、雌蕊是变态叶,着生在花梗顶部膨大的花托上。从形态发生和解剖结构来看,花是适应于生殖的缩短的变态枝条,是被子植物最重要的繁殖器官之一。

1)花柄和花托

花柄(花梗)是着生花的小枝,起支持作用,同时又是茎向花输送营养物质的通道。花柄有长有短,随植物种类不同而有差异,长的有1 m左右,短的有1~2 mm,甚至形成无柄花。花柄的顶端膨大部分为花托,花托的形状因植物种类的不同有多种,有的呈圆柱状,如木兰、含笑;有的凸起呈圆锥形,如草莓;也有的凹陷呈杯状,如月季、蔷薇;还有的膨大呈倒圆锥形,如莲。

2）花被

花被是花萼和花冠的总称。花被着生于花托边缘或外围，对雄蕊和雌蕊有保护作用，有些植物的花被还有助于传粉。很多植物的花被分化成内外两轮：外轮花被多为绿色，是由多片萼片组成的花萼；内轮花被有鲜艳的颜色，是由多片花瓣组成的花冠。既有花萼，又有花冠的花称为双被花，如油菜、豌豆、番茄等。有些植物的花只有一层花被，即只有花萼或花冠，称为单被花，如甜菜、大麻、桑；有的没有花被，称为无被花，如杨、柳等；有的萼、瓣不分，称为花被片，如木兰科植物。

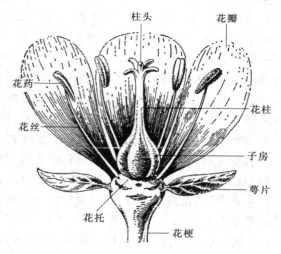

图7.2　花的结构图

（1）花萼　花萼位于花的外侧，由若干萼片组成。一般呈绿色，也有类似花瓣的颜色，如扁蓄等。花萼是第一轮变态叶，能行使光合作用，同时具有保护幼花的作用。锦葵科植物的花有两层花萼：第一轮为副萼，第二轮是花萼。花萼萼片完全分离的，称为离萼，如油菜、茶等；彼此连合的称为合萼，如丁香、棉等。合萼下端连合的部分称萼筒，上段分离的是花萼的裂片。有些植物萼筒伸长呈一细长中空状，称为距，如凤仙花、旱金莲等。花萼通常在开花后脱落，称落萼。但也有随果实一起发育而宿存的，称宿萼，如番茄、茄子、辣椒、柿子等。有的花萼萼片变成冠毛，如蒲公英、小蓟等。

（2）花冠　花冠位于花萼的内侧，是花的第二轮变态叶，由若干花瓣组成，排列成一轮或数轮。多数植物的花瓣，由于其细胞内含有花青素或有色体而呈现不同颜色，有的花瓣有香味，还能分泌蜜汁。由于花冠颜色鲜艳和分泌挥发油类，可吸引昆虫帮助传粉，花冠还有保护雌、雄蕊的作用。

花冠可分为离瓣花冠与合瓣花冠两类（图7.3、书前彩图）。

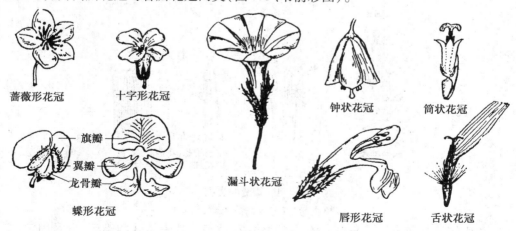

蔷薇形花冠　　十字形花冠

旗瓣
翼瓣
龙骨瓣
蝶形花冠

漏斗状花冠

钟状花冠　　筒状花冠

唇形花冠　　舌状花冠

图7.3　花冠的类型

①离瓣花冠　花瓣基部彼此完全分离，这种花冠称为离瓣花冠。常见离瓣花冠有以下几种：

a.蔷薇花冠:由 5 个(或 5 的倍数)分离的花瓣排列成五星辐射状,如桃、李、苹果等。

b.十字花冠:由 4 个分离的花瓣排列成"十"字形,如油菜、白菜、萝卜等。

c.蝶形花冠:花瓣 5 片,离生,花形似蝶。最外面的一片最大,称旗瓣;两侧的两瓣称翼瓣;最里面的两瓣,顶部稍连合或不连合,叫龙骨瓣,如大豆、花生、蚕豆等。

②合瓣花冠　花瓣全部或基部连合的花冠称为合瓣花冠。常见合瓣花冠有以下几种:

a.漏斗状花冠:花瓣连合呈漏斗状,如牵牛、甘薯、打碗花等。

b.钟状花冠:花冠较短而广,上部扩大呈一钟形,如南瓜、桔梗等。

c.唇形花冠:花冠裂片是上下二唇,如芝麻、薄荷等。

d.筒状花冠:花冠大部分呈一管状或圆筒状,花冠裂片向上伸展,如向日葵花序中部的花。

e.舌状花冠:花冠筒较短,花冠裂片向一侧延伸呈舌状,如向日葵花序的缘花、蒲公英等一些菊科植物的花。

f.轮状花冠:花冠筒短,裂片由基部向四周扩展,如茄、常春藤等。

3)雄蕊群

雄蕊群是一朵花中雄蕊的总称,由多数或一定数目的雄蕊组成,是花的重要组成部分之一。雄蕊由花丝和花药两部分组成。花丝细长呈柄状,具有支持花药的作用,同时具有运输作用。花丝长短因植物种类而异。花药是雄蕊的主要部分,位于花丝顶端呈囊状,通常由 4 个或 2 个花粉囊组成,中间以药隔相连。花粉囊里产生许多花粉粒,花粉成熟时,花粉囊开裂,散出大量花粉。

雄蕊的数目及类型是鉴别植物种类的标志之一。雄蕊分为离生雄蕊和合生雄蕊(图 7.4、书前彩图)。

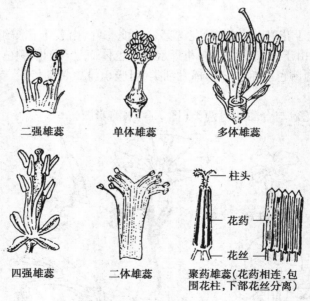

二强雄蕊　　　单体雄蕊　　　多体雄蕊

四强雄蕊　　　二体雄蕊　　　聚药雄蕊(花药相连,包围花柱,下部花丝分离)

柱头
花药
花丝

图 7.4　雄蕊的类型
(植物与植物生理,陈忠辉,2002)

(1)离生雄蕊　花中雄蕊各自分离,如蔷薇、石竹等。其中特殊的雄蕊,数目固定,有长短之分,典型的有:

①二强雄蕊　花中雄蕊 4 枚,2 长 2 短,如芝麻、益母草等。

②四强雄蕊 花中有雄蕊6枚,4长2短,如萝卜、油菜等。

(2)合生雄蕊 花中雄蕊,全部或部分合生,常见的有以下几种类型:

①单体雄蕊 花丝下部连合成筒状,花丝上部或花药仍分离,如棉花、木槿等。

②二体雄蕊 花丝连合成两组,其中9个连合,一个单生,如大豆、紫荆等。

③多体雄蕊 雄蕊多数,花丝基部合生成多束,如蓖麻、金丝桃等。

④聚药雄蕊 花丝分离,花药合生,如向日葵、菊花等。

4)雌蕊群

雌蕊位于花的中央部分。由柱头、花柱和子房3部分组成。一朵花中所有的雌蕊称为雌蕊群。雌蕊是由心皮构成的。心皮是具有生殖作用的变态叶,由心皮卷合后构成雌蕊(图7.5)。心皮的边缘互相连结处,称为腹缝线,在心皮背面的中肋(相当于叶子的中脉)处,也有一条缝线,称背缝线。

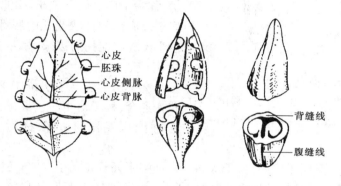

图7.5 心皮卷合成雌蕊的过程示意图

柱头位于雌蕊的顶部,是接受花粉粒的地方。花柱位于柱头和子房之间,是花粉萌发后花粉管进入子房的通道。子房是雌蕊下部膨大的部位,外部为子房壁,内具一至多个子房室,子房内着生胚珠。受精后,子房发育成果实,子房壁发育成果皮,胚珠发育成种子。

植物种类不同,其雌蕊的类型、子房的位置、胎座的类型也各不相同。

(1)雌蕊的类型 根据雌蕊中心皮的数目和离合情况,可分为以下几种类型(图7.6):

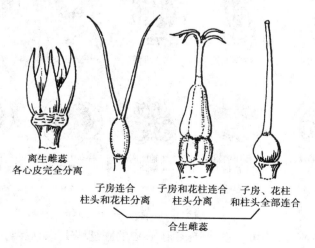

图7.6 雌蕊的类型

①单雌蕊　一朵花中的雌蕊仅由一个心皮组成，称为单雌蕊，如大豆、豌豆、蚕豆等。

②离生雌蕊　一朵花中的雌蕊由几个心皮组成，但各心皮彼此分离，每一心皮成为一个雌蕊，称为离生雌蕊，如莲、草莓、八角等。

③合生雌蕊　一朵花中由2个或2个以上心皮连合组成的一个雌蕊，称为合生雌蕊，属复雌蕊，如棉花、番茄等。

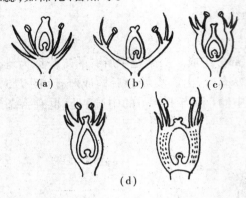

图7.7　子房的位置

(a)上位子房(下位花)；(b)上位子房(周位花)；
(c)半下位子房(周位花)；(d)下位子房(上位花)

(2)子房的位置　根据子房在花托上着生的位置和与花托连合情况，将其分为子房上位、子房下位和子房半下位3种类型(图7.7)。

①子房上位　子房仅以底部与花托相连，叫子房上位。子房上位分为两种情况：如果子房仅以底部与花托相连，而花被、雄蕊着生位置低于子房，称为子房上位下位花，如油菜、玉兰等；如果子房仅以底部和杯状花托的底部相连，花被与雄蕊着生于杯状花托的边缘，称为子房上位周位花，如桃、李等。

②子房下位　子房位于下陷的花托中，并与花托愈合，称子房下位。花的其余部分着生在子房的上面、花托的边缘，称为上位花，如苹果、南瓜、向日葵等。

③子房半下位　又叫子房中位，子房的下半部陷于杯状花托中，并与花托愈合，上半部仍露在外，花被和雄蕊着生于花托的边缘，叫中位子房，其花称为周位花，如甜菜、马齿苋等。

(3)胎座的类型　胚珠通常沿心皮的腹缝线着生于子房内，胚珠着生的部位称为胎座，胎座有以下几种类型(图7.8、书前彩图)：

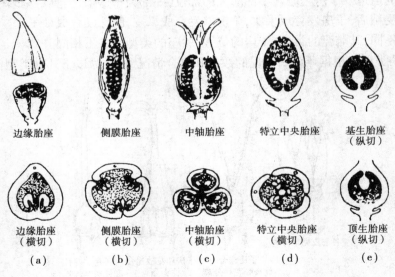

边缘胎座　侧膜胎座　中轴胎座　特立中央胎座　基生胎座(纵切)

边缘胎座(横切)　侧膜胎座(横切)　中轴胎座(横切)　特立中央胎座(横切)　顶生胎座(纵切)
(a)　　　(b)　　　(c)　　　(d)　　　(e)

图7.8　胎座的类型

①边缘胎座　单雌蕊，子房一室，胚珠生于心皮的腹缝线上，如豆类。

②侧膜胎座　合生雌蕊，子房一室或假数室，胚珠生于心皮的边缘，如油菜、黄瓜、西瓜等。

③中轴胎座　合生雌蕊,子房数室,各心皮边缘聚于中央形成中轴,胚珠生于中轴上,如苹果、柑橘、棉花等。

④特立中央胎座　合生雌蕊,子房一室或不完全数室,子房室的基部向上有一个短的中轴,但不到达子房顶,胚珠生短轴上,如石竹、马齿苋等。

⑤基生胎座和顶生胎座　胚珠生于子房室的基部(如菊科植物)或顶部(如桃、桑、梅)。

7.1.3　禾本科植物的花

禾本科植物是被子植物中的单子叶植物,如许多园林植物中的草坪草,农作物中的水稻、小麦、玉米等。它们的花与一般双子叶植物的花不同,通常由鳞片(浆片)2枚、雄蕊3枚或6枚、雌蕊1枚组成,在花的两侧还有1枚外稃和1枚内稃。鳞片是花被片的变态。外稃为花苞片的变态,其中脉常外延成芒。开花时,鳞片吸水膨胀,撑开外稃、内稃,露出花药和柱头,有利于传粉。

禾本科植物的花与内稃、外稃组成小花,再由1至数朵小花与2枚颖片组成小穗。颖片位于小穗的基部,下面的一片称第一颖(外颖),上面的一片称第二颖(内颖)。不同的禾本科植物可由许多小穗集合成不同的花序,如小麦为复穗状花序(图7.9),每个小穗有2~5朵小花,小穗基部有明显的2枚颖片,每个小花有内稃、外稃各1片,鳞片2个,雄蕊3枚,雌蕊1枚。水稻为圆锥花序,小穗有柄,每个小穗有3朵小花,但只有上部1朵小花能结实,下部2朵小花退化,各剩下1枚外稃。结实小花有外稃、内稃各1片,鳞片2个,雄蕊6枚,雌蕊1枚。玉米为雌雄同株异花,雄花序为圆锥花序,雌花序为肉穗花序,长在玉米植株的中部或中下部。

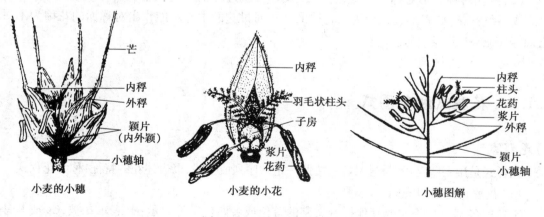

图7.9　小麦小穗的组成

7.1.4　花的类型

植物在长期的进化过程中,花的各部分发生了不同程度的变化,形成了不同的类型。一般按以下几个方面来划分:

1) 依花中有无花萼和花冠分类

（1）双被花　一朵花中有花萼和花冠的花称为双被花，如桃、杏等的花。

（2）单被花　仅有花萼无花冠或仅有花冠无花萼的花称为单被花，如玉兰、郁金香、百合、虞美人、扁蓄蓼等的花。

（3）无被花　不具花被的花称为无被花，如杨、柳的花。

（4）重瓣花　一般植物的花呈多轮排列，而且数目相对稳定。有一些植物的花常呈数轮排列且数目很多，称为重瓣花，如月季、玫瑰、碧桃、石榴、棣棠等。

2) 依花中有无雄蕊群和雌蕊群分类

（1）两性花　一朵花中同时具有雌蕊、雄蕊的花，称为两性花，如油菜、桃。

（2）单性花　一朵花中仅有雌蕊群或雄蕊群的花，称为单性花。单性花中只有雄蕊的，称为雄花；只有雌蕊的，称为雌花。雌花和雄花生于同一植株上，称为雌雄异株，如玉米、南瓜等。分别生于两个植株上，称为雌雄异株，如银杏、瓜楼等。其中只有雄花称为雄株；只有雌花的植株称为雌株；同一植株上，两性花和单性花同时存在，称为杂性同株，如柿、荔枝。两性花和单性花分别生在不同植株上，称为杂性同株，如葡萄。

（3）无性花　雄蕊和雌蕊都没有的，称为无性花或中性花，如绣球、八仙花花序周围的花、向日葵花序边缘的舌状花。

3) 依花冠是否对称分类

（1）辐射对称花　植物的花被片大小相似，通过花的中心可作几个对称面的花称为辐射对称花或整齐花，如十字形、管状、钟状、漏斗状花等。

（2）两侧对称和不对称花　花被片大小不一，通过花的中心仅能作一个对称面，称为两侧对称或不整齐花，如蝶形、唇形、舌状花冠的花。通过花的中心不能作出对称面的花称为不对称花，如美人蕉的花。

7.1.5　花程式和花图式

1) 花程式

花程式是用一些字母、符号、数字，按照一定顺序列成公式，以表述花的特征，称为花程式。

（1）花程式的书写规则

①花的各部以拉丁文或其他拼音文字的首位或者两位字母表示：P 表示花被，Ca 或 K 表示花萼，Co 或 C 表示花冠，A 表示雄蕊群，G 表示雌蕊群。

在花程式中，将花的各部代号由外向内按次序排列。

②以数字表明花的各部分数目，写于字母的右下角："∞"表示该部分数多而不定，"0"表示缺少某一部分，"＊"表示整齐花，辐射对称，"↑"表示不整齐花，两侧对称。"⚥"表示两性花，"♀"表示雌花，"♂"表示雄花。在数字外加上括弧"（ ）"表示联合，不用括弧（ ）者为分离；以箭头←表示箭头后面部分贴生在箭头前面的部分。2-3 表示该部分 2 个或 3 个，2（3）表示该部分 2 个偶有 3 个。2＋3 表示该部分共有 5 个，其中一部分为 2 个，另一部分为 3 个。G 表示子

房上位;$\overline{\underline{G}}$ 表示子房半下位;$\overline{G}$ 表示子房下位。G 的右下角 3 组数字,如 $G_{(5:5:2)}$,依次表示一朵花中组成雌蕊的心皮数、每个雌蕊的子房室数、每室的胚珠数。3 组数字之间用":"号隔开。

（2）花程式举例

①白玉兰 $* \hat{\varnothing} P_{3+3+3} A_{\infty} \quad \underline{G}_{\infty:1}$

表示白玉兰花为整齐花、两性花、单被花,由 9 枚花瓣组成花被,分 3 轮着生,每轮 3 枚;雄蕊多数;雌蕊为多数,离生心皮构成,子房上位。

②紫藤 $\uparrow \hat{\varnothing} K_{(5)} \quad C_5 A_{(9)+1} \quad \underline{G}_{1:1:\infty}$

表示紫藤的花为不整齐花;两性花;花萼 5 枚合生;花瓣 5 枚离生;雄蕊 10 枚,其中 9 枚连合,1 枚离生,为二体雄蕊;子房上位,一心皮,一室,胚珠多数。

③垂柳 $\delta K_0 C_0 A_2 G_0 \quad \varphi K_0 C_0 A_0 \underline{G}_{(2:1:\infty)}$

表示垂柳的花为单性花,雄花无花被,为 2 枚离生雄蕊;雌花也无花被,2 心皮合生,子房上位一室,具多数胚珠。

2）花图式

花图式是将花的各部分,用其横切面的简图来表示其数目、离合状态、排列情况等（图 7.10）。花图式不但表明各种花的基本特征,也可作为比较各种植物花的形态异同。

在花图式中,花轴以"O"表示,画在图解的上方,以背面有突起的新月形空心弧线表示苞片,画于花轴的对方和两侧;以新月形而背面有突起的弧线（新月形内画有横线）表示萼片;以背面没有突起的新月形弧线（实线）表示花瓣。如果花萼、花冠是离生的,则各弧线彼此不相连;如为合生则把弧线连起来。此外还要表示出花萼、花冠各轮的排列方式,如螺旋状、镊合状、覆瓦状排列,以及各轮的相对位置（对生或互生）。雄蕊以花药横切面表示,雌蕊以子房的横切面表示,并表示心皮的数目、合生或离生、子房室数、胎座类型以及胚珠着生情况等（图 7.10）。

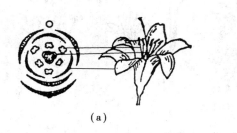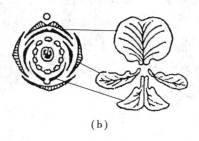

（a）   （b）

图 7.10 花图式
（a）百合；（b）蚕豆

7.1.6 花序

一朵花单独着生于叶腋或枝顶,称为单生花,如桃、芍药、荷花等。许多花着生在一个分枝或不分枝的总花柄（花轴）上,就形成花序。花在花轴上有规律的排列方式,称为花序。

根据花序上小花的开花顺序及开花时花轴能否继续进行顶端生长,可将其分为无限花序和有限花序。

（1）无限花序　无限花序又称为总状类花序，又叫向心花序。花由花序轴的下部先开，渐及上部，花序轴顶端可以继续生长；或花序轴较短时，自外向内逐渐开放的均属无限花序。无限花序常见有以下几种类型（图7.11）：

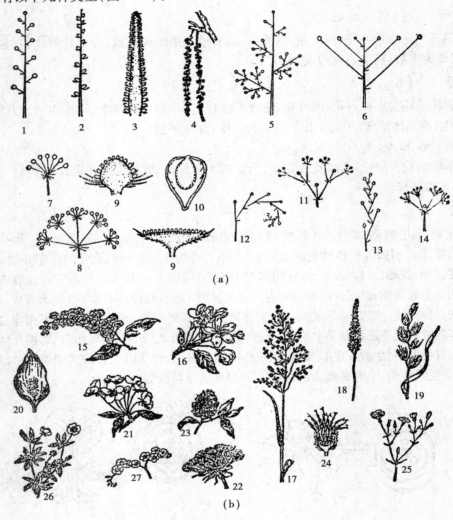

（a）

（b）

图7.11　花序的类型

（植物与植物生理，陈忠辉，2002）

（a）花序图式

1.总状花序　2.穗状花序　3.肉穗花序　4.柔荑花序　5.圆锥花序　6.伞房花序
7.伞形花序　8.复伞形花序　9.头状花序　10.隐头花序　11～14.聚伞花序

（b）花序

15.稠李　16.梨　17.早熟禾　18.车前　19.黑麦草　20.水芋　21.樱桃
22.胡萝卜　23.三叶草　24.牛蒡　25.石竹　26.委陵菜　27.勿忘草

①总状花序　花轴较长，自下而上依次着生有近等长的两性花，如油菜、萝卜、甘蓝、白菜等。

②穗状花序　花序长，花轴直立，其上着生许多无柄或短柄的两性花，如车前、马鞭草等。

③伞房花序　花有柄但不等长,下部的花柄长,上部的花柄渐短,全部花排列近于一个平面,如梨、苹果、山楂等。

④伞形花序　花轴顶端集生很多花柄近于等长的花,全部花排列成圆顶状,形如张开的伞,开花顺序是由外向内,如葱、韭等。

⑤柔荑花序　单性花排列于一细长而柔软下垂的花轴上,开花后整个花序一起脱落,如杨、柳、胡桃的雄花序。

⑥头状花序　花轴极度缩短而膨大,扁形铺展或隆起,各苞叶常集成总苞,如菊科植物。

⑦隐头花序　花序轴顶端膨大,中央凹陷状,许多无柄或短柄花,全部隐藏于囊内,如无花果。

⑧肉穗花序　穗状花序的花轴膨大呈棒状,花穗基部常为总苞所包围,如玉米的雌花序。

⑨复合花序　以上所述的花序,花轴不分枝,而有些植物的花序轴具分枝,每一分枝相当于上述的某一种花序,故称为复合花序。复合花序常见的有以下几种类型:

a.复总状花序:又称圆锥花序。在花轴上分生许多小枝,每小枝自成一总状花序,如南天竹、丁香、丝兰等。

b.复穗状花序:花轴分枝,每小枝均为穗状花序,如小麦、大麦等。

c.复伞形花序:花轴顶端分枝,每一分枝为一伞形花序,称为复伞形花序,如胡萝卜、小茴香等。

d.复伞房花序:花序轴的分枝成伞房状排列,每一分枝又自成一伞房花序,如花楸。

e.复头状花序:单头状花序上有分枝,各分枝又自成一头状花序,如合头菊。

(2)有限花序　有限花序也叫聚伞花序。有限花序的花轴顶端的花先开放,花轴顶端不再向上产生新的花芽,而是由顶花下部分化形成新的花芽,因而有限花序的花开放顺序是从上向下或从内向外。有限花序可分为以下几种类型:

①单歧聚伞花序　主轴顶端先生一花,其下形成一侧枝,在枝端又生一花,如此反复,形成一合轴分枝的花序轴。根据分枝排列的方式,分为蝎尾状聚伞花序,如唐菖蒲;螺旋状聚伞花序,如勿忘草等。

②二歧聚伞花序(歧伞花序)　是主轴顶端花下分出两个分枝,如此反复分枝,如石竹、卷耳、王不留行等。

③多歧聚伞花序　主轴顶花下分出 3 个以上的分枝,各分枝又形成一小的聚伞花序,如藜、大戟、泽漆等。

7.2　花药和花粉粒的发育和构造

7.2.1　花药的发育与结构

1)花药的发育

幼小的花药由一团具有分裂能力的细胞组成,随着花药的发育,形成具有四棱形的花药,其外为一层表皮细胞,在 4 个角隅处的表皮以内形成 4 组孢原细胞。这些细胞核较大,细胞质浓。孢原细胞进行平周分裂,形成两层细胞,外层叫周缘细胞(也叫壁细胞),内层为造孢细胞。周缘细胞再经分裂,由外向内形成纤维层、中层和绒毡层,与表皮共同组成花粉囊的壁。随着花粉

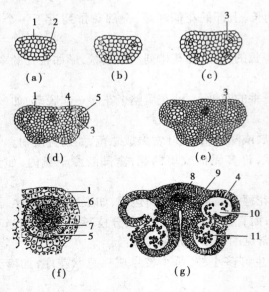

图 7.12　花药的发育与结构
（植物学，傅承新，2002）

(a)～(e)花药的发育过程；(f)一个花粉囊放大，
示花粉母细胞；(g)已开裂的花药，示花药的构造

1. 表皮　2. 孢原细胞　3. 造孢细胞　4. 纤维层
5. 绒毡层　6. 中层　7. 花粉母细胞　8. 药隔
维管束　9. 药隔基本组织　10. 花粉　11. 表皮

母细胞和花粉粒的进一步发育，中层和绒毡层逐渐解体，解体后的成分作为营养物质被吸收（图 7.12）。

在周缘细胞分化的同时，造孢细胞也进行分裂，形成大量花粉母细胞（小孢子母细胞），每个花粉母细胞经过减数分裂产生 4 个子细胞，每个子细胞染色体数目是花粉母细胞的一半。这 4 个子细胞，起初是连在一起的，叫四分体。不久，这 4 个细胞分离，最后发育成单核花粉粒（小孢子）。单核花粉粒进一步发育为成熟的花粉粒。

2）花药的结构

雄蕊由花药和花丝两部分组成。花丝一般细长，由一层角质化的表皮细胞包围着花丝的薄壁组织，中央是维管束。花丝的功能是支持花药，使花药在空间伸展，有利于花药的传粉。花药是雄蕊的主要部分，通常有 4 个花粉囊分为左右两半，花药中间由药隔相连，药隔由药隔基本组织和维管束组成，药隔维管束与花丝维管束相通，并向花药运输营养物质。花粉囊由花粉囊壁，花粉囊室组成，花粉囊壁由表皮、纤维层、中层组成，花粉囊有大量的花粉粒，花粉粒发育成熟后，花粉囊壁开裂，散出花粉粒。

7.2.2　花粉粒的发育和构造

（1）花粉粒的发育　经过减数分裂产生的单核花粉粒，壁薄、质浓，核位于中央。它们从绒毡层细胞中不断吸取营养而增大体积，随着体积逐渐增大，细胞中产生液泡并逐渐形成中央大液泡，使核由中央移向一侧。接着进行一次有丝分裂，形成大小不同的两个细胞，大的为营养细胞，小的为生殖细胞。生殖细胞为纺锤形，核大，只有少量的细胞质，游离在营养细胞的细胞质中。被子植物约有 70% 的花粉粒成熟时只有营养细胞和生殖细胞，如大豆、百合，此时称为两核花粉粒。两核花粉粒形成后，花粉囊开裂散粉，在花粉管中生殖细胞再经有丝分裂产生两个精子。还有一些被子植物的花粉形成二核花粉粒后，生殖细胞接着又进行一次有丝分裂，由一个生殖细胞产生 2 个精细胞（雄配子），这时的花粉粒具有 1 个营养核和 2 个精细胞，称为三核花粉粒（图 7.13）。此时，花粉粒成熟，花粉囊开裂散粉，如玉米、小麦、向日葵等。

在减数分裂期间，由于在短期内形成大量的新细胞，因此对环境条件很敏感，如遇低温、干旱、光照和营养条件不良，常影响减数分裂的进行，甚至不能正常形成花粉粒。

（2）花粉粒的构造　成熟的花粉粒有两层壁，内壁较薄软而具有弹性；外壁较厚，一般不透明，缺乏弹性而较硬。由于花粉粒外壁增厚不均匀，在没有加厚的地方常形成萌发孔或萌发沟。

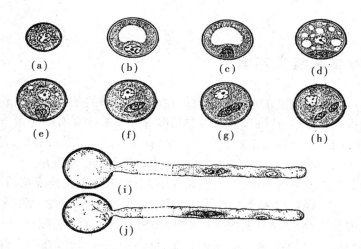

图7.13　花粉粒的发育与花粉管的形成

（植物学，傅承新，2002）

（a）～（h）花粉粒的发育过程；（i）～（j）花粉管的形成

当花粉粒萌发时，花粉管便从萌发孔伸长（图7.14），形成花粉管。

不同植物花粉粒外壁表层常呈固定的形状和花纹，花粉粒的形状、大小、颜色、花纹和萌发孔的数目各不相同，可作为鉴别植物的特征。如水稻、玉米等禾谷类作物的花粉粒为圆形，一般具有一个萌发孔；棉花花粉粒为球形，乳白色，其上有8～10个萌发孔，外壁具有钝刺状突起等。

（3）花粉粒的生活力　花粉粒的生活力是指花粉粒能够萌发长出花粉管的能力。花粉粒生活力的长短，既决定于植物的遗传性，又受到环境因素的影响。花粉的寿命因植物种类而异，多数植物的花粉从花粉散出后只能活几小时、几天或几周。一般木本植物花粉的寿命较草本植物的长，如在干燥、凉爽的条件下，苹果的花粉能存活10～70 d，柑橘的可存活40～50 d，麻栎的可存活1年。

花粉粒的生活力也与花粉粒的类型有关，通常三核花粉粒的生活力较二核花粉粒的生活力低，不易贮存，对外界不良环境的抵抗力差。

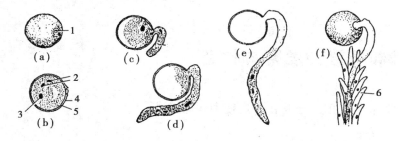

图7.14　水稻花粉粒的构造及萌发

（植物学，傅承新，2002）

1.萌发孔　2.精子　3.营养细胞核　4.花粉外壁　5.花粉内壁　6.柱头

7.2.3　花粉败育和雄性不育

花药成熟后，一般都能散出正常的花粉粒。在低温、干旱的条件下能引起植物的花粉不能正常发育，起不到生殖的作用，这一现象称为花粉败育。花粉败育有的是由于花粉母细胞不能正常进行减数分裂，因而不能形成正常发育的花粉；有的是由于减数分裂后，花粉停留在单核或双核阶段，不能产生精细胞；也有的因营养不良，导致花粉不能正常发育。

另外，由于内部生理或遗传原因，在自然条件下，个别植物的花药或花粉不能正常发育，成为畸形或完全退化，这一现象称为雄性不育。雄性不育可表现为3种类型：一是花药退化，花药全部干瘪，仅花丝部分残存；二是花药内不产生花粉；三是产生的花粉败育。

雄性不育这种特性在作物育种上有重要意义，可利用这一特性，在杂交育种时可免去人工去雄，节省大量的人力物力。在生产上还可利用药剂处理，使正常发育的花药和花粉受到阻碍，失去产生正常花粉或精子的作用，叫作药物杀雄。2,4-D、萘乙酸、赤霉素、秋水仙素、乙烯利（2-氯乙基磷酸）等都有杀雄的作用。

现将花药与花粉发育过程表解如下：

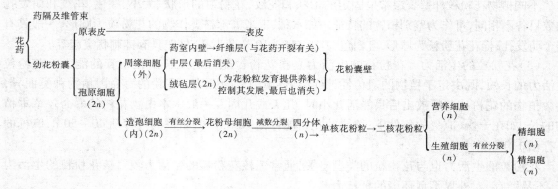

7.3　胚珠和胚囊的发育与构造

雌蕊的主要部分是子房，子房由子房壁和胚珠组成。

7.3.1　胚珠的发育和结构

胚珠着生于子房内壁的胎座上，受精后的胚珠发育成种子。一个成熟的胚珠由珠被、珠孔、珠柄、珠心及合点等部分组成。随着雌蕊的发育，在子房内壁的胎座上产生一团突起，称为胚珠原基，其前端发育形成珠心，基部发育成珠柄，珠柄中有维管束，沟通子房与胚珠的物质运输。由于珠心基部外围细胞分裂快，后来珠心基部很快形成了包围珠心的珠被，珠被一层或两层。

如向日葵、胡桃、辣椒等仅具有一层珠被,而小麦、水稻、油菜、百合等为两层珠被,内层为内珠被,外层为外珠被。在珠被形成过程中,在珠心最前端留下一条未愈合的孔道即珠孔。与珠孔相对的一端,珠柄、珠被与珠心结合的部位称合点。在胚珠的发育过程中,由于珠柄和其他各部分的生长速度不均等,使胚珠在珠柄上着生方式也不同,而形成直生、倒生、弯生、横生等类型(图7.15、书前彩图)。

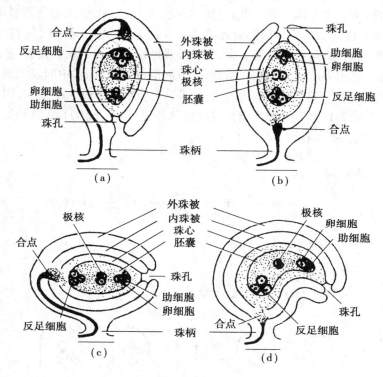

图7.15 胚珠的结构和类型

(植物与植物生理,陈忠辉,2002)

(a)倒生胚珠;(b)直生胚珠;(c)横生胚珠;(d)弯生胚珠

(1)直生胚珠 胚珠直立,珠孔、合点和珠柄在一条直线上,珠孔位于珠柄对立的一端,如荞麦、胡桃等。

(2)倒生胚珠 胚珠呈180°倒转,珠孔向下,珠心与珠柄几乎平行,并且珠柄与靠近它的珠被贴生,如百合、向日葵、稻、瓜等。

(3)弯生胚珠 珠孔向下,但合点和珠孔的连线呈弧形,珠心和珠被弯曲,如油菜、柑橘、蚕豆等。

(4)横生胚珠 胚珠全部横向弯曲,合点与珠孔在一条直线上,二者的连接线与珠柄垂直,如锦葵。

7.3.2 胚囊的发育与构造

胚囊发生于珠心组织中,在胚珠发育的同时,珠心内部也发生变化。最初珠心是一团相似的薄壁细胞,随后,在靠近珠孔端的珠心表皮下,分化出一个体积较大、细胞质较浓、核也较大的细胞,称孢原细胞。孢原细胞的发育形式随植物而异。棉花等大多数被子植物的孢原细胞,经分裂成为两个细胞,靠近珠孔的一个是周缘细胞,内侧的一个称为造孢细胞。周缘细胞进行平周分裂,形成多层珠心细胞;而造孢细胞发育成胚囊母细胞(又称大孢子母细胞),如水稻、小麦、百合等,其孢原细胞直接长大形成胚囊母细胞。胚囊母细胞接着进行减数分裂,形成四分体,其染色体数目减半。四分体排成一纵行,其中靠近珠孔的3个子细胞逐渐退化消失,仅合点端的一个发育为单核胚囊。然后单核胚囊连续进行3次有丝分裂,第一次分裂形成2个子核,分别移向胚囊细胞的两端,再各自分裂2次,结果胚囊两端各有4个核。接着,各有一个核向胚囊中部靠拢,这两个核称为极核。近珠孔端的3个核,形成3个细胞,中间较大的一个是卵细胞(雌配子),两边较小的2个是助细胞。靠近合点端的3个核也形成3个细胞,叫反足细胞。至此,由单核胚囊发育成为具有7个细胞或8核的成熟胚囊(雌配子体)(图7.16)。

　　现将胚囊的发育过程表解如下:

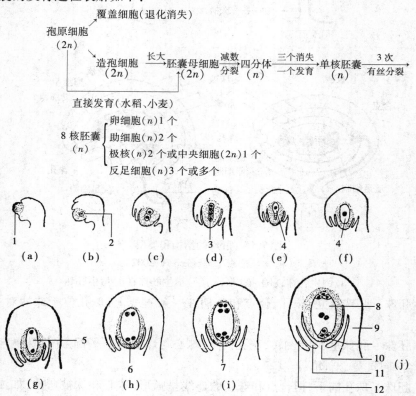

图7.16　胚珠和胚囊的发育过程模式图

(植物与植物生理,陈忠辉,2002)

(a)内珠被逐渐形成;(b)外珠被出现;

(c)~(e)胚囊母细胞经过减数分裂成为4个细胞,其中3个开始消失,一个长大

成为胚囊;(f)单核胚囊;(g)二核胚囊;(h)四核胚囊;(i)八核胚囊;(j)成熟胚囊

1.珠心　2.大孢子母细胞　3.大孢子四分体　4.具有作用的大孢子　5.二核胚囊

6.四核胚囊　7.八核胚囊　8.成熟胚囊　9.珠柄　10.珠心　11.内珠被　12.外珠被

7.4　开花、传粉和受精

7.4.1　开花

（1）开花　当植物生长发育到一定阶段,雄蕊的花粉粒和雌蕊的胚囊达到成熟或两者之一成熟时,花被展开,露出雌、雄蕊的现象,叫开花。开花是被子植物生活史上的一个重要阶段,除少数闭花授粉的植物外,开花是绝大多数植物性成熟的标志。

（2）植物的开花习性　各种植物有不同的开花习性,一、二年生的植物,一般生长几个月就能开花,一生中仅开花一次,开花结实后整株枯死。多年生植物在达到开花年龄后,每年都能开花;也有少数多年生植物,一生只开一次花,开花后即死亡,如竹子。一般的植物,一年开花一次,枣树、茉莉、凤尾兰等一年开花多次。一般植物大多先展叶后开花,而在冬季和早春开花的植物,先花后叶或花叶同放的现象也很常见。一朵花从开放至凋谢的时间一般都很短,如昙花仅能维持几小时,故有昙花一现之说。但在热带地区某些兰花,一朵花可连续开放 1~2 个月。桃花开花时间集中,观花的时间就很短;月季等植物逐月都能开花,观赏期就很长。大多数植物都在白天开花,如牵牛花等,而紫茉莉在傍晚开花。

（3）开花期　植株从第一朵花开放到最后一朵花开完所持续的时间,称为开花期。在某一地区,各种植物都有其相对稳定的开花期。“九九杨落地,十九杏花开”就是指黄河中下游地区杨树和杏树的开花期。长江中、下游地区 1 年 12 个月都有代表性的花木开花,如正月梅花、二月杏花、三月桃花、四月牡丹、五月石榴、六月荷花、七月凤仙、八月桂花、九月芙蓉、十月菊花、十一月腊梅、十二月水仙等（均以农历为准）。掌握植物的开花习性,不但能巧妙地布置园林植物,达到四季开花的目的,而且在杂交育种中也有重要的指导意义。

植物的开花期有长有短,各种植物的开花期长短与植物的特性和所处的环境条件有关。一般小麦为 3~6 d,苹果、梨为 6~12 d,油菜为 20~40 d,棉花为 90~120 d,月季、棣棠花期半年左右,而花烛（红掌）全年开花。

7.4.2　传粉

成熟的花粉借助外力的作用,落到雌蕊柱头上的过程称为传粉。植物的传粉方式有自花传粉和异花传粉,两种方式在自然界都普遍存在（图 7.17）。

1）传粉方式

（1）自花传粉　成熟的花粉粒落到同一朵花的柱头上称为自花传粉。但在生产上常把同株（异花）间的传粉也称为自花传粉。自花传粉植物是两性花;雌、雄蕊同时成熟;柱头对接受自身花粉无障碍。

闭花传粉,是自花传粉的一种特例,即花被尚未展开之前已完成了传粉过程。如凤仙花属、酢浆草属、堇菜属等植物,以及农作物中的大麦、豌豆等。

（2）异花传粉　不同花朵之间的传粉称为异花传粉。但在生产上,常将不同植株间的传粉

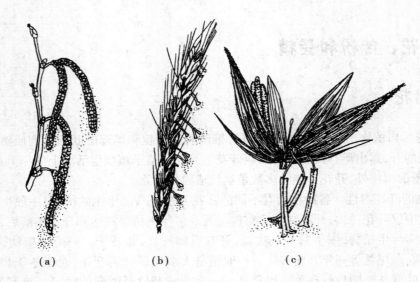

图 7.17　风媒传粉

(a)榛属花枝,雄花序散出花粉;(b)黑麦开花期的复穗状花序;(c)雄蕊从小花中伸出散粉

（引自 Ncanh）

或不同品种间的传粉称为异花传粉。单性花及两性花中雌雄蕊异长、雌雄蕊异熟等均为植物适应异花传粉的特性。

2）传粉媒介

根据异花传粉的媒介不同,可将其分为以下几种类型：

(1)风媒花　植物进行异花传粉时,花粉需要借助风或昆虫等外力才能传到雌蕊的柱头上。借助风力传粉的植物称风媒植物,它们的花称风媒花(图 7.17)。风媒花一般不具鲜艳的色彩、香味及蜜腺。花粉粒数量多而体积小,表面常光滑,以便风力传播。风媒花的柱头往往扩展成羽毛状,以便有较大的表面积从风中捕获花粉,如小麦、水稻等。

(2)虫媒花　利用昆虫(蜜蜂、蝴蝶、蛾和蚁)进行传粉的植物称虫媒植物,它们的花称虫媒花(图 7.18)。虫媒花常以其鲜艳的色彩,特殊的香味、甜味,或内分泌腺分泌糖类等方式诱引昆虫。虫媒花的花粉较大,表面不平,具各种沟纹、突起或刺,甚至黏着成块,便于附着在昆虫上。在花的构造上,也常有适应于某种昆虫传粉的一些特殊结构。一般来说,每种虫媒植物对于传粉的昆虫具有选择性,表现出植物与昆虫之间的生态适应。

除风媒和虫媒外,还有借流水或特殊的鸟类进行传粉的。

从生物学意义上来说,异花传粉比自花传粉产生的后代具有优越性。因为自花传粉时,卵和精子产生于同一植物体或生活于基本相同的环境条件下,它们的遗传性差异较小,结合后产生的后代,其生活力和对环境的适应性也较差。而异花传粉时,由于卵和精子来自不同的植物体,分别在不同的环境中产生,差异性较大,由此结合产生的后代具有生命力强、适应性广等特点。

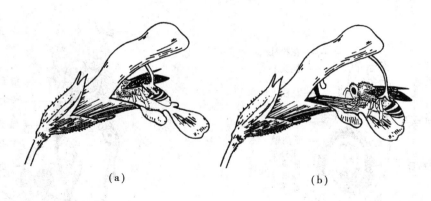

图7.18 虫媒传粉
(a)蜜蜂进入鼠尾草属的花冠中,背部接触花药;
(b)开花后,花柱与柱头下垂,另一只蜜蜂进入花中

7.4.3 受精

精细胞和卵细胞互相融合的过程称为受精。被子植物的卵细胞位于胚囊内,传到柱头上的花粉,必须萌发成花粉管,把精子送到胚囊中去,才能受精。

(1)花粉粒的萌发和花粉管的伸长 成熟的花粉粒落在雌蕊的柱头上,柱头分泌液有激活花粉的作用。花粉被激活后吸水膨胀,呼吸作用加强,花粉粒的内压升高,内壁从萌发孔内突出,并继续生长成为花粉管。萌发后的花粉管进入柱头,穿过花柱组织而到达子房。

当花粉粒萌发和花粉管生长时,如为三核花粉粒,则1个营养核和2个精子都进入花粉管内。如为二核花粉粒,则营养核和生殖细胞进入花粉管内,生殖细胞在花粉管内分裂一次,形成2个精子。花粉管到达子房后沿子房内壁向1个胚珠伸进,通常是从珠孔经过珠心而进入胚囊。

不同的植物,甚至同一植株的不同花朵,其柱头的分泌物也不同,这样,就导致了亲缘关系较远的花粉不能萌发,而与自己同类或同种植物的花粉能顺利萌发。有的植物的柱头分泌物不能使自己同一朵花的花粉萌发,或者是抑制花粉萌发的速度,从而保证了异花传粉的顺利进行。

(2)受精过程 当花粉管进入胚囊后,花粉管顶端的壁溶解,管内的内含物包括营养核和两个精子进入胚囊。进入胚囊的营养核很快解体,两个精子中的1个与卵细胞融合成为合子(受精卵),将来发育成胚;另一个精子与2个极核融合成为初生胚乳核,将来发育成胚乳。同时,珠被逐渐发育成种皮,这样胚珠就逐渐发育成种子。受精后胚囊内的反足细胞和助细胞消失,被子植物的2个精子分别与卵和极核结合的过程,称为双受精作用(图7.19、书前彩图)。双受精作用是被子植物有性生殖所特有的现象。

(3)双受精作用的意义 双受精作用在遗传上具有重要意义。由于精子和卵细胞的融合,就把父母本的遗传物质融合成具有双重遗传性的合子,由2个单倍体变成1个二倍体,恢复了各种植物体原有的染色体数目,保持了物种在遗传上的稳定性,所以有性生殖产生的下一代植株,能较广泛地适应于不同的环境和具有较强的生活力。此外,另一个精子与2个极核融合,形成三倍体的胚乳,同样结合了父母本的遗传性,生理上更为活跃,并作为营养物质将在胚的发育

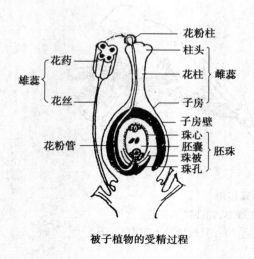

被子植物的受精过程

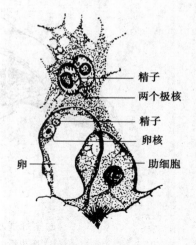

棉花的双受精(示胚囊内的一部分)

图7.19　双受精过程

中被吸收,这样子代的变异性就更大,生活力更强,适应性更广。所以双受精过程是植物界有性生殖过程最高级的形式,也是被子植物在植物界繁荣昌盛的重要原因之一。

7.5　种子和果实的发育

7.5.1　种子的发育

种子的结构包括种皮、胚、胚乳3个部分。被子植物在完成双受精作用后,花的各部分发生了很大的变化,花冠脱落、花萼脱落或宿存、雄蕊和雌蕊的柱头与花柱等逐渐枯萎脱落,最后子房发育成果实,子房内的胚珠发育成种子。种子的胚由受精卵(合子)发育而成,受精后极核即初生胚乳核发育成胚乳,珠被发育成种皮。大部分植物的珠心部分在种子形成过程中被吸收、利用。也有少数植物的珠心继续发育,直到种子成熟后而成为外胚乳。胚、胚乳(或无)和种皮是种子的3个重要部分。虽然种子的大小、形状以及内部的构造有所不同,但它们的发育过程基本相同。

1)胚的发育

胚是卵细胞受精后由合子发育而来,受精之后,合子通常有一个休眠期,然后才进行分裂。不同植物合子的休眠期长短不同,一般要几小时到数天,如水稻为4~6 h,小麦为16~18 h,棉花为2~3 d,苹果为5~6 d,茶树则长达5~6个月。合子的第一次分裂,一般是一次不均等的横分裂,结果形成两个异质的细胞,靠近合点端的一个细胞较小,叫顶细胞,其细胞质较浓;靠近珠孔端的一个细胞较大,叫基细胞,细胞质较稀薄,具有较大的液泡,此后,由顶细胞进行多次分裂形成胚体,基细胞则经分裂或不分裂形成胚柄。

现以荠菜为例,说明双子叶植物胚的发育过程(图7.20、书前彩图)。

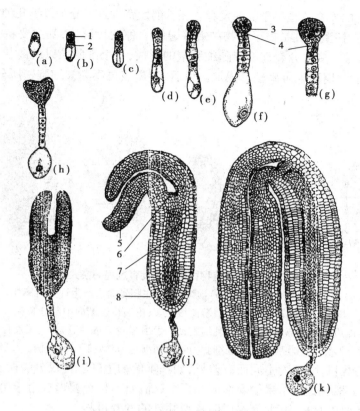

图7.20　荠菜胚的发育过程

（a）合子；（b）二细胞原胚；（c）基细胞分裂为二细胞胚柄,顶细胞纵裂
为二分体胚体；（d）四分体胚体；（e）八分体胚体；（f）～（g）球形胚体；
（h）心形胚体；（i）鱼雷形胚体；（j）～（k）马蹄形胚体

1.顶细胞　2.基细胞　3.胚体　4.胚柄　5.子叶　6.胚芽　7.胚轴
8.胚根期四细胞期　9.球形胚期　10.心形胚期　11.鱼雷形胚期　12.成熟胚期

胚是由合子发育而来的,合子是胚的第一个细胞。卵细胞受精成为合子,经过短暂的休眠后,经不均等横裂,形成基细胞和顶细胞。基细胞略大,以后再进行分裂,成为胚柄。顶细胞是胚的前身,经多次分裂后,先形成球形胚,在球形胚分裂分化的同时,由基细胞进行几次横分裂,形成由6～10个细胞组成的单列细胞结构的胚柄。在进一步的分裂过程中,胚柄最末端(珠孔端)的一个细胞通常不分裂,并膨大成泡状。

球形胚的后期,由于胚顶端两侧的细胞分裂快,于是形成两个形状与大小相似的突起,叫子叶原基,此时胚变成心脏形(也称心形胚),以后子叶原基发育成子叶;胚柄与球形胚体连接的细胞也不断分裂分化,形成胚根;而胚根与胚芽之间的部分则分化成胚轴;在子叶间的凹陷部分逐渐分化出胚芽;同时,由于胚轴和子叶的伸长,胚呈鱼雷形。最后,子叶进一步伸长,并顺着胚囊弯曲,形成马蹄形的成熟胚,胚柄退化消失。

2）胚乳的发育

被子植物的胚乳是中央细胞的2个极核与1个精细胞融合后发育而成的,因此是三倍体。融合后的初生胚乳核通常没有休眠期,随即进行第一次分裂,所以初生胚乳核的分裂早于合子的

分裂,也就是说胚乳的发育总是早于胚的发育。胚乳的发育方式可分为以下几种类型:

(1)核型胚乳　核型胚乳是被子植物中最普遍的一种发育形式,其主要特征是初生胚乳核的第一次分裂和以后的多次分裂都不伴随细胞壁的形成,各个细胞核以游离状态分布在同一细胞的细胞质中,这一时期称为游离核形成期。以后,游离核再逐渐被细胞壁所分隔,形成胚乳细胞(图7.21)。

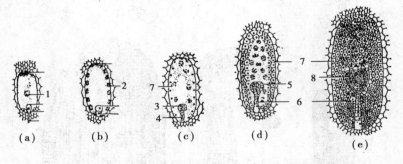

图7.21　双子叶植物核型胚乳发育过程的模式图

(a)初生胚乳核开始发育;(b)继续分裂,在胚囊周边产生许多游离核,
同时受精卵开始发育;(c)游离核更多,由边缘逐渐向中部分布;
(d)由边缘向中部逐渐产生胚乳细胞;(e)胚乳发育完成,胚仍在继续发育中

1.初生胚乳核　2.分裂的胚乳核　3.胚细胞　4.胚柄细胞　5.原胚　6.胚柄　7.胚乳　8.幼胚

胚乳游离核的数目,随植物不同而有差异,如咖啡的初生胚乳核仅分裂两次,即四核阶段便形成胚乳细胞壁;水稻、柑橘、苹果等要形成几百个;棉、石刁柏等要形成上千个的游离核后才逐渐形成细胞壁。下面以水稻为例,简要说明核型胚乳的发育过程。

水稻初生胚乳第一次分裂后,接着每隔一段时间核即分裂一次。这样,胚乳游离核不断增多,游离核的分布均趋向胚囊边缘,其中近珠孔端和合点端较多,以后在胚囊周围由珠孔端向合点端逐渐形成胚乳细胞。胚乳细胞开始往往是单层的结构,随着果实的发育,胚囊周围的胚乳细胞不断向内分裂,层层叠加,形成许多新的胚乳细胞层。当胚乳细胞将充满胚囊时,胚囊边缘的细胞逐渐分化形成糊粉层细胞,细胞中产生特殊的颗粒状物质,即糊粉粒,而胚囊中央的胚乳细胞则逐渐出现淀粉粒,形成淀粉贮藏组织。糊粉层在胚乳中一般只有1~2层。

(2)细胞型胚乳　细胞型胚乳的发育和核型胚乳的区别是:初生胚乳核第一次分裂后随即形成细胞壁,分隔为两个胚乳细胞,以后胚乳核的每次分裂都形成细胞壁,胚乳发育过程中无游离核时期。双子叶植物中的大多数合瓣花植物(图7.22),如番茄、烟草、芝麻等,胚乳发育都属于此类。

(3)沼生目型胚乳　沼生目型胚乳的发育介于核型与细胞型之间,其特点是初生胚乳核第一次分裂后,把胚囊分隔成两室,即珠孔室(较大)和合点室(较小)。此后,每室(主要是珠孔室)分别进行几次游离核的分裂,最后珠孔端的游离核形成细胞结构,完成胚乳的发育,而合点端的细胞分裂次数较少,并一直保持游离核状态。这一类型的胚乳多限于单子叶植物中的沼生目,如慈姑、泽泻等植物的胚乳,也见于百合目,如紫萼等植物。

许多植物,如豆类、瓜类、油菜、柑橘、茶等,其初生胚乳核在形成胚乳的过程中逐渐被发育中的胚所吸收,养分被贮藏在胚的子叶里,在种子发育成熟时已无胚乳存在,故称为无胚乳种子。另一类植物,如水稻、小麦、蓖麻、番茄、桑等,则形成发达的胚乳组织,在胚乳细胞内贮藏大量的营养物质,形成有胚乳种子。

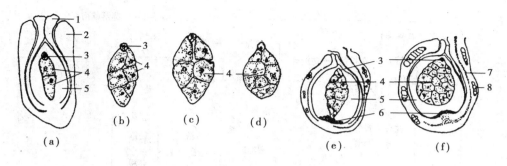

图7.22　细胞型胚乳的发育

（a）胚乳的纵切面,示合子和二细胞时期的胚乳;（b）～（d）胚乳发育的各期,示胚乳细胞;

（e）～（f）胚乳纵切,示胚乳继续发育,胚乳细胞增多,但合子仍示开始分裂

1.内珠被　2.外珠被　3.合子　4.二细胞胚乳　5.珠心

6.退化的珠心　7.通向胚珠的维管束　8.含油细胞群

（4）外胚乳　　由于胚和胚乳的发育,胚囊体积不断扩大,胚囊外围的珠心组织遭到破坏,最后被胚和胚乳吸收,故在大多数植物成熟的种子中没有珠心组织。但少数植物的珠心组织始终存在,并能够随种子的发育而形成一种类似胚乳的营养贮藏组织,称为外胚乳。例如,菠菜、甜菜、咖啡等成熟种子中就有外胚乳;胡椒、姜等成熟种子中既有胚乳又有外胚乳。胚乳和外胚乳同样储藏着胚发育所需的营养物质。

3）种皮的发育

随着胚和胚乳的发育,珠被也同时发育成为种皮,对种子起保护作用。有些植物的胚珠具有两层珠被,其种皮也相应分成外种皮与内种皮,如棉、蓖麻、油菜等。有些植物的外珠被或内珠被在种子发育过程中消失,如大豆、蚕豆、南瓜等的种皮由外珠被发育而来;水稻、小麦等的种皮主要由内珠被发育而来,与果皮不易分开。有些植物的胚珠只有一层珠被,故种皮也仅有一层,如番茄、向日葵、胡桃等。

一些植物具有肉质的种皮,如玉兰的内珠被形成一保护层,外珠被则变成朱红色的肉质外种皮;石榴种子成熟时,外珠被分化成坚硬的外种皮,但其大部分表皮细胞呈辐射状延长成为囊状体,内含糖分和汁液,可以食用。肉质种皮在裸子植物中更为常见,如银杏、苏铁等的种子。

种皮上有种脐和种孔。种脐是种子成熟时,从种柄处脱落后在种子上留下的痕迹,种孔来自胚珠上的珠孔。有些植物的种皮外面,还有假种皮,它是由珠柄、胎座等组织发育而成的,如荔枝和龙眼的假种皮包于种皮之外,白色肉质,是果实的食用部分。番木瓜和苦瓜的种子外也有假种皮。有个别植物在种子一端有呈海绵状的附属物,称为种阜,如蓖麻。

现将由花至果实和种子的形成过程表解如下:

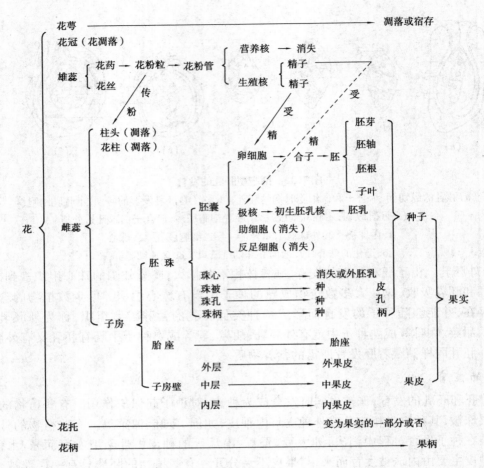

7.5.2　无融合生殖和多胚现象

（1）无融合生殖　在正常情况下，被子植物的有性生殖是经过卵细胞和精子的融合发育成胚。但有些植物，不经过精卵细胞的融合也能直接发育成胚，这类现象称无融合生殖。无融合生殖的被子植物有 36 科，300 多种植物。无融合生殖可以是卵细胞不经过受精，直接发育成胚，如蒲公英、早熟禾等，这类现象称孤雌生殖。有的是由助细胞、反足细胞或极核等非生殖细胞发育成胚，如葱、鸢尾、含羞草等，称为无配子生殖。也有的是由珠心或珠被细胞直接发育成胚，如柑属植物，称为无孢子生殖。

（2）多胚现象　一般被子植物的胚珠中只产生一个胚囊，种子内也只有一个胚。但有的植物种子中有一个以上的胚，称为多胚现象。产生多胚的原因很多，可能是胚珠中产生多个胚囊，或由珠心、助细胞、反足细胞等产生不定胚，这些不定胚还可与合子胚同时存在。此外受精卵也可能分裂成为几个胚。在柑橘中，多胚现象比较常见，多由珠心形成不定胚。

7.5.3 果实的发育与构造

（1）真果和假果　果实由子房发育而来,其中果皮由子房壁发育而成,它通常分为外果皮、中果皮、内果皮3层。油菜、柑橘、桃、茶等多数植物的果实是单纯由子房发育而成的,这类果实称为真果,多数植物的果实是真果。但有些植物,除子房壁外,还有花托、花筒,甚至花序轴也参与果实的形成,如梨、苹果、瓜类、无花果和凤梨(菠萝)等,这类果实称为假果。

下面以桃、柑橘、梨、苹果等果实为例,说明几种常见真果与假果的构造。

（2）真果的结构　真果的结构比较简单,外为果皮,内含种子。

果皮是由子房壁发育而成的,可分外果皮、中果皮和内果皮。这3层果皮的组成及其结构,因植物不同而有很大的差异。桃的果实由1个心皮的子房发育而成,其果皮能明显地分为外、中、内3层。外果皮(可剥掉的部分)由一层表皮细胞和数层厚角组织组成,表皮上还能见到气孔、角质,以及大量的表皮毛。中果皮由大型的薄壁细胞和维管束构成,肉质是食用的主要部分。内果皮细胞由许多木质化的石细胞构成,成为坚硬的核,里面含有1枚种子,这种果实称为核果(图7.23),李、杏、梅、橄榄等的果实也是核果。

柑橘的果实,外果皮坚韧、革质,由表皮层及其下面的厚角组织和薄壁组织组成,外果皮中有很多油腔分布;中果皮比较疏松,橘络就是中果皮内的维管束;内果皮膜质,由内表皮层和数层薄壁组织组成,可分为多个子房室,子房室中充满许多具柄的、纺锤形的汁囊。汁囊由子房内壁的表皮层发生,是果实的食用部分(图7.24),这一类果实称为柑果,如柚、橙等。

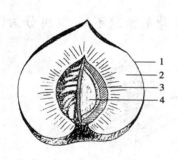

图7.23　桃果实的纵切面

（植物学,胡宝忠,2002）

1.外果皮　2.中果皮　3.内果皮　4.种子

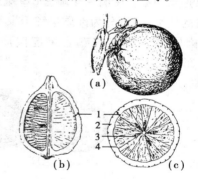

图7.24　橘类的柑果(酸橙)

（植物学,傅承新,2002）

（a）果实外形；（b）果实的纵切面；（c）果实的横切面

1.外果皮与中果皮　2.分泌囊　3.种子　4.内果皮

（3）假果的结构　假果的结构比较复杂,除由子房发育成果皮外,还有花的其他部分参与果实的形成。梨和苹果等的果实主要是由花筒发育而成,包括外、中、内3层果皮位于果实中央托杯内,仅占很少部分,其内为种子,称为梨果(图7.25)。在横切面上可区分为由子房发育而来的外果皮、中果皮和内果皮,内果皮由厚壁细胞组成,果皮内还有种子。黄瓜、南瓜等的果实也由下位子房发育而成,有花托的成分参与,属假果,但心皮和心皮外组织之间没有明显的界线,特称瓠果。

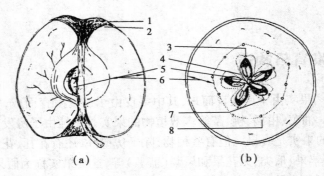

图 7.25　苹果果实的切面

（植物学,胡宝忠,2002）

1. 花萼遗迹　2. 雄蕊和花柱遗迹　3. 心皮维管束　4. 外果皮
5. 种子　6. 花筒（杯托）　7. 内果皮　8. 萼筒维管束

7.5.4　果实的类型

根据构成雌蕊的心皮数目和心皮离合的情况,以及果皮发育程度的不同,可将果实分为单果、聚合果、聚花果（复果）。

1）单果

单果是指一朵花中有一个雌蕊（单雌蕊或复雌蕊）所形成的果实,称为单果。按照单果成熟时果皮的质地,又可分为肉质果和干果两类。

（1）肉质果　果实成熟后果皮肉质多汁。依果皮变化的情况不同,又可分为以下几种（图 7.26）：

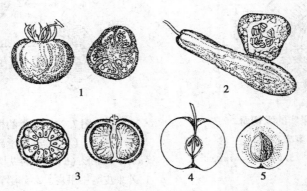

图 7.26　果实类型（肉质果的类型）

（植物学,胡宝忠,2002）

1. 浆果　2. 瓠果　3. 柑果　4. 梨果　5. 核果

①浆果　由一至多个心皮的雌蕊发育而成。外果皮薄,中、内果皮多汁,有的难分离,呈肉质化,如葡萄、番茄、柿等的果实。番茄这种浆果的胎座发达,肉质化,也是食用的部分。

②柑果　外果皮革质,有许多挥发油囊;中果皮疏松,有的与外果皮结合不易分离;内果皮呈囊瓣状,其壁上长有许多肉质的汁囊,是食用部分,如柑橘、柚等的果实。柑果为芸香科植物

所特有。

　③核果　外果皮薄,中果皮肉质,内果皮坚硬木质化成果核,多由单心皮的雌蕊形成,如桃、李、杏、梅等的果实;有的由 2~3 个心皮发育而成,如枣、橄榄等的果实;有的核果成熟后,中果皮干燥无汁,如椰子的果实。

　④瓠果　由下位子房的复雌蕊和花托共同发育而成,果实外层(花托和外果皮)坚硬,中果皮和内果皮肉质化,胎座也肉质化,如南瓜、冬瓜等瓜类的果实。西瓜的胎座特别发达,是食用的主要部分。瓠果为葫芦科植物所特有。

　⑤梨果　由下位子房的复雌蕊和花托发育而成。肉质食用的大部分"果肉"是花托形成的,只有中央的很少部分为子房形成的果皮。果皮薄,外果皮、中果皮不易区分,内果皮由木质化的厚壁细胞组成,如梨、苹果、枇杷、山楂等的果实。梨果为蔷薇科梨亚科植物所特有。

　(2)干果　果实成熟后,果皮干燥,这样的果实称为干果。成熟后果皮开裂的干果,又称裂果;成熟后果皮不开裂的干果,称闭果。

　①裂果　常见的有以下几种(图 7.27):

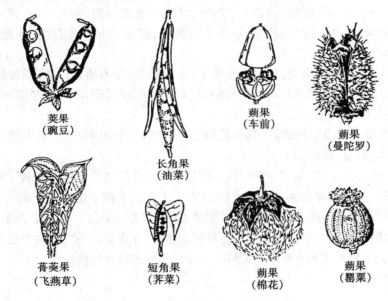

图 7.27　果实类型(裂果的类型)
(植物与植物生理,陈忠辉,2002)

　a.荚果:由单心皮的雌蕊发育而成,边缘胎座。成熟时背缝线和腹缝线同时开裂,如大豆、豌豆、蚕豆等的果实;也有不开裂的,如落花生等果实;荚果为豆科植物所特有。

　b.蓇葖果:由单心皮雌蕊发育而成。果实成熟后常在腹缝线一侧开裂(有的在背缝线开裂),如飞燕草的果实。

　c.角果:由 2 个心皮的复雌蕊发育而成,侧膜胎座,子房常因假隔膜分成两室,果实成熟后多沿 2 条腹缝线自下而上开裂。角果有的细长,称长角果,如油菜、甘蓝等的果实;有的角果呈三角形或圆球形,称短角果,如荠菜、独行菜的果实。但长角果也有不开裂的,如萝卜的果实。

　d.蒴果:由 2 个以上心皮的复雌蕊发育而成,果实成熟后有不同开裂方式:室背开裂,即沿心皮的背缝线开裂,如棉花、三色堇、胡麻(芝麻)、鸢尾等的果实;室间开裂,即沿心皮(或子房室)间的隔膜开裂,但子房室的隔膜仍与中轴连接,如牵牛等的果实;孔裂,果实成熟后,在每一心皮上方裂开一个小孔,种子从小孔中随风散出,如虞美人、金鱼草的果实;盖裂,果实成熟后,沿果实的中部或中上部作横裂,呈一盖状脱落,如马齿苋、车前草等的果实。

②闭果　常见的闭果有以下几种(图7.28):

图7.28　果实类型(闭果的主要类型)
1.向日葵的瘦果　2.栎的坚果　3.小麦的颖果　4.槭的翅果　5.胡萝卜的分果

a.瘦果:由1~3个心皮组成,内含1粒种子,果皮与种皮分离,如向日葵、荞麦等果实。

b.颖果:似瘦果,由2~3个心皮组成,含1粒种子,但果皮和种皮合生,不能分离,如稻、小麦、玉米等的果实。

c.坚果:由2~3个心皮组成,只有1粒种子,果皮坚硬,常木质化,如麻栎等的果实。

d.翅果:由2个心皮组成,瘦果状,果皮坚硬,常向外延伸成翅,有利于果实的传播,如枫杨、榆、槭树等的果实。

e.胞果:是由多心皮合成的雌蕊,具1枚种子,成熟时干燥而不开裂,果皮薄,疏松地包围种子,易与种子分离,如藜、地肤等的果实。

f.分果:由合生心皮形成,果实成熟时按心皮数分离成2至多个各含1粒种子的分果瓣,如锦葵、蜀葵等的果实。双悬果是分果的一种类型,由2个心皮的下位子房发育而成。果熟时,分离成2个悬果(小坚果),分悬于中央的细柄上,如胡萝卜、芹菜等的果实。双悬果为伞形科植物所特有。小坚果是分果的另一种类型,由2个心皮的雌蕊组成,在果实形成之前或形成中,子房分离或深凹陷成4个各含1粒种子的小坚果,如薄荷、一串红等唇形科植物的果实。

2)聚合果

由一朵花中的多数离生心皮构成的雌蕊发育而成的果实,叫聚合果。每个心皮形成一个小果,许多小果聚生在花托上(图7.29)。因小果不同可分为以下几种:

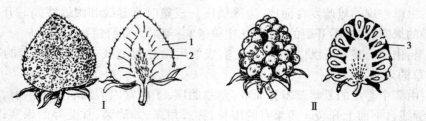

图7.29　果实类型(聚合果)
Ⅰ.草莓的聚合果(有膨大的花托转化成可食的肉质部分,每一个小果为瘦果)
Ⅱ.悬钩子的聚合果(有许多核果聚合而成)
1.瘦果　2.肉质花托　3.核果

（1）聚合蓇葖果　有许多蓇葖果聚生在同一花托上,如牡丹、玉兰、绣线菊、八角茴香等的果实。

（2）聚合瘦果　有许多瘦果聚生在突起的花托上,如草莓、毛茛、蛇莓等的果实。在蔷薇科植物中,有许多瘦果聚生在凹陷的花托中,称为蔷薇果,如金缨子、蔷薇等。

（3）聚合核果　有许多核果聚生在突起的花托上,如悬钩子的果实。

（4）聚合浆果　有许多浆果聚生在延长或不延长的花托上,如五味子等。

（5）聚合翅果　如鹅掌楸的果实。

（6）聚合坚果　如莲的果实。

3）复果

复果也称聚花果,聚花果是由整个花序形成的果实,故又称花序果或复果,如桑、无花果及菠萝（凤梨）等植物的果实（图7.30）。

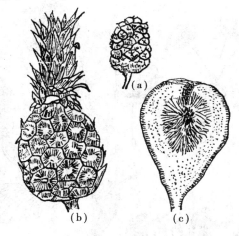

图7.30　果实类型（复果）
（a）桑葚,为多数单花所成的果实,集于花轴上,形成一个果实的单位;
（b）凤梨的果实,多汁的花轴成为果实的食用部分;
（c）无花果果实的剖面,隐头花序膨大的花序轴成为果实的可食部分

7.5.5　单性结实和无子果实

一般而言,被子植物在双受精后,子房才能发育成果实。但也有些植物不经过受精子房就发育成果实,这种现象称单性结实。单性结实的果实内不含种子或含不具胚的种子,这类果实称为无籽果实。通常单性结实是产生无籽果实的原因,但也有些植物虽然能完成受精作用,却因为胚珠的发育受到阻碍,不能产生种子,也可以形成无籽果实。

单性结实有两种情况:一种是不经传粉或其他任何刺激,子房便可膨大形成无籽果实,这种现象称为营养性单性结实,如香蕉、葡萄和柑橘等。另一种情况是子房必须经过一定的刺激才能形成无籽果实,这种现象称为刺激性单性结实。植物的单性结实,在很大程度上与子房内的植物生长激素的浓度有关。在生产上常采用一些植物生长调节剂来诱导单性结实,如采用一定浓度的2,4-D 或吲哚乙酸、萘乙酸等喷射到西瓜、番茄或葡萄的花蕾或花序上,就能诱导形成无籽果实。

7.5.6　果实和种子的传播

果实和种子成熟后,通过一定的方式传播到各处,对植物繁衍种族很有利。传播果实和种子的主要因素是风、水、动物及植物本身的力量。在长期的自然选择过程中,成熟的果实和种子往往具备各种适应传播的特征。植物果实和种子常见的传播方式有以下几种:

(1)借风力传播　适应风力传播的果实或种子,大多小而轻,或具絮毛、果翅等附属物,有利于随风飘散。如蒲公英、莴苣的果实有冠毛(图7.31),柳的种子外面有绒毛(俗称柳絮),槭树、榆树、枫杨等的果实有翅,兰科植物的种子小而轻,酸浆的果实有薄膜状的气囊,都是适合风力传播的特殊结构,这种结构都能借助于风力传播。

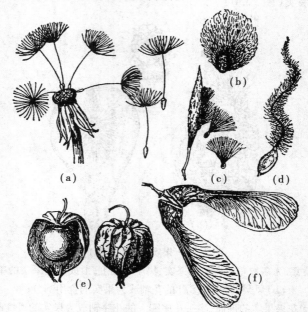

图7.31　借风力传播的果实和种子
(a)蒲公英的果实;(b)棉花的种子;(c)马利筋的种子;(d)铁钱莲的果实
(e)酸浆的果实(外边包有萼片);(f)槭树的果实(翅果)

(2)借水力传播　水生或沼生植物的果实和种子,具有漂浮的结构,能借水力传播。如莲的花托组织疏松呈海绵状形成"莲蓬",由疏松的海绵状通气组织所组成,适于在水面上漂浮传播。生长在热带海边的椰子,果实的外果皮坚实,可抵抗海水的腐蚀,中果皮呈疏松的纤维状,能借海水漂浮至远方(图7.32),一旦被冲至海岛沙滩上,只要环境适宜就能萌发生长,因此椰子树(图7.33)常成片分布于热带海边。南太平洋岛上有许多珊瑚岛,在岛上最初发现的树种就是椰子树。生长在沟渠边的很多杂草(如苋、藜)的果实,散落水中,常随水漂流至潮湿的土壤上萌发生长,这也是杂草传播的一种方式。

图7.32 借水力传播的莲的果实

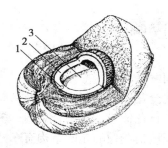

图7.33 对水力传播的适应——椰子
1.胚 2.液态胚乳 3.固态胚乳

（3）借人和动物的活动传播 不少植物的果实,成熟后色泽鲜艳,果肉甘美,人和动物食用后,种子往往具有坚硬的种皮,难以消化,故种子随粪便排出而散布到各处,这些被排出散播的种子,只要有适宜的条件仍能萌发。有些植物的果实或种子常具刺、钩或腺毛,当人和动物接触它们时,便附着于衣服或皮毛上而被携带到各处。如小槐花的果实上有刺,苜蓿的果实上有钩（图7.34）,鬼针草、窃衣、苍耳等植物的果实具钩或刺。另外,有些杂草的果实和种子,常与栽培植物同时成熟,借人类收获作物和播种活动而传播,如稻田恶性杂草——稗,往往随稻收获,随稻播种,这也是这种杂草很难防除的原因之一。

（4）借果实弹力传播 有些植物的果实,由于果皮各层细胞的含水量不同,当果实成熟干燥后,果皮各层的收缩程度也不相同,因此果实可发生爆裂而将种子弹出。如大豆、油菜等的果实;凤仙花的蒴果裂开时果皮内卷、老鹳草果实裂开时果皮向外反卷,从而将种子弹出（图7.35）;喷瓜的果实成熟时,在顶端形成一个裂孔,当果实收缩时,可将种子喷到6 m远的地方。

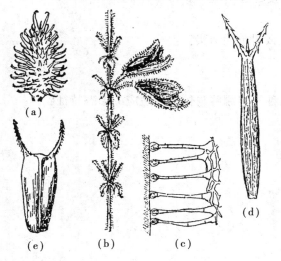

图7.34 借人类和动物传播的果实
（a）苍耳的果实;（b）鼠尾草属的一种,
萼片上有粘液腺;（c）为（b）图粘液
腺的放大;（d）,（e）两种鬼针草的果实

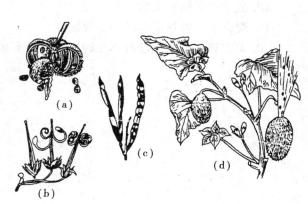

图7.35 借果实自身机械力量传播种子
（a）凤仙花果实自裂,散出种子;
（b）老鹳草果皮向外反卷,散出种子
（c）菜豆果皮开裂散出种子;
（d）喷瓜果熟后喷出浆液和种子

复习思考题

1. 名词解释：

花　完全花　两性花　无性花　雄株　雌雄同株　杂性花　花程式　花图式　花序　有限花序　自花传粉　无融合生殖　多胚现象　种子　真果

2. 被子植物典型的花的结构有哪些部分？各部分有什么作用？

3. 以油菜为例说明花芽分化的过程。

4. 绘出花冠类型、雄蕊类型的简图。

5. 说明小麦或水稻花的构造特点。

6. 说明白玉兰的花程式和花图式。

7. 无限花序有哪些基本类型？各有什么特点？

8. 简述成熟花药的基本结构。

9. 绘图并说明花粉粒的发育和构造。

10. 什么叫心皮？被子植物花中雌蕊的结构与心皮有何关系？

11. 简述胚珠的发育过程，绘图说明胚珠的结构。

12. 什么叫八核胚囊？简述其发育过程。

13. 简述了解植物的开花期和开花习性在园林绿化方面有何意义。

14. 被子植物有哪几种传粉方式？各有什么特点？

15. 试述被子植物双受精的过程及其生物学意义。

16. 试述种子的胚、胚乳的发育过程。

17. 什么是无融合生殖？什么叫多胚现象？什么叫单性结实？

18. 试述被子植物果实的类型。

19. 聚合果和聚花果有哪些主要区别？

20. 果实和种子的传播有哪几种形式？果实和种子有哪些与传播相适应的形态特征？

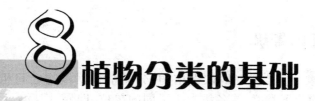

8 植物分类的基础

[本章导读]

　　本章主要讲授植物分类的方法、分类单位及命名法则,植物界的基本类群,低等植物和高等植物。低等植物主要讲述藻类、菌类、地衣的主要特点、分布、繁殖及代表植物;高等植物主要讲述苔藓、蕨类、种子植物的主要特点及代表植物,植物界的发生阶段以及被子植物进化的基本规律。通过本章的学习,使学生对植物分类的基础知识有初步的了解。

8.1　植物分类的基础知识

　　植物分类学是在人类认识植物和利用植物的社会实践中发展起来的一门科学,它的任务不但是识别植物、对植物鉴定命名,而且还要阐明植物之间的亲缘关系,建立自然分类系统。自然界的植物大约有 50 万种,人们要认识、利用、改造它们,就必须对它们进行系统分类。

8.1.1　植物分类的方法

　　我国对植物的研究历史悠久,最早的植物学专著是晋代嵇含著的《南方草木状》,书中记载的植物分为草、木、果、谷 4 章。我国明代著名的药物学家李时珍(1518—1593)著的《本草纲目》,把收集记载的 1 000 余种植物,分为木、果、草、谷、菜 5 部 30 类。瑞典植物分类学家林奈,把有花植物雄蕊的数目作为分类标准,分为一雄蕊纲、二雄蕊纲等。长期以来,人们为了使用方便,根据植物的某些形态、特征、特性和用途进行分类,这种分类方法称为人为分类法。人为分类法可将植物分为水生植物、陆生植物、木本植物、草本植物等,把栽培的作物分为粮食作物、油料作物和纤维作物。人为分类法虽然使用方便,但不能反映植物在进化过程中的亲缘关系。

　　自然分类法又称系统发育分类,是按照植物间在形态、结构、生理上的相似程度,判断其亲缘关系,再将它们分门别类形成系统。按自然分类法来分类,可以看出各种植物在分类系统上所处的位置,以及和其他植物在关系上的亲疏。在达尔文进化论的影响下出现了一些比较完善的系统,如恩格勒(Engler)分类系统(1897)、哈钦松(J. Hutchinson)分类系统(1962)、塔赫他间(A. Taxtaujqh)分类系统(1954)和克朗奎斯特(Cronquist)分类系统(1958)等。

8.1.2   植物分类的等级

为了建立自然分类系统,更好地认识植物,分类学根据植物之间相异的程度与亲缘关系,将植物分为不同的若干类群,或各级大小不同的单位,即界、门、纲、目、科、属、种,就是分类等级。种是植物分类的基本单位,由相近的种集合为属,由相近的属集合为科,依此类推。有时根据实际需要,可以划分为更细的单位,如亚门、亚纲、亚目、亚科、族、亚族、亚属、组,在种的下面又可分出亚种、变种、变型。每一种植物通过系统的分类,既可以表示出它在植物界的地位,也可以表示出它和其他植物的亲缘关系。现将植物分类的各级单位列于表8.1中。

表8.1   植物分类的基本单位

分类等级		分类举例(桃)	
中文名	拉丁名	中文名	拉丁名
界	Regnum	植物界	Plantae
门	Diviso	被子植物	Angiospermae
纲	Classis	双子叶植物纲	Dicotyledoneae
目	Order	蔷薇目	Rosales
科	Family	蔷薇科	Rosaceae
属	Genus	梅属	*Prunus*
种	Species	桃	*Prunus persia*

现以桃为例,说明分类学上的各级单位。

界   植物界   Regnum vegetable

门   被子植物门   Angiospermae

纲   双子叶植物纲   Dicotyledoneae

亚纲   离瓣花亚纲   Glunmifiorae

目   蔷薇目   Rosales

亚目   蔷薇亚目   Rosales

科   蔷薇科   Rosaceae

亚科   李亚科   Prunoideae

属   梅属   *Prunus*

亚属   桃亚属   *Amygdalus*

种   桃   *Prunus persia*

种是分类学的基本单位。一个种的所有个体具有基本相同的形态特征;各个体间能进行自然交配,产生能育的正常后代;具有相对稳定的遗传特性;占有一定的分布区和要求适合于该种生存的生态条件。

种以下还可以设立亚种(subspecies)、变种(variety)、变型(form)。

亚种:是指某种植物分布在不同地区的种群,由于受所在地区生活环境的影响,它们在形态构造或生理机能上发生了某些变化,这个种群就称为某种植物的一个亚种。

变种:在同一个生态环境中的同一个种群内,如果某个个体或由某些个体组成的小种群,在形态、分布、生态或季节上,发生了一些细微的变异,并有了稳定的遗传特性,这个个体或小种群,即称为原来种(又称为模式种)的变种。

变型:有形态变异,但没有一定的分布区,仅仅是一些零星分布的个体。

品种是栽培学上的变异类型,不属于植物自然分类系统的分类单位。在农作物和园艺植物中,通常把经过人工选择而形成的有经济价值的变异(色、香、味、形状、大小等)列为品种,品种必须具备一定的经济价值。

8.1.3 植物学名

尽管植物种类繁多,但是每种植物都有它自己的名称,同一种植物在不同的国家有不同的名称,即使在同一个国家的不同地区叫法也不一样,例如番茄,在我国南方称番茄,北方称西红柿、洋柿子。北京的玉兰,在河南称白玉兰,在浙江叫迎春花,在江西叫望春花。这种现象称为同物异名。我国叫白头翁的植物就有 10 多种,这种现象叫同名异物。由于植物种类极其繁多,叫法各异,会造成混乱现象,不利于植物的命名,更不利于在国际上的交流。因此,为了科学交流和生产使用方便,作出统一的命名是非常必要的。早在 1867 年,经德堪多(A. P. De Candollo)等人的倡议,在国际会议上制订了国际植物命名法规,规定以双名法作为植物学名的命名方法。

1753 年,瑞典分类学家林奈首创了植物双名法。双名法规定用两个拉丁单词作为植物的学名。第一个单词是属名,属名的第一个字母要大写,多为名词;第二个词为种加词,多为形容词,一律小写。但是完整的植物学名,还要求在双名之后,加上命名人的姓氏缩写(第一个字母应大写)和命名年份,但在使用时,一般将年份略去。有一些植物的学名是由两个人命名的,则应将二人的姓氏缩写字都附上,在其间加上联词"et"或"&"符号。

如月季花的学名是 *Rosa chinensis jacq* L. ,其中 *Rosa* 为属名,chinensis jacq 为种加词,后边的"L."是定名人林奈(Linnaeus)的缩写。如果是亚种、变种和变型的命名,则是在种加词后加上它们的缩写 subsp. 、var. 和 f. ,再加上亚种、变种和变型名,后边附以定名人的姓氏或姓氏缩写。例如蟠桃是桃的变种,可写为 *Prunus persica var. compressa* Bean;而红玫瑰的学名应写为 *Rosa rugosa Thumb. Var. rosea Rehd.* 。每种植物只有 1 个合法的名称,用双名法定的名,也称学名(scientific name)。

关于栽培品种,则在种后加 cv. ,然后将品种名用大写或正体字写出或不写 cv. ,而仅大写或正体写于单引号内,第一个字母要大写,其后不必附命名人。如日本的绒柏是日本花柏的一个栽培种,其学名为 Chamaecyparis Pisifera endl. cv. Spuarrosa 或 *Chamaecyparis pisifere* "Squarrosa"。中文名不叫学名,中文名中的俗名是土名,如凤仙花叫指甲草,野地黄叫蜜蜜罐,米瓦罐叫面条棵等。

8.1.4　植物分类检索表

植物检索表是植物分类中鉴定植物不可缺少的工具。植物检索表是将不同特征的植物,用对比的方法,逐步排列,进行分类,这是法国拉马克(Lamarch)倡用的二歧分类法。根据二歧分类法,可编制植物分类检索表,一般分为科、属、种3种检索表。常用的检索表有下列两种形式:

1)定距检索表

定距检索表又称等距检索表。在这种检索表中,按照植物相对立的特征,编为同样号码,在书页左边同样距离处开始描述。如此继续下去,描述行越来越短,直至追寻到检索表的最低单位为止。它的优点是将相对性质的特征都排列在同样距离,一目了然,便于应用;缺点是如果编排的种类过多,检索表势必偏斜而浪费很多篇幅。现将植物分门等距式检索表举例如下:

　1.植物体无根、茎、叶分化,不产生胚 ……………………………… 低等植物
　　2.植物体不为藻、菌共生体
　　　3.有叶绿素,自养植物 ……………………………… 藻类(Algae)
　　　3.无叶绿素,异养植物 ……………………………… 菌类(Fungi)
　　2.植物体为藻、菌共生体 ……………………………… 地衣门(Lichenes)
　1.植物体有根、茎、叶分化,产生胚 ……………………………… 高等植物
　　4.有茎、叶分化,无真正根 ……………………………… 苔藓植物门(Bryophyta)
　　4.有茎、叶分化,并出现真正根
　　　5.不产生种子,用孢子繁殖 ……………………………… 蕨类植物门(Pteridophyta)
　　　5.产生种子,用种子繁殖
　　　　6.种子或胚珠裸露 ……………………………… 裸子植物门(Gymnospermae)
　　　　6.种子或胚珠包被在果皮或子房中 ……………………………… 被子植物门(Angiospermae)

2)平行检索表

在平行检索表中,每一相对性状的描写紧紧相接,便于比较,在每一行之末,或为一学名,或为一数字。如为数字,则另起一行重新写,与另一相对性状平行排列,直至终结为止。左边数字均平头写,为平行检索表的特点。例如:

1.植物无花,无种子,以孢子繁殖 ……………………………………………… 2
1.植物有花,以种子繁殖 ………………………………………………………… 3
　2.小型绿色植物,结构简单,仅有茎、叶之分,有时仅为扁平的叶状体;不具真正的根和维管束 ……………………………… 苔藓植物门(Bryophyta)
　2.通常为中型或大型草本,很少为木本植物,分化为根、茎、叶,并有维管束 ……………………………… 蕨类植物门(Pteridophyta)
　3.胚珠裸露,不包于子房内 ……………………………… 裸子植物门(Gymnospermae)
　3.胚珠包于子房内 ……………………………… 被子植物门(Angiospermae)

植物检索表是鉴定植物的重要工具。当鉴定一种你不认识的植物时,先找一本检索表,运用科、属检索表,查出该植物所属的科、属,检索到属以后,可以借助工具书,如地方植物

志、中国高等植物图鉴等工具书,一直查到是哪一种植物。利用检索表鉴定某一种植物时,不但要有科、属、种检索表,而且还要有采集性状完整的植物标本。另外,对检索表中用到的各种植物的形态学术语应该非常熟悉,如花序的类型、子房的位置、子房的室数、花冠的排列方式、雄蕊的类型、雄蕊与花冠裂片对生或互生等,否则,容易出现偏差,很难正确地鉴定到某个种。

8.2 植物的主要类群

按照两界生物系统,植物主要包括藻类植物、菌类植物、地衣植物、苔藓植物、蕨类植物、裸子植物和被子植物,根据植物的形态结构、生活习性和亲缘关系,可将植物分为两大类 16 个门。

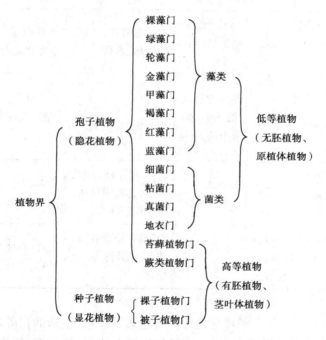

上述 16 门植物中,藻类、菌类、地衣称为低等植物,由于它们在生殖过程中不产生胚,故称为无胚植物。苔藓、蕨类、裸子植物和被子植物合称为高等植物,它们在生殖过程中产生胚,故称为有胚植物。凡是用种子繁殖的植物称为种子植物,种子植物开花结果又称为显花植物。蕨类植物和种子植物具有维管束,所以把它们称为维管束植物;藻类、菌类、地衣、苔藓植物无维管束,称为非维管束植物。苔藓、蕨类植物的雌性生殖器官为颈卵器,裸子植物中也有不退化的颈卵器,因此,三者合称为颈卵器植物。

8.2.1 低等植物

低等植物常生活在水中和阴湿的地方,是地球上出现最早最原始的类群。低等植物无根、茎、叶的分化,没有维管组织,结构简单。生殖器官常是单细胞的。有性生殖的合子,不形成胚而直接发育成新个体。

1)藻类植物

　　藻类植物有3万种以上,在整个自然界分布十分广泛,包括蓝藻、绿藻、红藻等8门。藻类植物主要区别如表8.2所示。

表8.2　主要的藻类植物
(植物与植物生理,陈忠辉,2002)

名　称	贮藏物	含有色素	藻体颜色	生　境	植物体结构	生殖方式	代表植物
蓝藻门	蓝藻淀粉	叶绿素 a藻蓝素藻红素	蓝绿色	海水淡水	单细胞、多细胞群体,无核结构	裂殖、营养、孢子	念珠藻颤藻
绿藻门	淀粉油	叶绿素 a,b叶黄素胡萝卜素	绿色	以淡水为主,兼有海水	单细胞群体、丝状、叶状体、有核	无性孢子、有性配子卵式接合	衣藻水绵
红藻门	红藻淀粉	叶绿素 a,b叶黄素胡萝卜素藻红素	红色或紫色	绝大多数在海水中,淡水中约50 种	丝状、片状、树状,多细胞,有核	无性、有性为卵配	紫菜海罗石花菜
褐藻门	褐藻淀粉甘露醇	叶绿素 a,b胡萝卜素6 种叶黄素	褐色	多淡水1/4 海水	多细胞分枝,丝状体、假薄壁组织体、薄壁组织体	营养、无性、有性有配子、卵式	海带鹿角菜
金藻门	金藻淀粉油	叶绿素 a,b胡萝卜素叶黄素	黄绿色黄色金黄色		单细胞,定形群体,或不定形群体,丝状体	无性、有性为配子、卵式	硅藻无隔藻

　　(1)一般特征　藻类植物是一群具有光合作用色素,能独立生活的自养原植体植物。藻类植物的生境绝大多数生活在淡水或海水中,少部分生活在陆地,如土壤、树皮、岩石上。藻类植物差异很大,小球藻、衣藻等必须借助于显微镜才能看到,在海洋中的巨藻可长达400 m以上。藻类对环境条件要求较宽,适应能力很强,能耐极度高温和低温,某些蓝藻、硅藻可生长在50～80 ℃的温泉中,衣藻可生长在雪峰、极地等地区,称为冰雪藻。

　　藻类植物体有多种类型,有单细胞、多细胞的群体和多细胞个体。多细胞的种类中又有丝状、片状和较复杂的构造等,但没有根、茎、叶的分化,称为叶状体植物(图8.1)。

　　藻类植物含有与高等植物相同的叶绿体色素,包括叶绿素 a、叶绿素 b、胡萝卜和叶黄素4种。还有一些特殊的藻类含有藻红素和藻蓝素等,由于叶绿素和其他色素比例不同,使藻体呈现不同的颜色。藻类植物的繁殖方式有营养繁殖、无性繁殖和有性生殖。以植物体的片断发育成新个体称为营养繁殖,由孢子发育成新个体称为无性繁殖或孢子繁殖。有性生殖是借配子结合后形成新个体,有性生殖中又有同配、异配、卵式生殖和接合生殖。

　　(2)经济用途　藻类植物可食用,如发菜、地木耳、江蓠、石花菜、海带菜、裙带菜、鹿角菜等。海带中含有碘,经常食用可有效预防和治疗甲状腺肿大。蓝藻有固氮作用,有些褐藻可用作饲料和肥料。一些海藻可以作为动物的饲料,水生动物则以一些浮生藻类为主食料。水生藻类植物在自然界中足以腐蚀岩石,促使形成土壤,其胶质能粘合砂土,改良土壤。

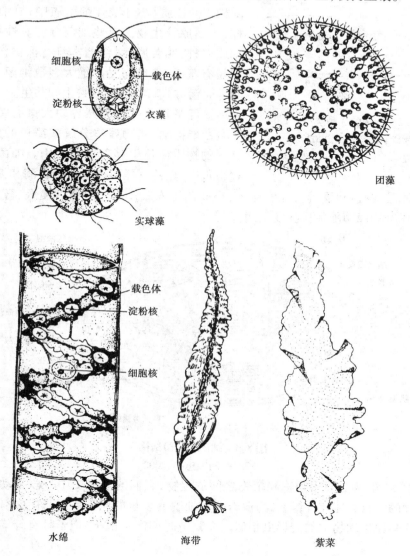

图8.1　各种主要藻类植物

2) 菌类植物

菌类植物有10万种以上,菌类植物可分为细菌门、黏菌门和真菌门。三门植物在形态、特征、繁殖和生活史上差异很大,分别介绍如下:

（1）细菌门

①一般特征　细菌是一类单细胞的原核生物。已发现的种类有2 000种以上,细菌除少数为自养外,大多数为异养。细菌一般在1 μm左右,必须染色后在显微镜下才能观察到。因为细菌微小,在水中、空气、土壤以及动植物内,都有细菌的分布。

细菌的形态有 3 种,即球状、杆状、螺旋状,对应有球菌、杆菌、螺旋菌 3 种类型(图 8.2)。

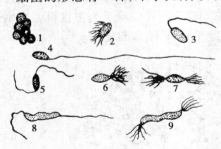

图 8.2　细菌的 3 种类型

(植物学,胡宝忠等,2002)

1. 球菌　2～7. 杆菌　8～9. 螺旋菌

细菌的结种简单,具有细胞壁、细胞膜、细胞质、核质等(图 8.3)。细菌没有真正的细胞核,只有由核酸构成的核质粒,分散在细胞质中,故细菌和蓝藻一样,均属原核生物。有些细菌分泌黏性物质,累积在细胞壁外,叫荚膜,对细菌本身有保护作用。有的细菌长有鞭毛,能够运动。绝大多数细菌不含色素,为异养生活方式,包括腐生、寄生和共生。

②经济用途　在自然界中大量的腐生细菌和腐生真菌能把动、植物残体分解成简单的无机物,在自然界的物质循环中起着重要作用。细菌在工业上用途也很广,如枯草杆菌产生的蛋白酶和淀粉酶用于皮革脱毛、丝绸脱胶、酿造啤酒等。在农业上,根瘤菌有固氮作用。细菌可使人、畜发生疾病,蔬菜、果实等农作物病原菌能使作物发生病害。

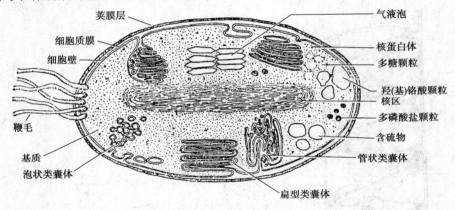

图 8.3　细菌的超微结构

(植物学,胡宝忠等,2002)

(2)黏菌门　黏菌是介于动物和植物之间的生物,它们的生活史中一段是动物性的,另一段是具植物性的。营养体无叶绿素,为裸露的无细胞壁多核的原生质团,称变形体,其构造、行动和摄食方式与原生动物中的变形虫相似。在繁殖时期产生孢子,孢子具有纤维素的壁,这是植物的性状。

黏菌大多数为腐生,生于潮湿的环境中,如树的孔洞或破旧的木梁上,但也有少数寄生,使植物发生病害,例如寄生在白菜、芥菜、甘蓝根部组织内的黏菌,使寄生根膨大,影响植物的生长发育。

(3)真菌门

①一般特征　真菌的种类很多,在植物界位居第二位。约有 3 800 属,10 万多种,在陆地、水中、土壤、大气及动植物体上均有分布。

真菌除少数原始种类是单细胞的,如酵母菌,大多数为分枝或不分枝的丝状体,组成植物体的丝状体称为菌丝体。菌丝体在生殖时形成各种各样的形状,如伞形、球形、盘形等,称为子实体。

大多数真菌具有细胞壁、细胞核,高等真菌有单核或双核。真菌不含叶绿体,不能行使光合作用,营寄生或腐生生活。真菌的繁殖方式多种多样,水生真菌产生流动孢子,陆生真菌产生空气传播的孢子,有性生殖有同配、异配、卵式生殖等。

根据真菌的形态和生殖方法的不同,可分为四纲,其主要特征如表8.3所示。

表8.3 4种真菌的主要特征

(植物与植物生理,陈忠辉,2002)

特征 种类	植物体	无性生殖	有性生殖	代表植物
藻状菌	大多为分枝的菌丝体,菌丝常无横隔壁,多核	产生不动孢子和游动孢子	同配、异配、卵配或接合生殖	黑根霉 白锈菌
子囊菌	绝大多数为多细胞菌丝体,菌丝有隔,每一细胞有1核	产生分生孢子或出芽繁殖	形成子囊和子囊孢子	酵母菌 黄曲霉
担子菌	在生活史的大部分时期具有双核菌丝体,菌丝上具有锁状联合	一般不发达,有的具芽孢子、分生孢子、粉孢子、厚壁孢子	形成担子和担孢子	银耳 猴头
半知菌	有隔菌丝体	分生孢子	尚未发现	稻瘟病菌

②代表植物

a. 黑根霉(*Rhizopus nigricans* Her.)黑根霉属藻状菌纲,又称面包霉、葡枝根霉,分布极广,在腐烂的果实、蔬菜面食及其他暴露在空气中或潮湿地方的植物体上,都能迅速地生长出来(图8.4),表面有白色的菌丝出现,是由空气中降落的孢子萌发所生。

b. 蘑菇(*Agaricus campestris* L. ex Fr.)蘑菇属担子菌纲,多为野生和栽培的伞菌,属腐生菌,土壤中、厩肥上、枯枝烂叶及朽木

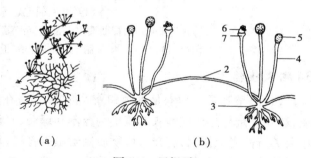

图8.4 黑根霉

(a)生长示意图;(b)匍匐菌丝和孢子囊

1.营养菌丝 2.匍匐菌丝 3.假根

4.孢囊梗 5.孢子囊 6.囊轴 7.囊托

上均可发生,高山、草甸、草原及山坡林下尤为常见(图8.5)。

蘑菇系多细胞的菌丝体,菌丝具横隔壁,细胞有双核,具多数分枝,许多菌丝交接在一起形成子实体,幼小时球形,埋藏于基质内,以后幼子实体逐渐长大伸出基质外。成熟的子实体伞状,单生或丛生。

③经济用途 大多数真菌是味道鲜美的食用菌,如蘑菇、香菇、木耳、银耳、猴头菌等,可食用的真菌有300多种。冬虫夏草、茯苓及多孔菌均为药用菌,茯苓中含有锗、硒,具有抗肿瘤作用。

在酿造业利用酵母、曲霉、毛霉和根霉等菌种酿酒;食品工业利用酵母制作面包、馒头等;造纸、制革、医药、石油工业等用真菌发酵获得许多原料和工业品。真菌可使动植物致病,如皮肤

病癣是由真菌引起的,玉米黑粉病、棉花黄枯萎病也是由真菌引起的病害。真菌中的黄曲霉,产生的黄曲霉素可引起动物肝癌。

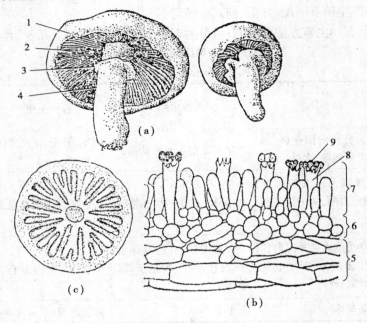

图8.5　蘑菇

(植物学,胡宝忠等,2002)

(a)蘑菇;(b)菌褶断面之一部分;(c)菌盖横切(示辐射排列的菌褶)

1.菌盖　2.菌褶　3.菌环　4.菌柄　5.菌肉　6.子实层基　7.子实层　8.担子　9.担孢子

3)地衣植物

(1)一般特征　地衣是真菌和藻类的共生体,在植物界中为一独立的门。地衣约有500余属,26 000余种。构成地衣的藻类为蓝藻和绿藻,真菌主要是子囊菌,少数为担子菌,在共生体中藻类行使光合作用,制造有机物质供给菌类养料,真菌吸收水和无机盐供给藻类生长,彼此形成了特殊的共生关系,在生态学上称为互利共生。

地衣分布很广,适应性强,它生长在土壤表层和沙漠上,在山区多生长在树皮和裸露的岩石上。按照地衣的外部形态,可将地衣分为以下3种类型(图8.6):

①壳状地衣　呈扁平状的地衣体以髓层菌丝紧贴基物(岩石、树皮、砖瓦、地表)上,形成薄层的壳状物,难以分开。

②叶状地衣　地衣体扁平呈叶状,植物体的一部分黏附于基质上,容易剥离。如生长在草地的地卷属和生长在岩石或树皮上的梅花衣属等。

③枝状地衣　地衣直立呈枝状,或下垂如丝,倒悬在空中(图8.6),多具分枝,形状类似高等植物的植株。

地衣的主要繁殖方式是营养繁殖和粉芽繁殖。地衣植物通过断裂进行营养繁殖。更多的地衣则是以粉芽或珊瑚芽进行繁殖。地衣也有无性生殖和有性生殖。地衣中的真菌可以单独进行无性生殖产生孢子,或进行有性生殖后产生子囊孢子或担孢子。孢子在适宜的条件下遇到适当的藻类细胞,就可以萌发成菌丝,并缠绕藻类细胞,形成新的植物体。

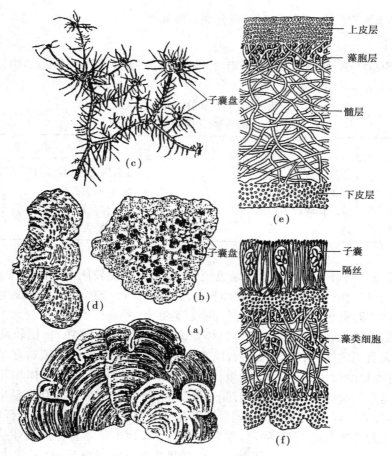

图8.6 地衣植物的不同形态和结构
（a）叶状地衣；（b），（d）壳状地衣；（c）枝状地衣；（e）异层地衣；（f）同层地衣

叶状地衣的构造，可分为上皮层、藻皮层、髓层和下皮层。上皮层和下皮层均由致密交织的菌丝构成。藻胞层是在上皮层之下由藻类细胞聚集成一层。髓层介于藻胞层和下皮层之间，由一些疏松的菌丝和藻细胞构成，这种构造称"异层地衣"。

还有一些属藻细胞在髓层中均匀分布，不在上皮层之下集中排列成一层（即无藻胞层），这种构造称"同层地衣"。叶状地衣一般为异层地衣；壳状地衣一般为同层地衣，也有异层地衣。

（2）经济用途　地衣能分泌地衣酸使岩石风化形成土壤，因此，把地衣称为先锋植物。冰岛衣、松萝、石蕊、石耳可作中药，石蕊、松萝有清热解毒和化痰的功效。石耳可以食用，地衣茶和石蕊还可作饮料。在环境保护方面，利用地衣对大气中 SO_2 的敏感度，作为监测大气中 SO_2 污染的指示植物。

8.2.2 高等植物

高等植物具有以下特征：植物体结构复杂，除苔藓植物以外都具有根、茎、叶的分化。生殖器官由多细胞构成，卵受精后先形成胚，由胚形成新个体。高等植物分为4个门：苔藓植物门、

蕨类植物门、裸子植物门和被子植物门,现分别介绍如下:

1)苔藓植物门

苔藓植物约900属,23 000种,我国有2 800种。根据营养体的形态结构,分为苔纲和藓纲,主要区别如表8.4所示。

表8.4　苔纲和藓纲的主要区别

（植物学,徐汉卿,2001）

	苔　纲	藓　纲
植物体	多为背腹式	无背腹之分,有类似根茎叶分化
孢蒴	多无蒴轴,具弹丝	有蒴轴,无弹丝
孢子萌发	原丝体阶段不发达	原丝体阶段发达
代表植物	地钱、浮苔、角苔	葫芦藓、泥炭藓、黑藓

（1）一般特征　苔藓是一群小型的绿色植物,多生长在比较阴湿的环境中,喜生于湿润的石面、土壤表面、树皮和朽木上,有的生在墙根外距地面20 cm的墙面或潮湿的老井壁上。苔藓植物是高等植物中脱离水生进入陆地生活的原始类型之一。

苔藓植物都很矮小,简单的类型是植物体呈扁平的叶状体（地钱）。比较高级的苔藓植物分化有茎、叶,无真正的根,结构简单,没有维管束结构。苔藓植物的生殖器官是由多细胞构成的,在生活中有明显的世代交替（即无性世代的孢子体和有性世代的配子体相互更迭的过程）。常见的植物体是它们有性世代的配子体,配子体发达,能独立生活,在世代交替中占优势。孢子体不发达,不能独立生活,寄生在配子体上,依靠配子体提供营养。苔藓植物行卵式生殖,产生卵细胞的雌性生殖器官瓶状,有长的颈,称为颈卵器。雄性生殖器官卵形或球形,叫做精子器。雌雄生殖器官成熟后,精子器内的精子借水游入颈卵器中,与卵细胞结合形成2倍体合子,合子在颈卵器内发育成胚,由胚发育形成孢子体,这些特性对适应陆生生活具有重要的生物学意义。

（2）代表植物

①地钱（*Marchantia polymorpha* L.）　喜生于阴湿的土壤表面、林下、井边、墙隅等。我们看到的地钱（图8.7）是它的配子体。地钱的配子体发达,具有叉状分枝的叶状体,生长点位于分叉凹陷处。叶状体有背腹两面,背面有气孔,腹面有多细胞的鳞片和单细胞的假根。

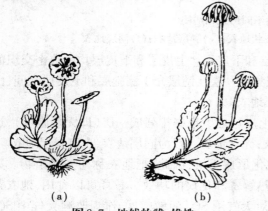

（a）　　　　　（b）

图8.7　地钱的雌、雄株

（a）地钱的雄株;（b）地钱的雌株

②葫芦藓[*Funaria hygrometrica*(L.)sibth]　常分布于阴湿的泥地、林下,葫芦藓为雌雄同株的植物,植物体矮小,有类似根、茎、叶的分化。葫芦藓在颈卵器中发育成胚,胚发育成为具有足、柄、蒴3个部分的孢子体,其生活史如图8.8所示。

（3）经济用途　苔藓植物在森林中常大面积生长,构成地表覆盖物,可起到保持水土的作用。许多苔藓植物,能分泌出一种酸性溶液,可溶解岩石,有利于土壤的形成。

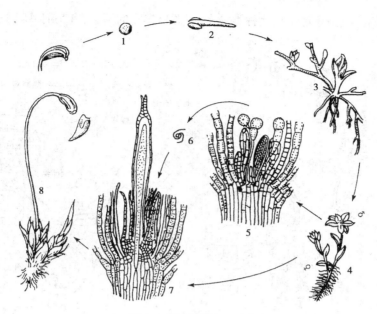

图 8.8　葫芦藓的生活史

（植物学，胡宝忠等，2002）

1.孢子　2.孢子萌发　3.具芽的原丝体　4.成熟的植物体具有雌雄配子体　5.雄器苞的纵切面

6.精子　7.雌器苞的纵切面　8.成熟的孢子体仍着生在配子体上，苞蒴的蒴盖脱落后，孢子散发出蒴外

苔藓植物中金发藓有清热解毒作用，全草具乌发、活血、止血等功效，大叶藓对治疗心血管病有较好的疗效等。泥炭藓是形成泥炭的主要植物，泥炭可作燃料。

2）蕨类植物门

我国现有蕨类植物 2 600 余种。我国以云南、贵州、华南地区最丰富，仅云南就有 1 000 余种，称为蕨类王国。蕨类植物又叫羊齿植物，现代蕨类植物广布全球，有 1 万余种，寒带、温带、热带都有分布，但在热带、亚热带为多，多生于山野、溪边、沼泽较为阴湿的环境。

（1）一般特征　蕨类植物孢子体占优势，习见的植物体为孢子体，常多年生，有根、茎、叶的分化，能行使光合作用。常有根状茎，二叉分枝或单轴分枝，根常有不定根着生在根状茎上。茎内维管系统形成中柱，中柱为结构比较原始的类型，在木质部中只有管胞而无导管，韧皮部仅有筛胞组成，是原始的维管植物。蕨类植物的配子体为微小的原叶体，是一种具有背腹分化的叶状体，呈绿色，能独立生活，腹面有精子器和颈卵器。精子大多具有鞭毛，受精作用离不开水。受精卵在配子体颈卵器中发育成胚，由胚发育成能独立生活的孢子体。蕨类植物的生活史如图 8.9 所示。

（2）经济用途　蕨类植物与人类的关系十分密切。现代开采的煤炭，大部分是古代蕨类植物遗体所形成的，成为工业上主要的燃料。有些蕨类植物的根茎中富含淀粉，可提取蕨粉供食用，蕨和紫萁等种类的幼叶可食用，制成干品称拳菜，清香味美，为著名山珍。蕨类植物，可作为药用的有 100 多种。肾蕨、铁线蕨、鹿角蕨、卷柏、水龙骨可作为庭院居室的观赏植物，肾蕨常用于插花。一般水生蕨类，如槐叶苹、四叶苹、满江红常用作鱼类或家畜的饲料。

3）裸子植物门

裸子植物在生活史上仍保留着颈卵器，又能产生种子，因此是介于蕨类植物和被子植物之间的一类高等植物。我国是裸子植物种类最多、资源最丰富的国家,有5纲、41属、236种之多。

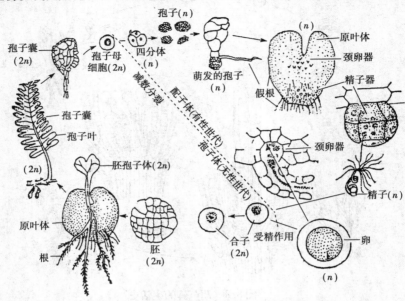

图8.9 蕨类植物(水龙骨)的生活史
(植物学,胡宝忠等,2002)

（1）主要特征

①种子裸露,不形成果实　裸子植物的孢子叶常聚生呈球果状,称孢子叶球,孢子叶球单性同株或异株。小孢子叶球由多数小孢子叶(相当于被子植物的雄蕊)聚生而成;大孢子叶的腹面生有胚珠,胚珠裸露,不为大孢子叶包被,因而胚珠形成种子后,种子裸露,不形成果实。裸子植物因此而得名。

②孢子体发达　孢子体都是多年生木本植物,绝大多数为高大乔木。枝条常有长枝和短枝之分。茎具形成层和次生生长;木质部大多数只有管胞;韧皮部主要有筛胞而无筛管和伴胞。叶多为针形、鳞片或条形;叶在长枝上呈螺旋状生长,在短枝上常簇生。

③配子体简化,而且寄生于孢子体上　由小孢子发育而成的成熟雄配子体,通常只有4个细胞(其中2个精子)。由大孢子发育成雌配子体,在雌配子体的前端分化出二至多个颈卵器,配子体不能独立生活,必须寄生于孢子体上。

④雄配子体产生花粉管　花粉粒(幼雄配子体)由风力传播到达胚珠,由珠孔进入并在珠心上方萌发形成花粉管,将精子送入颈卵器内与卵受精。因此受精作用摆脱了对水的依赖,从而更能适应陆生生活。

⑤产生种子,以种子进行繁殖　裸露的胚珠发育为种子。种子由胚、胚乳和种皮组成。

⑥种子有胚,具二至多个子叶　主要代表植物有苏铁、银杏、雪松、水杉、云南松等(第9章)。

（2）经济用途　裸子植物是组成地面森林的主要成分,大多是松柏类针叶林。自然界中的大森林80%以上是裸子植物。很多针叶林为常绿树种,裸子植物广泛用于华北地区的城市绿化,如雪松、云南松、华山松、马尾松等。我国在建筑、家具上用的大量木材是松柏类,森林的副产品如松节油、松香、树脂等,在人们的生活中也有重要作用。我国特产的水杉、银杏、水松等,是地史上留下的活化石,在研究植物界进化上有重要意义。

4）被子植物门

被子植物有1万多属,约有24万种,约占植物界总数的一半。我国有2 700多属,约3万种。它们是植物界种类最多,进化地位最高的类群。

（1）主要特征

①有真正的花　被子植物的花由花萼、花冠、雄蕊和雌蕊4部分组成,这4部分在数量上、形态上有很大变化。

②具雌蕊　胚珠包藏在雌蕊的心皮内,受精之后,胚珠发育成种子的同时,子房发育成果实。

③有双受精作用　被子植物精卵细胞结合形成胚,精细胞和两个极核结合形成3倍体的胚乳。被子植物所特有的双受精现象（图8.10）,使胚获得了具有双亲的遗传性,因此后代具有生命力强、适应性广的特点。

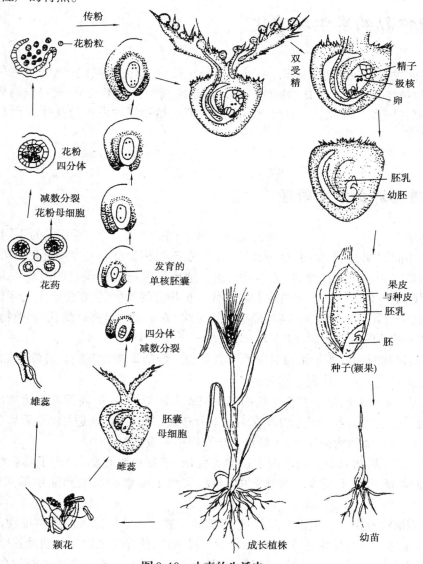

传粉
花粉粒
花粉四分体
减数分裂
花粉母细胞
花药
雄蕊
颖花

双受精
精子
极核
卵

胚乳
幼胚

果皮与种皮
胚乳
胚
种子(颖果)

发育的单核胚囊
四分体减数分裂
胚囊母细胞
雌蕊

成长植株
幼苗

图8.10　小麦的生活史

④孢子体高度发达　孢子体在形态、结构、生活型等方面,比其他种类植物更完善、更多样化,从乔木、灌木到草本,还有水生、砂生和盐碱地的植物。在解剖构造上,木质部具导管和管胞,韧皮部具筛管和伴胞。

⑤配子体极为简化　雌、雄配子体均无独立生活能力,终生寄生在孢子体上,结构上比裸子植物更简化。雄配子体即为 2 细胞或 3 细胞的花粉粒。雌配子体即胚囊,仅有 7 细胞或 8 个核,卵细胞和 2 个助细胞合称卵器,是颈卵器高度退化的结果。

(2)经济用途　被子植物与人们的生活关系十分密切,是人类衣、食、住、行不可缺少的物质基础。我们吃的小麦、水稻、玉米、大豆、蔬菜和水果,都是被子植物。被子植物中还有一些很重要的经济作物,如烟草、麻类等。被子植物中有 1 000 余种是药用植物,有些如甘蔗、棉花等是十分重要的工业原料,在被子植物中还有 700 多种是用于城市绿化的园林植物。

8.3　植物界的发生和演化

植物界的发生和演化历史漫长,可以从地质年代中,研究不同代、纪地层中存在的植物化石,才能获得植物界发生与演化的可靠证据。由于发现的化石不完全,故对植物界发生演化中的问题,专家有许多不同看法。但活化石在人们理解植物界的发生与演化方面是十分宝贵的依据。

8.3.1　植物界的发生阶段

化石是保存在地层中的古代生物的遗迹。从不同的地质年代,所发生的不同化石,就是在地球演变的不同时期,各类生物发生和发展的真实记录,因此化石是生物进化的历史证据。

地球自形成到现在已有近 50 亿年的历史。地质学家把地球经过的漫长岁月划分为 5 个代,即新生代、中生代、古生代、元古代和太古代。植物界的发生,依据史学上的年代和植物类型的发展,可划分为原始植物时期、高等藻类植物时期、原始陆生植物时期、蕨类植物时期、裸子植物时期和被子植物时期 6 个时期(表 8.5)。

(1)原始植物时期　原始植物时期地球表面为广阔的海洋,细菌、低等藻类如蓝藻出现,这些植物是在太古代和元古代发展起来的。

(2)高等藻类植物时期　在古生代的寒武纪和奥陶纪,海生的高等藻类植物出现,如褐藻、红藻等。到了古生代的志留纪是海洋在地球上分布最广的时期,也是海藻最繁盛的时期。水生环境中生长的水生植物构造简单,未能进一步获得很好发展。

(3)原始陆生植物时期　约在古生代的志留纪,植物由水登陆,出现了具有维管束的裸蕨类植物,它们可能起源于藻类。裸蕨类的出现,实现了植物从水生到陆生的飞跃,迅速繁盛起来。

(4)蕨类植物时期　古生代的泥盆纪,裸蕨类发展成为结构完善的蕨类植物,包括石松纲、木贼纲和真蕨纲。到了石炭纪,温暖而湿润的气候条件,使蕨类植物发展到最繁盛的时期,有的木本蕨高达几十米,几乎广布全球的陆地,使广阔的陆地首次出现了高大茂密的森林。此后,继

而繁茂生长的是较矮小的真蕨类植物。但是由于蕨类植物在形态结构上和有性生殖过程中存在不少原始性状，如输导组织不完善、产生有鞭毛的精子、受精作用仍脱离不开水、不能适应干燥气候等，因此，它们的发展受到了制约。

表8.5 地质年代和不同时期占优势的植物和进化情况

（植物学，徐汉卿，2001）

代	纪	离今大概年数（×100万年）	进化情况	优势植物
新生代	第四纪	现代	被子植物占绝对优势，草本植物进一步发展	被子植物
		更新世 2.5		
	第三纪	后期 25	经过几次冰期之后，森林衰落，由于气候原因，造成地方植物隔离。草本植物发生。植物界面貌与现代相似	
		早期 65	被子植物进一步发展，占优势。世界各地出现了大范围的森林	
中生代	白垩纪	上 90	被子植物得到发展	裸子植物
		下 136	裸子植物衰退。被子植物逐渐代替了裸子植物	
	侏罗纪	190	裸子植物中的松柏类占优势，原始的裸子植物逐渐消逝。被子植物出现	
	三迭纪	225	木本乔木状蕨类继续衰退，真蕨类繁茂。裸子植物继续发展繁盛	
古生代	二迭纪	上 260	裸子植物中的苏铁类、银杏类、针叶类生长繁茂	蕨类植物
		下 280	木本乔木状蕨类继续衰退	
	石炭纪	345	气候温暖湿润，巨大的乔木状蕨类植物如鳞木类、芦木类、木贼类、石松类等，遍布各地，形成森林，造成日后的大煤田。同时出现了许多矮小的真蕨植物。种子蕨类进一步发展	
	泥盆纪	上 360	裸蕨类逐渐消逝	
		中 370	裸蕨类植物繁盛，种子蕨出现，但为数较少。苔藓植物出现	
		下 390	为植物由水生向陆生演化的时期，在陆地上出现了裸蕨类植物。有可能在此时期出现了原始维管束植物。藻类植物仍占优势	藻类植物
	志留纪	435		
	奥陶纪	500	海产藻类占优势。其他类型植物群继续发展	
	寒武纪	570	初期出现了真核细胞藻类，后期出现了与现代藻类相似的藻类群	
元古代		570—1 500		
太古代		1 500—5 000	生命开始，细菌、蓝藻出现	

（5）裸子植物时期　地球上最早出现的种子植物是裸子植物的种子蕨类，它们在泥盆纪出现，白垩纪绝灭。这类植物树干不分枝，顶端生有类似蕨类植物的大型羽状复叶，但植物体上生有裸露的种子，这是一个巨大的飞跃。因而种子蕨是古代原始的裸子植物，是裸子植物的祖先，由它发展为苏铁、银杏、松柏类裸子植物。

（6）被子植物时期　被子植物是在现代地球上分布最广的植物，它们在侏罗纪开始出现。以后由于自然条件发生了巨大变化，阳光直射代替了长久不变的云量，不利于绝大多数的裸子植物以及蕨类植物的生长。但是被子植物的叶子，在生长过程中可塑性大，并具有镶嵌作用，很容易适应太阳辐射；更为主要的是种子产生在子房内，以及具有输导能力强的导管等，这就更能适应陆地较干旱的生活环境；同时由于白垩纪气候寒冷的影响，落叶树和草本的被子植物逐渐发展。由此，到了新生代，具有高度适应能力的被子植物更为繁盛起来，迅速地发展到地球的各个角落，现有20余万种，占整个植物界的一半，成为植物界生命力最强、种类最多、分布最广的高等植物。

8.3.2　植物界的演化

植物界和宇宙中任何事物一样，总是处在不断变化和发展之中。永远不会停止在一个水平上，这是自然规律，也是植物界的基本规律。

1) 植物界进化的基本规律

（1）在形态结构方面　植物是由简单到复杂，由单细胞的植物进化到多细胞的个体。如单细胞的蓝藻和细菌，继而出现多细胞的群体类型。

（2）在生态习性方面　生命发生于水中，植物由水生进化到陆生。从水生的藻类植物，进化到湿生的苔藓和蕨类植物，最后到陆生植物，适应陆地生活的结果是植物器官分工明确，使植物的保护组织、机械组织、输导组织逐渐发展得更先进。

（3）在繁殖方式方面　植物在繁殖方式上是从营养繁殖到无性繁殖，最后到有性繁殖。营养繁殖是依靠植物的营养器官进行繁殖的方法。无性繁殖依靠细胞分生孢子囊产生孢子繁殖。在有性繁殖中，又由同配生殖到异配生殖，继而进化到卵式生殖；由简单的卵囊到复杂的颈卵器，从无胚到有胚，最后发展到高级阶段产生种子繁殖。

（4）在生活史方面　在生活史方面，从无性世代到有性世代，且孢子体逐渐占优势，配子体逐渐退化，最后配子体完全寄生在孢子体上。

2) 植物界的演化路线

植物界的形成与各大类群的演化，经历了长期的发展过程，现简要概括其演化路线。地球上首先从简单的无生命物质，演进到原始生命体的出现。这些原始生命体与周围环境不断地相互影响，进一步发展到一些结构很简单的低等植物——鞭毛有机体、细菌和蓝藻。通过鞭毛有机体发展为高等藻类植物，进而演化为蕨类、裸子植物至被子植物，这是植物界演化中的一条主干；而菌类和苔藓植物则是进化系统中的旁支。菌类植物在形态、结构、营养和生殖等方面都与高等植物差别很大，难以看出它们和高等植物有直接的联系。苔藓植物虽有某些进化的特征，但孢子体尚不能独立生活，不能脱离水生环境，从而限制了它们的向前发展。

复习思考题

1. 人为分类法和自然分类法各有哪些特点？

2. 植物分类有哪些基本单位？种和变种有什么区别？

3. 植物的学名由哪几个部分组成？书写中应注意什么？

4. 低等植物和高等植物的主要区别有哪些？

5. 简述被子植物和裸子植物的主要区别。

6. 简述藻类植物的基本特征及藻类植物的经济用途。

7. 概述细菌的形态特征以及细菌与人类生活的关系。

8. 简述真菌门的主要特征及营养体的构造。

9. 简述地衣的种类和经济用途。

10. 苔藓植物有哪些特征？为何植物学家把苔藓植物列入高等植物范畴？

11. 蕨类植物有哪些主要特征？它有何经济用途？

12. 植物界从出现到如今经过了哪几个主要发展阶段？

13. 简述裸子植物的主要特征及在园林绿化中的重要作用。

14. 简述植物界进化的基本规律。

9 裸子植物的分类

[本章导读]

裸子植物在植物分类系统中,通常作为一个自然类群,即裸子植物门。裸子植物发生发展的历史悠久,最初的代表出现于古生代,中生代最盛,到现代大多数已绝灭。我国是原产裸子植物最多的国家,裸子植物中有不少是园林绿化中的主要树种。通过本章的学习,使学生了解裸子植物的基本知识,并能识别常见的裸子植物。

苏铁纲

9.1 苏铁纲 Cycadinae

茎干通常不分枝,羽状复叶。雌雄(大小孢子叶)异株,精子有鞭毛。

本纲仅有苏铁科(Cycadaceae)10 属 110 种左右,分布于热带、亚热带地区。我国仅有苏铁属(*Cycas*)约 10 种,常见的是苏铁(C. *revoluta* Thunb.)(图 9.1、书前彩图)和华南苏铁(C. *rumphii* Miq.)等。

苏铁具有直立的柱状主干,通常不分枝,大型羽状复叶簇生茎端,如树蕨或棕榈。羽状裂片,革质,坚硬,中脉显著,幼时拳卷而多少类似于真蕨植物,并有退化的鳞片状叶保护。大小孢子叶异株。小孢子叶稍扁平,肉质,鳞片状,紧密地螺旋状排列成长椭圆形的小孢子叶球,生于茎顶。每个小孢子叶下面生有许多由 2~5 个小孢子囊组成的小孢子囊群;大孢子叶密被褐色茸毛,先端羽状分裂,下部两侧着生 2~4 个裸露的直生胚珠。种子卵形,稍扁,长 2~4 cm。花期 6—7 月,种子 10 月成熟。

原产福建、台湾、广东,各地均有栽培,日本、印尼及菲律宾也有分布。

苏铁喜温暖湿润气候,不耐寒,温度低于 0 ℃时易受害。苏铁体型优美,有反映热带风

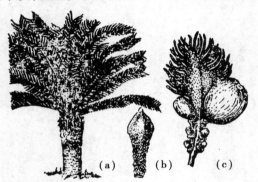

图 9.1 苏铁
(a)植株外形;(b)小孢子叶;(c)大孢子叶

光的观赏效果,常植于花坛的中心或盆栽于室内供装饰用。茎内淀粉和种子可食用,叶和种子入药,有通经、止咳、止血之功效。

9.2　银杏纲 Ginkgoinae

银杏纲

乔木,多分枝,有长、短枝之分。叶扇状,二裂,二叉脉序。孢子叶单性异株,精子多鞭毛,种子核果状。

银杏纲植物现仅残存银杏(*Ginkgo biloba* L.)1种,为中国特产世界著名树种,又叫公孙树、白果树。并成为孑遗植物,被称为"活化石"。

银杏(图9.2、书前彩图)是高大而多分枝的乔木,高达40米具有长枝、短枝之分。叶扇形,二叉脉序,顶端常2裂,基部楔形,具长柄,互生于长枝而簇生于短枝上。多雌雄异株,雄球花柔荑花序状,生于短枝顶端的鳞片腋内,花药2;雌球花极为简化,通常仅有1长柄,柄端具有2个盘状株座,其上各生有1个直生胚珠,通常只有1个成熟。种子核果状,种皮分3层,外种皮厚,肉质;中种皮白色,骨质;内种皮红色,薄膜质。

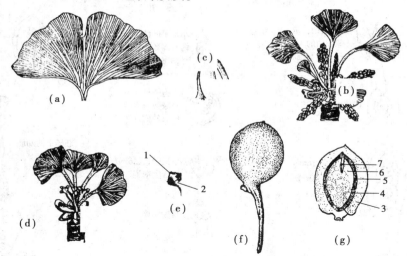

图9.2　银杏
(a)叶;(b)生小孢子叶球的短枝;(c)小孢子叶;(d)生大孢子叶球的短枝;(e)大孢子叶球;
(f)大孢子叶球(示通常只有1个胚珠发育成种子);(g)种子纵切面
1.胚珠　2.珠座　3.外种皮　4.中种皮　5.内种皮　6.胚乳　7.胚

银杏为我国特有树种,广泛栽培于世界各地。银杏树形美丽,可作行道树及园林绿化树种。木材优良,供雕刻、图版、建筑、家具等用。种仁(白果)可食用,入药有润肺止咳、通经利尿之功效。叶可作银杏醋,可降低胆固醇,有保健功能。

9.3　松柏纲 Coniferae

松柏纲

木本,茎多分枝,常有长短枝之分,具树脂道。叶为针状、鳞片状或稀为条状。孢子叶常排成球果状，单性，同株或异株。精子无鞭毛。

松柏纲是裸子植物中数目最多而分布最广的类群。现代松柏纲植物约有44属，近500种，隶属于4科，即南洋杉科（Araucariaceae）、松科（Pinaceae）、杉科（Taxodiaceae）及柏科（Cupressaceae）。它们在欧亚大陆北部及北美的广大地区组成大面积的森林，并常形成单优势种的纯林。在南半球的新西兰、澳大利亚及南美洲的温带具有丰富的南洋杉科植物，但大多数松柏类的特有属及全部古老的孑遗属都集中在太平洋沿岸，而且许多属如松属、冷杉属、云杉属及落叶松属的多数种类也集中于太平洋四周，特别是我国。

松柏纲植物因叶多为针状，而常称为针叶树或针叶植物；又因孢子叶常排成球果，而称为球果植物。它们的生活史可以松科（Pinaceae）的松属（Pinus）为代表（图9.3）。

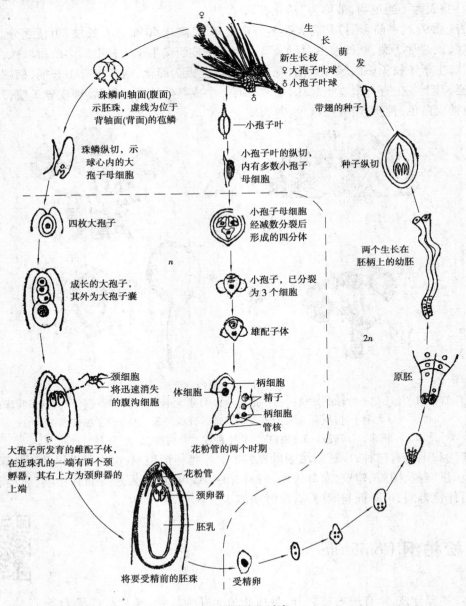

图9.3   松属的生活史

　　松属的孢子体具有强大的根系和枝系,以及强烈的次生生长,具无限生长的长枝和有限生长的短枝。典型的网状中柱、内始式木质部,90%～95%由管胞组成,原生木质部具环纹和螺纹管胞,后生木质部的大形管胞径切向壁上有圆形具缘孔。次生木质部管胞壁上的具缘孔数目少,并具有特别增厚的孔塞(孔的封闭膜),具缘孔的内壁具有多数小突起而起防止孔塞紧贴于内壁上的作用。叶为针形,通常2～5针一束,着生于短枝顶端的苞状鳞叶(原生叶)腋内。基部包有8～12枚膜质芽鳞组成的叶鞘,并有居间生长;叶内具有1或2条维管束和粗大的树脂道,成环状排列,维管束内有形成层。

　　孢子叶球单性,同株。小孢子叶细小,叶状,螺旋排列于短轴上,形成小孢子叶球(雄球花)。小孢子叶下侧生有2个小孢子囊,小孢子囊壁有数层细胞(图9.4)。在南方,小孢子母细胞通常在秋季出现并减数分裂形成小孢子(花粉),而在第二年春季或当年冬季进行传粉;在北方要在第二年春季才进行减数分裂。小孢子两侧由外壁形成2个气囊,能使小孢子在空气中飘浮。小孢子在小孢子囊内开始萌发,一次分裂为2,1个小的是营养细胞,1个大的再分裂为2,其中1个是第2个营养细胞,另1个再分裂为2,形成管细胞和生殖细胞,2个营养细胞都败育。成熟的雄配子体具有4个细胞,此时,小孢子囊背面纵缝裂,雄配子体逸出,经风传播,即可传粉(图9.5)。

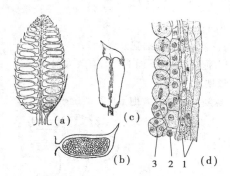

图9.4　松属的小孢子叶球

(a)小孢子叶球纵切面(图解);(b)小孢子叶切面观;
(c)小孢子叶背面观(图解);(d)小孢子囊部分切面
1.小孢子囊壁　2.绒毡层　3.小孢子(四分孢子)

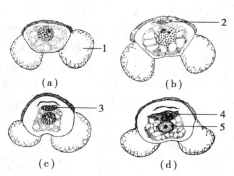

图9.5　松属雄配子体的发育

(a)小孢子;(b)～(c)小孢子萌发成早期的
雄配子体;(d)传粉时的雄配子体
1.气囊　2.第1个营养细胞　3.第2个营养细胞
4.生殖细胞　5.管细胞

　　大孢子叶螺旋排成大孢子叶球。每个大孢子叶是1片宽厚的珠鳞(果鳞、种鳞),珠鳞上面载有2个胚珠,下面托有1片苞鳞(盖鳞)。胚珠有1层珠被,珠心有1个大孢子母细胞,胚珠的分化非常缓慢。在北方,早春始分化珠被和珠心,春末始分化出大孢子母细胞,在南方则较早。大孢子母细胞减数分裂只形成3个大孢子,这是由于大孢子母细胞第1次分裂后,上面的第1个细胞不再进行分裂的缘故。3个大孢子排列成1直行,最下的1个继续发育,其他两个相继败育。大孢子通常在春天形成,但到秋天才开始发育成雌配子体,先行游离核分裂而形成营养部分(胚乳),并暂停发育(图9.6)。直到翌年春天,才继续迅速发育,在胚囊上端出现2～7个颈卵器。颈卵器具有1个大形卵细胞,4个颈细胞,1个很快败育的腹沟细胞(图9.7)。

　　传粉时,大孢子叶球轴稍为伸长,使幼嫩的苞鳞和珠鳞略为张开,便于雄配子体进入。胚珠的珠被也张开,授粉后关闭。雄配子体落在大孢子囊顶端相当于花粉室的洼内,滞留于珠孔分泌出的黏液——传粉滴中,并随液体的干涸而被吸入珠孔。此时生殖细胞分裂为2,形成1个柄细胞和1个精细胞,而管细胞也开始伸长,并迅速长出花粉管(图9.8)。但这时大孢子母细胞还没有进行减数分裂,花粉管进入珠心相当距离后,即暂时停止生长,直到第2年春天或夏天颈卵器分化形成以后,才再继续伸长,此时精细胞再分裂形成2个精子。

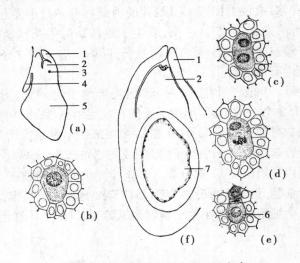

图9.6   松属的胚珠和大孢子的发育

(a)胚珠和珠鳞的纵切;(b)大孢子母细胞;(c)大孢子母细胞分裂为2;
(d)下面(远珠孔端)的细胞继续分裂;(e)形成3个大孢子,但仅下面1个为有效大孢子;
(f)雌配子体游离核期

1.珠被 2.珠心 3.大孢子母细胞 4.苞鳞 5.珠鳞 6.有效大孢子 7.雌配子体

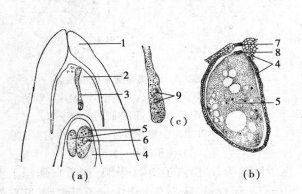

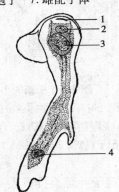

图9.7   松属受精前的雌雄配子体

(a)将近受精时的胚珠纵切;(b)颈卵器纵切;(c)花粉管放大

1.珠被 2.珠心 3.花粉管 4.雌配子体 5.颈卵器
6.卵核 7.颈细胞 8.卵核 9.精子

图9.8   松属的花粉管

1.营养细胞 2.柄细胞
3.精细胞 4.管细胞

受精通常是在授粉13个月后才开始,也就是在大孢子叶球出现的第2年的春天。此时,大孢子叶球(雌球花)已成熟为球果,并已达到或将达到其最大体积,颈卵器也已完全发育。花粉管伸长至颈卵器,破坏颈细胞到达卵细胞处,花粉管先端破裂,2个精子、管核和柄细胞都一起流入卵细胞的细胞质中。1个精子穿过卵核的膜并停留在卵核内,而仍保留有其原有的膜,2核极为缓慢地结合成2倍体极核的受精卵。

卵受精后即开始发育,经过 5 次分裂,形成 4 层 16 个细胞的前胚(图 9.9)。前胚的 4 层细胞,从上到下,第 1 层为开放层,初期有吸收作用,不久即解体。第 2 层为莲座层。第 3 层为胚柄层,发育为初生胚柄。第 4 层为顶端层,继续发育为几层细胞,接近初生胚柄的 1 层发育为次生胚柄,并强烈伸长而彼此分离;最前端的 4 个细胞,各自单独发育成胚。这种由 1 个受精卵因细胞分离的结果而产生多数的胚,即裂生多胚现象(图 9.10)。同时,由于雌配子体上有几个颈卵器,其中的卵都可以受精,因此,松属的雌配子体常可发育为 10 多个幼胚。但通常只有 1 个能正常发育,成为种子中的有效胚。其他的胚都相继败育,到种子成熟时已看不到任何痕迹。成熟的胚(图 9.11)有胚根、胚轴、胚芽、胚乳及数个至 10 多个子叶。

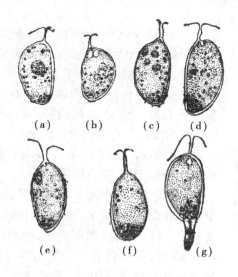

图 9.9 松属前胚的发育过程

(a)受精卵;(b)受精卵核分裂为 2;

(c)再次分裂为 4;(d)4 核在颈卵器基部排成 1 层;

(e)再分裂 1 次,形成 2 层 8 个细胞;

(f)下层细胞再分裂 1 次,形成 3 层 12 个细胞;

(g)下层细胞再分裂 1 次,形成 4 层 16 个细胞的前胚

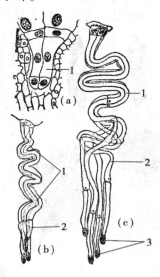

图 9.10 松属的裂生多胚现象

(a)次生胚柄开始伸长;(b)形成次生胚柄;

(c)次生胚柄强烈伸长并分离

1.初生胚柄 2.次生胚柄 3.胚

受精后,大孢子叶球继续发育形成球果,珠鳞木质化而变为种鳞,种鳞的顶端扩大成鳞盾,鳞盾中部隆起为鳞脐。在种子形成过程中,珠被的外层和中间层形成坚硬的外种皮,内层变为膜质的内种皮,而珠鳞的部分表皮分离出来形成种子顶生的翅,以利于风力传播。种子发芽时,主根先经珠孔伸出种皮,并很快发生侧根。子叶开始时在种子内,从胚乳吸取营养,随着胚轴和子叶的不断发展,使种皮破裂,子叶才从种皮露出。而随着茎顶的生长,长出针状叶,并在叶腋长出短枝。

我国是松柏植物最古老的起源地,也是松柏植物最丰富的国家,并有大量的特有属种和第三纪孑遗植物。

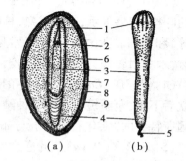

图 9.11 松属成熟的胚和种子

(a)种子纵切面;(b)胚的侧面观

1.子叶 2.胚芽 3.胚轴 4.胚根

5.胚柄 6.胚乳 7.内种皮

8.中种皮 9.外种皮

9.3.1　松科 Pinaceae

松科植物多为乔木。叶互生或簇生,针形或线形。孢子叶球单性同株。小孢子叶具有 2 个小孢子囊,小孢子多数有气囊。大孢子叶球的苞鳞和珠鳞常分离,珠鳞基部上侧有 2 个胚珠。种子上端常有 1 膜质翅。

松科是松柏植物最大而且具有较高经济价值的一个科,约有 11 属 240 多种。我国约有 10 属 120 多种,其中许多是特有属和孑遗植物。

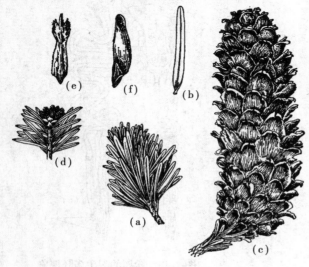

图 9.12　铁坚杉
(a)营养枝条;(b)叶;(c)球果;
(d)具小孢子叶球的小枝;(e)苞鳞;(f)种子和翅

（1）油杉属（Keteleeria）　叶条形,扁平,中脉在叶面隆起,单生。球果直立,当年成熟,种鳞不脱落,种子连翅几乎和种鳞等长。约 9 种,产于我国南方各省,为我国特有属。常见的有油杉[K. fortunei（Murr.）Carr.],分布于浙、闽和两广;铁坚杉[K. davidiana（Bertr.）Beissn.]（图 9.12）,分布于川、陕、鄂、湘、黔。

（2）冷杉属（Abies）　叶条形,扁平,中脉在叶面凹下,单生。枝具圆形而微凹的叶痕。球果直立,当年成熟,种鳞脱落。约近 50 种,我国约有 19 种,分布于东北至西南以及台湾省山区,多成纯林,用途很广,为我国天然林的主要资源之一。常见的有臭松（臭冷杉）[A. nephrolepis（Trauty.）Maxim.],分布于东北及华北;冷杉[A. fabri（Mast.）Craib.],分布于四川。

（3）铁杉属（Tsuga）　叶条形,扁平,单生,有短柄,叶下有白色气孔带。小枝有隆起或微隆起的叶枕,球果下垂,当年成熟,种鳞宿存。约 14 种,为第三纪孑遗植物,分布于亚洲(我国、日本等)和美洲。我国约有 5 种,常见有铁杉[T. chinensis（Franch.）Pritz.],分布于西南和西部各省区,木材耐腐蚀,树皮可提栲胶。种子含油 50%,可供工业用。

（4）银杉属（Cathaya）　叶条形、扁平,中脉在叶面凹下,单生。枝分长短枝。球果腋生,初直立后下垂,苞鳞短,不露出,种鳞宿存。仅有银杉[C. argyrophylla.（Chunet.）Kuang.]1 种,为我国所特有的“活化石”植物,分布于四川及广西。

（5）云杉属（Picea）　叶通常四棱状或扁棱状条形,或条形扁平,四面有气孔线或仅上面有气孔线。小枝有显著隆起的叶枕。球果下垂,种鳞宿存。约有 50 种,分布于北温带,特别是东亚。我国约有 19 种和 10 多个变种,广布于东北、西北、西南和台湾等地区的山区,组成大面积的天然林,为我国主要林业资源。木材纹理细致,可作舟车、家具等用,树干可提取松脂,树皮可制栲胶。常见的有云杉[P. asperata Mast.]（图 9.13、书前彩图）,产四川、甘肃和陕西;鱼鳞松[P. jezoensis var. microsperma（Lind.）Chengetl.],产东北。

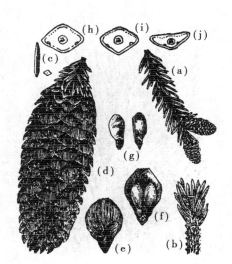

图9.13　云杉
(a)具球果的小枝;(b)小枝;(c)叶及其横切;
(d)球果;(e)~(f)种鳞的背腹面观;
(g)种子及翅;(h)~(j)叶的横切

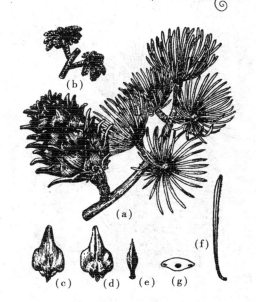

图9.14　金钱松
(a)具球果的枝条;(b)具小孢子叶球的小枝;
(c)~(d)种鳞的背、腹面观;
(e)苞鳞;(f)叶;(g)叶的横切

(6)落叶松属(*Larix*)　叶条状、扁平,簇生,脱落。小孢子叶球(雄球花)单生。种鳞革质,宿存。约15种左右,分布于北半球温带和寒带,我国约12种,广布于东北、西北、华北及西南,常组成纯林。材质坚韧、优良,可作建筑、舟车、桥梁等用。落叶松(兴安落叶松)[*L. gmelini* (Rupr.)Rupr.],产东北;红杉(*R. potaninii* Batal.),产西南、甘肃及陕西。

(7)金钱松属(*Pseudolarix*)　叶条状、扁平,簇生,脱落。小孢子叶球(雄球花)数个簇生。种鳞木质,脱落。仅有金钱松[*P. amabilis*(Nelson.)Rehd.](图9.14)1种,为我国特有属种,产华东和华中及四川各省区。

金钱松体形高大,树干端直,秋叶金黄,为珍贵的观赏树木之一,与南洋杉、雪松、日本金松和巨杉合称为世界五大公园树种。木材供建筑、桥梁等用,根皮药用治顽癣及食积等,种子可榨油。

(8)雪松属(*Cedrus*)　叶针状、坚硬,在短枝上簇生,常绿。球果次年成熟。种鳞木质,脱落。雪松[*C. deodara*(Roxb.)Loud.](图9.15),原产喜马拉雅山西部。我国引种历史悠久,现自大连以南各大城市广泛栽培,为著名观赏植物。

(9)松属(*Pinus*)　叶针形,通常2~5针一束,常绿。球果次年成熟,种鳞宿存。本属约100多种,广布于北半球。我国约有20多种,引种10多种,广布于全国各地,如东北的红松(*P. koraiensissieb. et* Zucc)、华北的油松(*P. tabulaeformis*)(图9.16)、中南的马尾松(*P. massoniana* Lamb.)、华东的黄山松(*P. taiwanensis* Hayata.)等。木材供枕木、建筑、造纸等用,树干可割取松脂和提取松节油,种子含油30%~40%,可食用或工业用,全株可入药。

本属除中华名松,如油松(*P. tabulaeformis* Cart.)、白皮松(*P. bungeana* Zucc.)外,园林中常用的国外松有日本的黑松(日本黑松)(*P. thumbergii* Parl.)、欧美的湿地松(*P. elliottii* Engelm.)等。

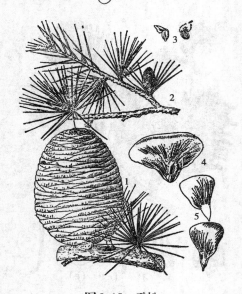

图9.15　雪松
1. 球果枝　2. 雄球花枝　3. 雄蕊
4. 种鳞　5. 种子

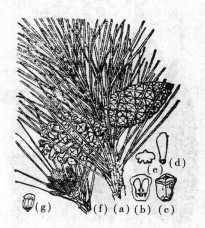

图9.16　油松
（a）具球果的枝条；（b）种鳞腹面观（示种子）；
（c）种鳞背面观；（d）种子；（e）1 个小孢子叶；
（f）具小孢子叶球的枝条；（g）珠鳞

9.3.2　杉科 Taxodiaceae

叶常两型，与小枝一起脱落。小孢子囊常多于 2 个，胚珠常多于 2。苞鳞小，与珠鳞合生。叶及种鳞均螺旋状排列，稀交互对生（水杉属）。种子两侧具窄翅或下部具翅。

杉科在侏罗纪就已存在。在白垩纪和第三纪杉科的数量极大，并广泛分布于北半球。现代的杉科植物已处于衰退状态，仅有 10 属 16 种，主要分布于北温带。我国产 5 属 7 种，已引种的有 4 属 7 种。本科有许多种，株形美观，常栽培用于观赏。

（1）**杉木属**（*Cunninghamia*）　叶互生，条状披针形，有锯齿。苞鳞大，种鳞小，能育种鳞有 3 粒种子。种子两侧具翅，有 2 种产于我国长江流域及以南各省区。杉木[*C. lanceolata*（Lamb.）Hook.]（图 9.17）为秦岭以南面积最大的人造林树种，生长迅速，有香气，耐久，可供建筑、桥梁、做家具等用，树皮、根、叶可入药。

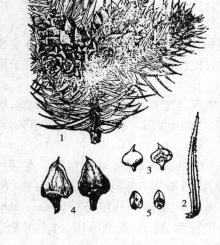

图9.17　杉木
1. 球果枝　2. 叶　3. 苞鳞及腹面珠鳞与胚珠
4. 苞鳞与珠鳞　5. 种子

（2）**柳杉属**（*Cryptomeria*）　叶钻形，螺旋状排列，常绿。种鳞盾形、木质、螺旋状排列。每种鳞有 5 ~ 9 粒种子。种子微扁，周围有窄翅。我国产柳杉(*C. fortunei* Hooibrenkex otto er Dietr.)(图9.18)1 种,叶端内弯,种鳞20 左右,每种鳞有种子2 粒;另从日本引入日本柳杉[*C. japonica* joponica(L. f)D. Don.]1 种,叶直伸,种鳞20～30个,每种鳞有种子2～5 粒。

(3)水松属(*Glyptostrobus*)　叶互生,异型,有条形叶及条状钻形叶的小枝冬季脱落,有鳞形叶的小枝不落。种鳞木质,扁平,先端有6～10 裂齿。能育种鳞有2 粒种子,种子下端有长翅。仅水松[*G. pensilis*(Staunt.)Koch.]1 种,为我国特有种,也是第三纪子遗植物,产华南和西南,全国各大城市均有栽培。耐水湿,根系发达,最宜河边湖畔绿化。木材供建筑、家具等用,枝、叶、果可入药。

(4)落羽杉属(落羽松属)(*Taxodium*)　叶互生,条形或钻形,有条形叶的小枝冬季脱落,有钻形叶的小枝宿存。种鳞木质,盾形。能育种鳞有2 粒种子,种子三棱形,棱脊上常有厚翅。3 种,落羽杉[*T. distichum*(Linn.)Rich.]、池杉(*T. ascendens* Brongn.)(图9.19),原产北美及墨西哥,为古老的子遗植物,在我国园林绿化中已引种栽培。

(5)水杉属(*Metasequoia*)　叶条形,交互对生,两列状,脱落。种鳞盾形、木质、交互对生。能育种鳞有5～9粒种子。种子扁平,周围有翅。仅有水杉(*M. glgptostroboides* Huet cheng.)(图9.20、书前彩图)1 种,为我国特有树种,是珍贵的子遗植物,产于川东、鄂西及湘西北,现世界各国广泛引种栽培。水杉姿态优美,叶色嫩绿宜人,秋叶转棕褐色,为著名的园林观赏树种。木材轻软,可供建筑、家具等用。水杉曾被认为是介于杉科与柏科之间的植物,而单列为水杉科(Metasequoi-aceae)。

图9.18　柳杉
1. 球果枝　2. 种鳞　3. 种子　4. 叶

我国杉科植物属于第三纪子遗种的还有产于台湾的台湾杉(*Taiwania cryptomerioides*)。我国引种栽培的杉科植物约有4 属7～8 种,其中红杉(赤木世界爷)[*Sequoia sempervirens*(Lamb.)Endl.]和巨杉(世界爷)[*Sequoiadendron giganteum*(Lindl.)],都是有名的巨树,高达100 m,直径达8～11 m,树龄分别可达2 000 及4 000 年,都是北美的单种属。

9.3.3　柏科 Cupressaceae

叶对生或轮生,鳞片状或刺形。小孢子囊常多于2 个,胚珠也常多于2 个。种鳞盾形,木质或肉质,交互对生或轮生。种子两侧具窄翅或无翅,或上部有1 长1 短的翅。

柏科大约早在侏罗纪就已存在,白垩纪及第三纪时达到极盛,现代约有20 属145 种,广泛分布于全世界。我国约有8 属近40 种,另引种栽培1 属。柏科植物比松、杉类在园林绿化中应用广泛,且类型、品种也比较多。

图9.19　落羽杉与池杉

1,2.落羽杉(1.叶枝　2.叶)　3～6.池杉(3.球果枝
4.雄球花枝　5.小枝一段　6.种子)

图9.20　水杉

1.球果枝　2.球果　3.种子　4.雄球花枝
5.雄球花　6～7.雄蕊

　　(1)侧柏属(*Platycladus*)　叶鳞形,交互对生,小枝扁平,排成一平面,直展。孢子叶球单性
同株,单生于短枝顶端。球果当年成熟,种鳞4对,扁平,背部近顶端具反曲的尖头。种子1～2
枚,无翅或有棱脊。仅有侧柏[*P. orientalis*(Linn.)Franco.](图9.21)1种,我国特产,除新疆、
青海外,全国各地均有栽培。木质细密;枝叶入药,有止血、利尿、健胃之功能;种子可榨油,入药
滋补强壮、安神润肠。

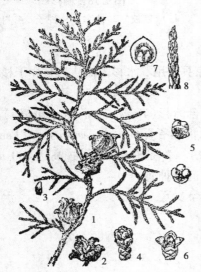

图9.21　侧柏

1.球果枝　2.球果　3.种子　4.雄球花　5.雄蕊
6.雌球花　7.珠鳞及胚珠　8.鳞叶枝

图9.22　柏木

1.球果枝　2.雄球　3.雌球花　4.珠鳞及胚珠
5.种子　6.鳞叶枝

　　(2)柏木属(*Cupressus*)　叶鳞形,交互对生,先端尖。小枝扁平,排成一平面,下垂。孢子

叶球单性同株,单生于枝顶。球果翌年成熟;种鳞4对,盾形。种子多数,具窄翅。约20余种,分布于北美、东南欧至东亚。我国有3种,常见的有柏木(垂丝柏)(*C. funebris* Endl.)(图9.22),分布于华东、中南、西南以及甘肃和陕西南部。材质优良,种子可榨油,全株可药用及提取挥发油。

(3)圆柏属(*Sabina*)　叶鳞形或刺形,刺形叶基部无关节,下延生长。孢子叶球单性,异株,单生于枝顶。种鳞完全结合,熟时不张开。种子无翅。约50余种,分布于北温带。我国约20余种,广布。常见有圆柏(桧柏)[*S. chinensis*(L.)Ant.](图9.23),各地多栽培为园林树种。木材供建筑等用,枝叶入药,根、干、枝叶可提取挥发油,种子可提取润滑油。

(4)刺柏属(*Juniperus*)　全为刺叶,轮生,叶基部有关节,不下延。孢子叶球单性,同株,单生于叶腋。种鳞完全结合,熟时不张开。种子无翅。约10余种,分布于北温带及北寒带。我国产3种,另引栽1种。常见有刺柏(*J. formosana* Hayate.)、杜松(*J. rigida* Sieb.),各地多栽培为园林树种。

柏科植物常见的有福建柏属(*Fokienia*),仅有福建柏[*F. hodginsii*(Dunn.)Henry et Thomas.]是我国特有的1种,广泛栽培于各地。

此外,南洋杉科(Araucariaceae)有2属40余种,是南半球的主要针叶树种。其中我国南方引种的南洋杉(*Araucaria cunninghamia* Sweet.)等是具有观赏价值的园林植物。

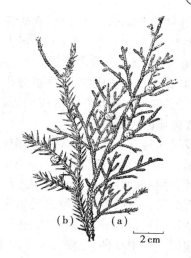

图9.23　圆柏
(a)具鳞形叶的枝条;(b)具刺形叶的枝条

9.4　红豆杉纲(紫杉纲)Taxinae

红豆杉纲

木本,多分枝。叶为条形或条状披针形,稀为鳞状钻形或阔叶状。孢子叶球单性,异株或稀同株。大孢子叶特化为鳞片状的珠托或套被。种子具有肉质的假种皮或外种皮。

红豆杉纲植物包括罗汉松科(Podocarpaceae)、三尖杉科(粗榧科)(Cephalotaxaceae)和红豆杉科(紫杉科)(Taxaceae)等,在系统发育上紧密相关,可能是共同起源的3个科。

9.4.1　罗汉松科(竹百科)Podocarpaceae

乔木或灌木。管胞具单列或稀2列的缘孔,木质线单列,无树脂道。单叶互生或稀对生,宽披针形至针形或鳞片形。孢子叶球单性异株,稀同株。小孢子叶球大多数单生或稀聚生成柔荑花序状,由螺旋状排列的多数小孢子叶和不孕性叶组成。小孢子叶背腹性,小孢子囊2个。小孢子大多数有2个气囊,少数有3个,稀为3~6个。大孢子叶球着生于托苞片的腋内,有时完全合生,通常在主轴上排列成各式球序,或仅有1个大孢子叶。大孢子叶变形为套被,包围着胚珠,或在胚珠基部缩小成杯状,有时完全与珠被合生。雄配子体的营养细胞 6~8 个或 4~6 个;精子 2 个,通常仅 1 个具有机能,另 1 个较小并很快衰退。雌配子体有发达的大孢子膜;颈卵器 2 个,稀 3~5 个或少数多达 20 个。前胚的构造变异大,但通常具有双核的细胞。胚有多胚现象,子叶 2 个。种子成熟时,珠被分化成薄而石质的外层和厚而肉质的内层等 2 层种皮,套被变为革质的假种皮;或珠被变成极硬而石质的种皮,套被变成肉质的假种皮,而托苞片有时变为肉质或非肉质的种托。

罗汉松科有 2 属 130 多种,其中种属最多,分布最广的是罗汉松属,其他各属种类较少或为单种属,分布也有一定的局限性。南半球是罗汉松科的主要分布区,它们是山地森林的重要组成树种,并在侏罗纪、白垩纪及第三纪地层中发现大量的化石遗体。北半球只有少数属种。我国约有 2 属 14 种,下面以罗汉松属为例说明其主要特征。

罗汉松属(*Podocarpus*) 大孢子叶球腋生,套被与珠被合生。种子核果状,全部为肉质假种皮包围。约 100 种,主要分布于南半球。我国约有 13 种及 3 变种,主要分布在云南、两广及台湾。常见的有竹柏[*P. nagi*(Thunb.)Zoll. etmor.](图 9.24),为华南园林及造林树种。种子含油 30%,供工业用及食用。罗汉松[*P. macrophyllus*(Thunb.) D. Don.](图 9.25、书前彩图)在各地栽培,为园林绿化或观赏植物。鸡毛松(*P. imbricatus* Bl.)分布于广东、海南、广西及云南南部,木材供建筑、造船、家具等用。

图 9.24　竹柏
1.种子枝　2.雄球花枝　3.雄球花
4.雄蕊　5.雌球花枝

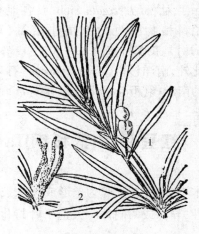

图 9.25　罗汉松
1.种子枝　2.雄球花枝

9.4.2　三尖杉科(粗榧科)Cephalotaxaceae

本科仅有三尖杉属(*Cephalotaxus*)粗榧属。三尖杉属为常绿小乔木或灌木,具近对生或轮生的枝条及鳞芽。管胞具单列纹孔及 2 条或 1 条大形螺纹增厚。射线常单列,髓心具树脂沟。孢子叶球通常单性,异株。小孢子叶球 6~11 个组成球状总序。小孢子叶具 2~5 个,但通常是 3 个稍有悬垂的小孢子囊:小孢子球形,无气囊,具极退化而残余的槽。大孢子叶变态为囊状珠托,生于苞腋,成对组成大孢子叶球,3~4对交互对生的大孢子叶球组成大孢子叶球序。胚珠具离生的大孢子囊。种子核果状,成熟时完全包围在由珠托变成的肉质假种皮中,珠被变为石质的种皮。胚具2子叶,早期的胚细胞全部是具单核的细胞。

三尖杉属在系统发育上与罗汉松属的原始代表密切相关,是罗汉松科与红豆杉科之间的一个中间环节。在北半球白垩纪和第三纪地层中曾发现它们的代表。全属约有8种,主要分布在东亚,尤其是我国的华中、华南和台湾地区。我国产有7种及1变种,引入1种。木材富弹性,可供制农具;种子可榨油,供制漆、腊、肥皂、润滑油等;全株含有三尖杉生物碱,供制抗癌药物。分布较广的有三尖杉(*C. fortunei* Hook. f.)(图9.26),及我国特有的第三纪孑遗植物粗榧[*C. sinensis* (Rehd. et wils.) Li.]等。

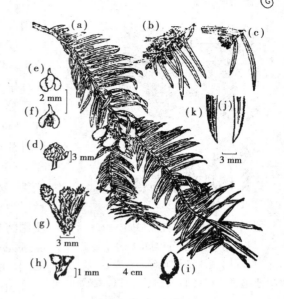

图9.26 三尖杉
(a)具种子的枝条;(b)具小孢子叶球的枝条;
(c)具大孢子叶球的枝条;(d)小孢子叶球;
(e)小孢子叶正面观;(f)小孢子叶内面观;
(g)大孢子叶球;(h)大孢子叶;(i)成熟的核果状种子;
(j)叶的腹面观;(k)叶的背面观

9.4.3 红豆杉科(紫杉科)Taxaceae

乔木或灌木,具鳞芽。管胞具大形螺纹增厚,木射线单列,无树脂沟。叶披针形或条形,互生或近对生,由于叶柄的扭转而多少成2列;叶面中脉凹陷;叶背具两条气孔带、凸起的中脉和2条边带。孢子叶球单性异株,稀同株。小孢子叶球通常单生,或少数成柔荑花序状球序。小孢子叶通常辐射对称,或少数具背腹性,具6~8个小孢子囊。小孢子球形,无气囊,外壁具颗粒状纹饰,单核状态时即传播。大孢子叶球通常单生,或少数2~3对组成球序。大孢子叶球基部具多数成对对生的苞片,顶端有1个变态为珠托的大孢子叶。雄配子体完全没有营养细胞,雌配子体具有1~3或8个颈卵器。具多胚现象,2子叶。成熟种子核果状或坚果状,包于肉质而鲜艳的假种皮中。

红豆杉科约有4属20种,分布于北半球。我国为本科的分布中心,约有4属10余种,其中白豆杉属(*Pseudotaxus*)和穗花杉属(*Amentotaxus*)为我国所特有。

(1)红豆杉属(紫杉属)(*Taxus*) 叶螺旋状排列,无树脂道,气孔带淡黄或淡绿色。孢子叶球单生(图9.27)。种子生于红色肉质的杯状假种皮中。为本科数量最大、分布最广的1个属,约10余种,分布于欧、亚及北美。我国约有3~4种,广布全国。红豆杉[*T. chinensis* (Cpiger.) Rehd.]分布于甘肃南部至两广和西南,是我国特有的第三纪孑遗植物,近年来各地园林中已有引种栽培。木材水湿不腐,为水工工程的优良用材;种子含油60%以上,供制皂、润滑油及

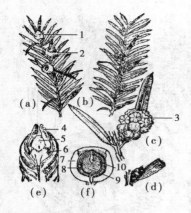

图 9.27　红豆杉属

(a)具大孢子叶球的枝条；

(b)具小孢子叶球的枝条；

(c)小孢子球；(d)大孢子叶球(示腋生)；

(e)大孢子叶纵切；(f)种子纵切

1.未成熟的种子　2.已成熟的种子

3.小孢子囊　4.珠被　5.珠心

6.假种皮原基　7.假种皮　8.种皮

9.胚珠　10.胚

药用。

(2)白豆杉属(*Pseudotaxus*)　小枝近对生或近轮生。叶螺旋排列，无树脂道，气孔带具白粉。孢子叶球单生，种子生于白色肉质的杯状假种皮中。仅白豆杉[*P. chienii*(Cheng.)Cheng.]1 种，为我国特有，产浙江、江西和两广。可作园景树，杭州等地已引种栽培。木质优良，可供农具、雕刻、器具等用。

(3)穗花杉属(*Amentotaxus*)　叶交互对生，有树脂管。小孢子叶球聚生成穗状，大孢子叶球单生。种子生于囊状肉质假种皮中，仅顶端尖头露出。为我国特有属有 3 种，分布于南方各省区。穗花杉[*A. argotaenia*(Hance.)Pilget.]，分布于两广、两湖、江西、甘肃、四川及西藏。木材供做农具、家具等；种子含油 50%，可制肥皂等。

(4)榧树属(*Torreya*)　叶交互对生，有树脂管。小孢子叶球单生，大孢子叶球成对对生。种子全部包于肉质假种皮中。约 6 种，分布于我国、日本及北美。我国约产 4 种，引种 1 种。榧树(香榧)(*T. grandis* Fort.)，是我国特有的第三纪孑遗植物，产华东及湖南、贵州等地。材质优良，供桥梁、舟车等用；假种皮与叶可提香榧油，种子可食用及药用。

9.5　买麻藤纲 Gnetinae
(盖子植物纲 Chlamydosperminae)

买麻藤纲

次生木质部有导管，无树脂沟。叶对生，鳞片状或阔叶。孢子叶球序二叉分枝，孢子叶球有类似于花被的盖被，或有两性的痕迹。胚珠具 1~2 层珠被，具珠孔管。精子无鞭毛，颈卵器极其退化或无。胚具 2 子叶。

买麻藤纲植物包括麻黄属(*Ephedra*)、买麻藤属(*Gnetum*)和百岁兰属(*Welwitschia*)3 个缺乏密切亲缘关系的类群，各自形成 3 个独立的科。

9.5.1　麻黄科 Ephedraceae

麻黄属(*Ephedra*)(图 9.28、书前彩图)　灌木、多分枝、次生木质部除管胞外还有导管。叶对生或 3~4 叶轮生，退化成鳞片状。孢子叶球单生，通常异株。小孢子叶球序对生或 3~4 个轮生。小孢子叶球具 2 片盖被，2~8 个小孢子聚囊；小孢子椭圆形，具多条纵沟槽。大孢子叶球序由成对或 3~4 对大孢子叶球组成。大孢子叶球基部具有数对苞片，顶端生有 1~3 个胚珠，每个胚珠均由 1 个特别厚的肉质的囊状盖被(外珠被)包围着。珠被上部延长成充满液体的珠孔管。小孢子萌发基本与松属相似，最后形成 1 个管细胞核和 1 个生殖细胞核，后者再分裂为 1

个足核和 1 个精核,精核分裂成 2 个无鞭毛的精子。大孢子发育成巨大的雌配子体,通常发育成 2 个,有时 1 个或稀为 3 个颈卵器。颈卵器具有 32 个或更多的细胞构成的长颈,中央细胞核分裂为卵核和腹沟细胞核。传粉主要是风媒,极少数为虫媒。种子成熟时,盖被变为木质或稀为肉质的假种皮包围着种子,珠被则成膜质种皮,大孢子叶球基部的苞片通常变成红、橙或黄色并肉质化,这是对借动物传播的一种适应,然而也有变为干膜质甚至木质化。

麻黄属有 40 多种,都是典型的旱生植物,分布于全世界的沙漠、半荒漠、干旱草原地区。我国西北部和北部分布极其普遍,约有 12 种及 5 变种。最普遍的是草麻黄(*E. sinica* Stapf.),是著名的中药材,含麻黄碱,枝叶具镇咳、发汗、止喘、利尿等功效。

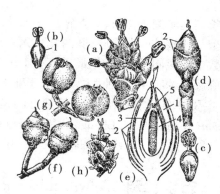

图 9.28　麻黄属
(a)小孢子叶球总序;(b)～(c)小孢子叶球;
(d)大孢子叶球总序(示仅有 1 个大孢子叶球);
(e)大孢子叶球的纵切面;(f)～(h)各种麻黄的种子
1.盖被　2.苞片　3.珠被　4.珠心　5.贮粉室

9.5.2　买麻藤科 Gnetaceae

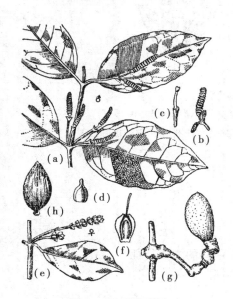

图 9.29　买麻藤属
(a)具种子球总序的枝;(b)小孢子叶球总序;
(c)小孢子叶球;(d)不孕性大孢子叶球;
(e)大孢子叶球总序;(f)小孢子叶球纵切面;
(g)具种子的小枝;(h)去掉外种皮的种子

买麻藤属(*Gnetum*)(图 9.29)　绝大多数为缠绕性大藤本,极个别为乔木或灌木。具多列圆形具缘孔的管胞和导管、宽的射线、厚的韧皮部及多数黏液沟,以及位于韧皮部外侧的针状细胞层。叶对生,宽阔,羽状网脉。孢子叶球序轮状腋生,单性同株或异株。小孢子叶球具管状盖被、每个小孢子叶具 1～2 个或 4 个小孢子囊。大孢子叶球 3～8 个轮生,围以基部合生的对生苞片。大孢子叶球具 2 层盖被,外盖被极厚,是由 2 个盖被片合生而成,内盖被是外珠被。珠被上端伸长成珠孔管。大孢子囊内通常有 2～3 个大孢子母胞,各自形成 4 个大孢子,其中若干个能够萌发形成雌配子体。雌配子体靠近珠孔部分呈游离核状态。到受精时分化出来 1,2 或 3 个游离核,在其周围形成细胞质而近似于被子植物的卵核,并不形成颈卵器。小孢子萌发成 4 核状态时,似乎是由昆虫传至珠孔管分泌的传液滴上,随着滴液的干涸而吸入珠孔管中,并形成花粉管。花粉管生长到达雌配子体时,2个精子、管核和一些细胞质即流入雌配子体,2个精子向卵核移动,其中1个与卵核结合形成胚,胚的发育无游离核阶段,具有发达的胚根、长的胚轴和2枚子叶。虽可有数个卵核同时受精,但最后只有1个胚发育成熟。

买麻藤属约有40多种,主要分布于亚洲和南美洲热带,是热带森林植物。我国约有7种及3变种,主要分布于华南和云南,最常见的是买麻藤(*G. montanum* Markgr.)和小叶买麻藤[*G. parvifolium*(Warb.)C. Y. Cheng.],茎皮纤维可制麻袋、渔网等,种子可食或榨油。

9.5.3　百岁兰科 Welwitschiaceae

百岁兰属(*Welwitschia*)　仅有百岁兰[*W. bainesii*(HK. f.)Carr]1种,为典型的旱生植物,分布于西南非洲沙漠地带。茎粗短,块状,终生只有1对大型带状叶子(图9.30)。叶长达2~3 m,可生存百年以上。孢子叶球序单性异株,生于基顶凹陷处。小孢子叶球具6个基部合生的小孢子叶,中央有1个不完全发育的胚珠。

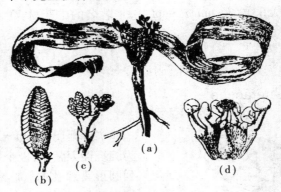

图9.30　百岁兰
(a)植株外形;(b)大孢子叶球序;(c)小孢子叶球序;
(d)小孢子叶球[示轮生的小孢子叶和不完全发育的胚珠(盖被已除去)]

复习思考题

1.简述裸子植物的主要特征。

2.简述苏铁纲的主要特征,并以苏铁为例说明苏铁科的主要特征。

3.说明银杏纲的主要特征,并简述银杏的主要特征。

4.简要说明松科和杉科的主要区别。

5.柏科有哪些主要特征? 柏科中常见的园林植物有哪些?

6.红豆杉纲有哪些主要特征? 它包括哪几个科?

7.简述买麻藤纲的主要特征,并说明麻黄科和买麻藤科的主要区别。

10 被子植物的分类

盆景欣赏

[本章导读]

被子植物是植物界发展到最高级、最繁荣昌盛的一个类群。在这个类群中,有许多种类都在园林绿化中发挥着重要作用。本章主要讲述被子植物的分类原则,主要科的形态特征、花程式和识别要点,每科主要代表植物的分布繁殖和用途。通过本章学习掌握常见园林植物的识别要点,正确识别园林绿化中常用的园林植物。

10.1 被子植物的分类原则

被子植物的形态多种多样,无论是营养器官或生殖器官都比其他类群的植物复杂。植物器官的形态、结构是经过长期演化形成的。其基本规律是由简单到复杂,由水生到陆生,从低级到高级。而植物的进化主要是植物有机体和外界环境的相互作用,新陈代谢类型的改变,使植物的形态和结构也发生了相应的变化,最终形成了植物有机体与环境的统一、植物个体发育与系统发育的统一。

被子植物分类是依据进化的原则。经典的植物分类以植物各部分器官的形态学特征,尤其是生殖器官的形态结构作为重要依据。近年来出现的染色体分类和数量分类以及根据化学成分的分类,对明确某些被子植物在系统演化上有争论的科、属位置,也起了重要的作用。

现将植物的原始性状和进化性状用表格的形式列出,如表 10.1 所示。

表 10.1　被子植物形态性状的演化趋势

（引自贺学礼）

	初生的、原始性状	次生的、较进化的性状
根	1. 主根发达	1. 不定根发达
茎	2. 木本	2. 草本
	3. 直立	3. 缠绕或攀缘
	4. 无导管，只有管胞	4. 有导管
	5. 具环纹、螺纹导管，梯纹穿孔，斜端壁	5. 具网纹、孔纹导管，单穿孔，平端壁
叶	6. 常绿	6. 落叶
	7. 单叶、全缘，羽状脉	7. 复叶，有缺刻或分裂，叶形复杂化，掌状脉
	8. 互生（螺旋状排列）	8. 对生或轮生
花	9. 花单生	9. 花形成花序
	10. 有限花序	10. 无限花序
	11. 两性花	11. 单性花
	12. 雌雄同株	12. 雌雄异株
	13. 花部呈螺旋状排列	13. 花部呈轮状排列
	14. 花的各部多数而不固定	14. 花各部数目不多，有定数（3、4 或 5）
	15. 花被同形，不分化为萼片和花瓣	15. 花有萼片和花瓣，或退化为单被花、无被花
	16. 花各部离生（花被、雄蕊、雌蕊）	16. 花各部合生（花被、雄蕊、雌蕊）
	17. 整齐花	17. 不整齐花
	18. 子房上位	18. 子房下位
	19. 花粉粒具单沟，二细胞	19. 花粉粒具 3 沟或多孔，三细胞
	20. 胚珠多数，2 层珠被，厚珠心	20. 胚珠少数，1 层珠被，薄珠心
	21. 边缘胎座、中轴胎座	21. 侧膜胎座、特立中央胎座及基底胎座
果实	22. 单果、聚合果	22. 聚花果
	23. 真果	23. 假果
种子	24. 种子有发达的胚乳	24. 无胚乳（营养贮藏于子叶中）
	25. 胚小，直伸，子叶 2 个	25. 胚弯曲或卷曲，子叶 1 个
生活型	26. 多年生	26. 一年生或两年生
	27. 绿色自养植物	27. 寄生或腐生异养植物

10.2 被子植物分科概述

10.2.1 双子叶植物纲和单子叶植物纲的区别

被子植物分为两个纲:双子叶植物纲和单子叶植物纲,两个纲的主要区别如表 10.2 所示。

表 10.2 双子叶植物纲与单子叶植物纲的比较

双子叶植物纲(木兰纲)	单子叶植物纲(百合纲)
1.叶具网状脉 2.花部通常 5 或 4 基数,极少 3 基数 3.花粉具 3 个萌发孔	1.叶具平行脉或弧形脉 2.花部常 3 基数,极少 4 基数,绝无 5 基数 3.花粉具 1 个萌发孔

10.2.2 双子叶植物纲 Dicotyledoneae 的主要科

木兰科

1)木兰科 Magnoliaceae

形态特征:落叶或常绿,乔木或灌木,稀藤本。树皮、叶和花均有香气。单叶互生,全缘,稀浅裂,托叶大,包被幼芽,脱落后在节上留下环形托叶痕。花大,单生枝顶或腋生,两性花;花被花瓣状,3 数,多轮,每轮 3~4 片;雄蕊和雌蕊均多数,离生,螺旋状排列在柱状花托上,雄蕊在上部,雌蕊在下部;子房 1 室,含 1 至多数胚珠。果实多为聚合蓇葖果,稀为蒴果或翅果。

分布:本科约 14 属,250 种,分布于亚洲东部和南部、北美的温带至热带;我国约 11 属,90 余种,主产东南部至西南部。

花程式:$* \quad P_{6\sim15} \quad A_{\infty} \quad \underline{G}_{\infty:1:1\sim\infty}$

识别要点:木本。单叶互生,枝上有环状托叶痕。花两性,单生,花被 3 基数;雌雄蕊多数,离生,螺旋排列于伸长的花托上,果为聚合蓇葖果。

本科主要园林植物:

(1)木兰属 *Magnolia* L.

①玉兰(白玉兰、应春花、玉堂春)*M. denudata* Desr.(图10.1、书前彩图)

鉴别特征:落叶乔木,高达 15 m。幼枝及芽具柔毛,花芽大,密被灰黄色长绢毛。叶倒卵形至倒卵状长椭圆形,长 10~15 cm,先端突尖,基部圆形或广楔形,幼时背面有毛。花大,径 12~15 cm,花被 9 片,近等大,纯白色,有香气,厚而肉质。花期 3 月,先叶开放,果期 9—10 月。

繁殖方式:播种、嫁接或压条繁殖。

图 10.1 玉兰
1.叶枝　2.花枝　3.去花被后之花
(示雄蕊群和雌蕊群)

图10.2　紫玉兰
1.花枝　2.果枝

分布与用途:产浙江、江西、湖南、安徽、广东、福建,黄河以南各地均有栽培。玉兰早春先叶开花,满树皆白,晶莹如玉,幽香似兰。花被片厚实而清香,为驰名中外的庭园观赏树种。宜植于厅前、院后,与西府海棠、迎春、牡丹、桂花配植,象征"玉堂春富贵"。在庭园中均可孤植、丛植,或作园景树。

②紫玉兰(木兰、木笔、辛夷)M. *liliflora* Desr.(图10.2)

鉴别特征:落叶小乔木,高3~5 m。小枝褐紫色,无毛;花芽密被灰黄色柔毛。叶椭圆状倒卵形,长10~18 cm,先端渐尖,基部楔形,背面脉上有毛,托叶痕达叶柄中部以上。花被片外轮3,萼片状,披针形,黄绿色,长约为花瓣1/3,早落;内轮6,外面紫色,内面近白色。花期3—4月,果期9—10月。

繁殖方式:扦插、压条、分株或播种繁殖。

分布与用途:原产我国中部,现广为栽培。紫玉兰花蕾大如笔头,有"木笔"之称。花芽晒干后为著名的中药"辛夷"。紫玉兰在我国栽培历史悠久,为我国传统花木之一。作庭园观赏树,配植于庭院室前或丛植于草地边缘。

③荷花玉兰(广玉兰、洋玉兰)M. *grandiflora* L.(图10.3、书前彩图)

鉴别特征:常绿乔木,高可达30 m。小枝、芽、叶柄和叶背及果实均密被锈色绒毛。叶倒卵状长椭圆形,长12~20 cm,厚革质,先端钝,基部楔形,表面亮绿色,缘微波状。花杯形,白色,直径可达20~25 cm,花被片9~12,花期6—7月,果期9—10月。

繁殖方式:嫁接、压条、播种繁殖。

分布与用途:产于北美东南部,我国长江流域以南各城市普遍栽培。荷花玉兰绿荫浓密,花大似荷,洁白清香,为优良的园景树、绿荫树。在庭园中可孤植于草地中央作为主景,亦可列植于通道两旁,对高大建筑物是很好

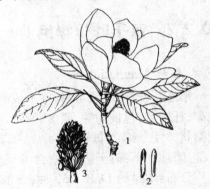

图10.3　荷花玉兰
1.花枝　2.雄蕊　3.聚合果及种子

的配景树种。抗烟尘,对 Cl_2,SO_2,HCl 有较强的抗性,适宜工矿区绿化。

图10.4　含笑
1.果枝　2.花

(2)含笑属 *Michelia* L.　含笑 M. *figo*(Lour.)Spreng.(图10.4、书前彩图)

鉴别特征:常绿灌木,高2~5 m。小枝、芽、叶柄和花梗均密生黄褐色绒毛。叶较小,倒卵形或卵状长椭圆形,长4~10 cm,背面中脉常留有黄褐色平伏毛;叶柄极短,长仅4 mm,密被粗毛。花直立,径2~3 cm,花被片淡乳黄色,边缘带紫晕,具浓郁香蕉香气。花期3—6月,果期7—8月。

繁殖方式:扦插、压条、嫁接或播种繁殖。

分布与用途:产于福建和广东一带,广植于全国各地,在长江流域及以北地区需温室越冬。含笑花常不满开,似含笑状,以此得名。树形整齐,枝叶繁茂,四季常青。春季香花满树,清香宜

人,为我国庭园绿化的主要树种。多用于庭院、草坪、小游园、街道绿地、树丛林缘配植,亦可栽培作室内装饰。

本科还有木莲、厚朴、二乔玉兰、黄兰、白兰、醉香含笑、观光木等,均为园林绿化中常用的树种。

2) 毛茛科 Ranunculaceae

形态特征:草本,稀为木质藤本或灌木。单叶,掌状、羽状分裂,或为复叶,互生或对生,无托叶。花两性,稀单性,辐射对称或两侧对称,单生或排成聚伞、总状、圆锥花序;花萼3至多数,有时花瓣状;花瓣3至多数,有时无;雄蕊多数,离生,螺旋状排列;心皮常多数,稀退化为1,分离或部分合生;子房1室,胚珠1至多数。聚合蓇葖果或聚合瘦果,稀为浆果或蒴果。

分布:本科约48属,2 000种,主产北温带;我国约有40属,600多种,各地均有分布。

花程式:$*,\uparrow\ K_{3\sim\infty}\ C_{3\sim\infty}\ A_\infty\ \underline{G}_{\infty:\infty:\infty\sim1}$

识别要点:草本或木本。萼片、花瓣常5,或无花瓣,萼片花瓣状;雄、雌蕊多数,离生。聚合蓇葖果或聚合瘦果。

本科主要园林植物有芍药属 *Paeonia* L.。

(1)牡丹(木芍药、洛阳花、富贵花)P. *suffruticosa* Andr.(图10.5、书前彩图)

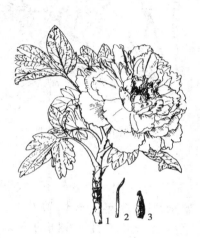

图10.5　牡丹
1. 花枝　2. 雄蕊　3. 雌蕊

鉴别特征:落叶灌木,高1~2 m,分枝多而粗壮。二回三出复叶,小叶宽卵形至卵状长椭圆形,先端3~5裂,基部全缘,叶背有白粉。花大,单生枝顶,径10~30 cm,单瓣或重瓣,花色丰富,有白、粉红、深红、紫红、黄、豆绿等色。雄蕊多数,心皮5枚,有毛,全被革质花盘所包。聚合蓇葖果,密生黄褐色硬毛。花期4—5月,果期9月。

牡丹品种繁多,已达500多个品种。常以花型为主分为单瓣类、半重瓣类、重瓣类3类11个花型。我国以河南洛阳、山东菏泽的牡丹最著名,有"洛阳牡丹甲天下"之誉。

繁殖方式:以分株、嫁接、扦插为主。播种用于新品种培育。

分布与用途:原产我国西部及北部,现各地有栽培。牡丹为我国特产名花,花大美丽,香色俱佳,富丽堂皇,素有"国色天香"之美誉,被誉为"花中之王"。牡丹可用于各类园林中美化环境,孤植、丛植、片植于庭院中,或与山石配植。因其品种繁多,故可在大型公园或风景名胜区建立牡丹园;也可盆栽观赏或作切花栽培。牡丹根可入药,称丹皮,有清热、凉血散瘀之功能,叶可作染料,花可浸酒及提制香精,种子可榨油。

图10.6　紫斑牡丹
1. 花枝　2. 雄蕊　3. 蓇葖果

图 10.7 四川牡丹
1.花枝 2.雄蕊

①紫斑牡丹（秋水洛神、张纱笼玉）P. *papaveracea* Andr.（图10.6）

鉴别特征:落叶灌木,高1~2 m。2~3回羽状复叶,小叶不裂,稀3浅裂,叶背沿脉疏生黄褐色柔毛。花大,顶生,径12~15 cm,单瓣,白色或粉红色,花瓣基部有紫红色斑块,子房密生黄色短毛。

分布:产四川北部、陕西南部、甘肃等地。为珍稀濒危植物。我国西北地区有少量栽培。

②四川牡丹 P. *szechuanica* Fang.（图10.7）

鉴别特征:落叶灌木,高1~2 m。2回或3回羽状复叶,顶生小叶菱形,常3裂,裂片有稀疏粗齿。花单生枝顶,径8~14 cm,单瓣,粉红色或淡紫色;子房光滑无毛。

分布:产四川马尔康和金川一带,常生长在海拔2 600~3 100 m的山坡或沟沿边。

（2）芍药（白术、婪尾春、绰约、梨食、殿春）P. *lactiflora* Pall.（图10.8、书前彩图）

鉴别特征:多年生草本,高0.6~1.2 m。根肉质,粗壮。茎丛生,茎部有红绿相间的条纹。二回三出复叶,小叶3深裂。花单生枝顶或生于叶腋,有长梗,直径10~20 cm,单瓣或重瓣,有紫红、粉红、黑红、黄、白等花色。花期4—5月。

芍药品种甚多,花色丰富,花型极富变化,一般按花型、花色、花期、用途等分类。

繁殖方式:常用分株、播种、根插繁殖,种子繁殖仅用于培育新品种。

分布与用途:原产我国北部、日本及俄罗斯西伯利亚一带,朝鲜亦有分布,我国除华南地区均有较多栽培。芍药花雍容华贵、娉婷娇娜,花形、花色变化多,适应性强,在园林中常成片栽培,是配植花境、花坛及设置专类园的良好材料,在林缘或草坪边缘可作自然式丛植或群植,亦可作盆栽或切花。芍药根入药叫赤芍、白芍,有养血、止痛之功效。

图 10.8 芍药

本科还有花毛茛、小木通、秋牡丹、耧斗菜、大花飞燕草等,均为栽培观赏的植物。本科农田杂草有毛茛、石龙芮、水葫芦苗等。

3）桑科 Moraceae

形态特征:常绿或落叶,乔木、灌木或木质藤本,稀草本。常有乳汁。单叶互生,稀对生,托叶小,早落。花单性,雌雄同株或异株,排成葇荑、穗状、头状或隐头花序;单被,4数,雄蕊与花被同数且对生;子房上位,2心皮,1室,每室胚珠1。由瘦果、坚果或核果组成聚

桑科

花果或隐花果,种子有胚乳,胚多弯曲。

分布:本科约70属,1 800种,分布于热带、亚热带及温带;我国有16属,160余种,主要分布于长江流域及以南地区。

花程式:♂ : $* K_{4\sim6}\quad C_0 A_{4\sim6}$ ♀ : $* K_{4\sim6}\quad C_0 \underline{G}_{(2:1:1)}$

识别要点:木本,常有乳汁。单叶互生。花小,单性,集成各种花序,单被花,4基数。坚果、核果集合为各式聚花果。

本科主要园林植物:

(1)桑属 *Morus* L.　桑树(白桑、家桑)*M. alba* L.(图10.9、书前彩图)。

鉴别特征:落叶乔木,高达16 m。叶卵形或宽卵形,长5～18 cm,先端尖,基部圆形或心形,缘具粗钝齿,幼树叶常有浅裂或深裂,基出三出脉,叶表无毛,叶背沿脉有白色疏毛,脉腋有簇生毛。聚花果(桑葚)长1～2.5 cm,熟时紫黑色、红色或白色,多汁味甜。花期4月,果期5—7月。

龙爪桑 cv. Tortuosa　枝条自然扭曲。

垂枝桑 cv. Pendula　枝条下垂。

繁殖方式:播种、扦插、分根、嫁接繁殖。

图10.9　桑树
1.果枝　2.雄花枝

图10.10　榕树

分布与用途:原产我国中部地区,现各地广泛栽培,尤以长江、黄河流域中下游地区栽培最多。桑树树冠广阔,枝叶茂密,适应性强,能抗烟尘及有毒气体,适于城市、工矿及农村“四旁”绿化。可孤植作庭荫树,也可与喜阴花灌木配植树坛、树丛或与其他树种混植风景林。其观赏品种垂枝桑和龙爪桑等更适于庭园栽培。叶可饲蚕,果可生食或酿酒,幼果、枝、根皮、叶可入药,木材供雕刻,茎皮是制蜡纸、皮纸和人造棉的原料。

(2)榕属 *Ficus* L.

①榕树(细叶榕)*F. microcarpa* L.(图10.10)

鉴别特征:常绿大乔木,高可达30 m。树冠大而开展,枝叶稠密,气生根纤细下垂,垂及地面者,入土成根而自成一干,形似支柱。叶薄革质,光滑无毛,椭圆形至倒卵形,长4～10 cm,先端钝尖,基部楔形,全缘或浅波状。隐花果单生或成对腋生,无梗,扁球形,径约8 mm,初时乳白色、黄色或淡红色,熟时紫红色。花期5—6月,果期9—10月。

图 10.11 无花果

繁殖方式:以扦插繁殖为主,大枝扦插易成活。亦可播种。

分布与用途:产浙江南部、福建、台湾、江西南部、海南、广东、广西、贵州南部、云南东南部。榕树树体高大,冠大荫浓,枝叶浓密,气势雄伟,气根纤开,独木成林,宜做庭荫树、行道树、园景树,是我国亚热带城市园林的特色树种。亦可制作盆景。

②无花果(密果、映日果)F. carica L.(图 10.11、书前彩图)

鉴别特征:落叶小乔木,常呈灌木状。小枝粗壮无毛。叶宽卵形至近圆形,长 11～24 cm,先端钝,基部心形或截形,掌状 3～5 深裂,缘具粗钝锯齿或波状缺刻,表面有短硬毛,背面有绒毛。隐花果梨形,单生叶腋,径 5～8 cm,绿黄色,熟时黑紫色,味甜有香气,可食。一年可多次开花结果。

繁殖方式:扦插、压条或分株繁殖。

分布与用途:原产地中海沿岸。我国引种历史悠久,长江流域、山东、河南、陕西及其以南各地栽培较多。对烟尘及有毒气体有较强抗性。无花果适应性强,栽培容易,宜作庭园树,或丛植于园林绿地,亦可作果树成片栽植,是园林结合生产的理想树种。果实营养丰富,可鲜食或制罐头、蜜饯。果、根、叶均可入药。

③薜荔(凉粉果)F. pumila L.(图 10.12、书前彩图)

鉴别特征:常绿藤本,借气生根攀缘。含乳汁。小枝有褐色茸毛。叶互生,全缘,基出三出脉;叶异型,营养枝上的叶薄而小,心状卵形,长约 2.5 cm,柄短而基部歪斜;结果枝上的叶大而宽,厚革质,卵状椭圆形,长 3～9 cm,表面光滑,背面网脉隆起并构成显著小凹眼。

图 10.12 薜荔

隐花果梨形或倒卵形,单生叶腋,熟时暗绿色。花期 4—5 月,果期 9—10 月。

繁殖方式:播种、扦插、压条繁殖。

分布与用途:产长江流域以南至海南、广东、云南等地,西南地区亦有分布。薜荔叶厚革质,深绿发光,经冬不凋,可配植于岩坡、假山、墙垣上,亦可用于岩石园绿化覆盖。果可食用,果、根、枝均可入药。

4)木犀科 Oleaceae

形态特征:乔木或灌木。单叶或复叶,常对生,无托叶。花两性,稀单性,辐射对称,组成圆锥、总状、聚伞花序或簇生。花萼常 4 裂,稀 3～10 裂;花冠合瓣,裂片 4～9,稀离瓣或无花瓣;雄蕊 2,稀 3～5,着生于花冠筒上;子房上位,2

木犀科

室,每室有胚珠 2 个。果实为浆果、核果、蒴果或翅果。

分布:本科约 30 属,600 种;我国有 11 属,200余种。

花程式: $* K_{(4\sim9)}\quad C_{(4\sim9),0}\quad A_{2\sim5}\quad \underline{G}_{(1:2:2)}$

识别要点:木本,叶对生。花整齐,花被常 4 裂;雄蕊 2;子房上位,2 室,每室有胚珠 2 个。

本科主要园林植物:

(1)木犀属 *Osmanthus* Lour.　桂花(木犀)*O. fragrans*(Thunb)Lour.(图 10.13、书前彩图)。

鉴别特征:常绿小乔木,高 5~10 m。全体无毛。叶革质,长椭圆形,长 4~12 cm,全缘或上半部疏生细锯齿。花小,淡黄色或橙黄色,簇生叶腋,极芳香。核果椭圆形,熟时紫黑色。花期 9—10 月,果期翌年4—5 月。

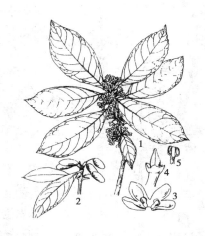

图 10.13　桂花
1.花枝　2.果枝　3.花瓣展开(示雄蕊)
4.雌蕊　5.雄蕊

其变种较多,常见的有:

金桂 var. *thunbergii* Mak. 花金黄色,香味浓或极浓,花期较早。

银桂 var. *latifolius* Mak. 花黄白或淡黄色,香味浓至极浓。

丹桂 var. *aurantiacus* Mak. 花橙黄或橙红色,香味较淡。

四季桂 var. *semperflorens* Hort. 花淡黄或黄白色,一年内花开数次,香味淡。

庭院观赏植物

繁殖方式:分株、压条、扦插、嫁接,亦可播种繁殖。

分布与用途:原产我国中南、西南部,现各地均有栽培。桂花树姿丰满,枝繁叶茂,四季常青,秋日花开,芳香四溢,是我国珍贵的传统香花树种。适宜在园林中孤植、对植、丛植、片植,或散植于庭园或公园的一角,作园景树及园林小品背景树。对有害气体有一定的抗性,可用于厂矿绿化。花用于食品加工或提取芳香油,叶、果、根等可入药。

(2)女贞属 *Ligustrum* L.

①女贞(大叶女贞、蜡树、冬青)L. *lucidum* Ait.(图10.14、书前彩图)

鉴别特征:常绿乔木,高达 15 m。树皮灰色,光滑,全株无毛。叶革质而脆,卵形、卵状椭圆形,长 6~12 cm,顶端尖,基部圆形或宽楔形,全缘。圆锥花序顶生,长 10~20 cm,花小,密集、白色,芳香。核果椭圆形,紫黑色,被白粉。花期 6—7 月,果期 11—12 月。

图 10.14　女贞
1.花枝　2.果枝　3.花　4.花萼及雄蕊
5.花萼及雌蕊　6.种子

繁殖方式:播种繁殖,亦可扦插或压条。

分布与用途:广布我国中部,华北及西北地区均有栽培。女贞四季常青,枝叶繁密,夏日白花满树,秋季果实累累。可孤植、列植于绿地、广场、建筑物周围,亦可作行道树。耐修剪,江南

图 10.15　金叶女贞

一带多作绿篱、绿墙栽植。有滞尘抗烟功能,宜作厂矿绿化树种。果入药,称"女贞子",有补肾养肝、明目之功效。

②金叶女贞 Ligustrum × vicaryi Hort.(图 10.15、书前彩图)

鉴别特征:半常绿小灌木,高 2 ~ 3 m。叶薄革质,椭圆形至倒卵状长圆形,全缘,金黄色。圆锥花序顶生,花小,白色,有香气。浆果状核果宽椭圆形,蓝黑色。花期 6—7 月,果期 10 月—翌年 3 月。

繁殖方式:常用扦插繁殖。

分布与用途:我国南北各地广泛栽培。金叶女贞为小叶女贞的栽培变种,枝叶秀丽,叶色金黄,是优良的彩叶绿化树种。能忍受较多的粉尘、烟尘污染,宜作厂矿绿化树种。

(3)茉莉属 Jasminum L.　迎春(金腰带)J. nudiflorun Lindl.(图 10.16、书前彩图)。

鉴别特征:落叶丛生灌木,幼枝四棱形,绿色,细长直出或拱形弯曲。三出复叶,对生,叶缘有短睫毛。花单生叶腋,先叶开放,花冠黄色,常 6 裂,花冠裂片为花冠筒长的 1/2。花期 2—4 月,一般不结果。

繁殖方式:扦插、压条或分株繁殖。

分布与用途:原产我国华北、西北及华东各地,现广泛栽培。迎春花开极早,绿枝弯垂,金花满枝,宜植于路缘、山坡、池畔、草坪边缘,或作花篱、花丛及岩石园材料,也可做盆景栽植。迎春花与腊梅、水仙、山茶号称"雪中四友"。

图 10.16　迎春
1. 叶枝　2. 花枝　3. 花纵切面(示雄蕊)

图 10.17　紫丁香
1. 花枝　2. 枝芽　3. 花纵切面
4. 去花瓣后花之纵切面(放大)
5. 果　6. 种子

(4)丁香属 Syringa L.　紫丁香(丁香、华北紫丁香)S. oblata Lindl.(图 10.17、书前彩图)。

鉴别特征:落叶灌木或小乔木,高可达 4 m。小枝粗壮无毛。叶广卵形至肾形,宽大于长,先端短尖,基部心形、截形或宽楔形,全缘,圆锥花序顶生,长 6 ~ 12 cm,花冠紫色,芳香。蒴果长圆形,顶端尖。花期 4—5 月,果期 9—10 月。

白丁香 var. alba Rehd. 叶形较小,叶背微有短柔毛,花白色,单瓣,香气浓。

繁殖方式:可播种、扦插、嫁接、分株、压条繁殖。

分布与用途:产东北南部、华北、西北、山东、四川等地,江苏、黑龙江广为栽培。紫丁香枝叶茂密,花丛庞大,花开时节,花色朴素淡雅,芳香袭人,是我国北方园林中应用最普遍的春季花木之一。常植于路边、草坪、角隅、窗前、林缘、建筑物周围,或与其他丁香配植成丁香园。对有害气体抗性较强,适宜于厂矿绿化,还可做切花。

（5）连翘属 *Forsythia* Vahl. 连翘 *F. suspensa*（Thunb.）Vahl.（图 10.18、书前彩图）。

鉴别特征：丛生灌木，枝常拱形下垂，灰褐色，稍四棱，中空，枝髓片状。单叶或 3 小叶对生，卵形，长 3～10 cm，先端尖锐，基部宽楔形，缘有粗锯齿。花先叶开放，常单生叶腋，花萼 4 深裂，与花冠筒等长或稍长；花冠金黄色，4 深裂。蒴果卵圆形，表面散生疣点，萼片宿存。花期 3—4 月，果期 7—9 月。

常见变种：垂枝连翘 var. *sieboldii* Zabel.、三叶连翘 var. *fortunei* Rehd. 等。

繁殖方式：用扦插、播种、分株等方法繁殖，以扦插为主。

图 10.18 连翘
1.枝叶 2.花枝 3.花纵切面 4.子房纵切面 5.果

分布与用途：分布于自西南至东北各地，华北园林栽培较多。连翘枝条拱曲，金花满枝，是北方优良的早春观花灌木。在园林中适宜路边、宅旁、亭阶、墙篱下、草坪边缘配植，可在溪边、池畔、岩石、假山下栽种。种子可入药、榨油。

（6）雪柳属 *Fontanesia* Labill. 雪柳 *F. fortunei* Carr.（图 10.19、书前彩图）。

鉴别特征：落叶灌木，高达 5 m。树皮灰黄色。小枝四棱形。单叶对生，叶片纸质，披针形或卵状披针形，长 3～12 cm，全缘，叶柄短。圆锥花序顶生，花绿白色或带淡红色。翅果宽椭圆形，扁平，长约 0.7 mm，边缘有狭翅。花期 5—6 月，果期 9—10 月。

繁殖方式：以扦插为主，亦可播种或压条繁殖。

分布与用途：分布华东、华中、华北、陕西、甘肃等地，东北南部、内蒙古也有栽培。雪柳叶细如柳，繁花似雪，枝叶密生，枝条柔软，耐修剪，是优良的绿篱树种。可丛植于庭院观赏或栽植为自然式绿篱，亦可群植于森林公园，或散植于溪谷沟边。

图 10.19 雪柳
1.花枝 2.果枝 3.花 4.果

防风抗尘、抗 SO_2，可作厂矿绿化树种。

本科庭院栽培的园林植物还有水蜡树、小叶白蜡树、小叶女贞、小蜡、暴马丁香、探春、茉莉花等。

5）胡桃科 Juglandaceae

胡桃科

形态特征：落叶，稀常绿乔木，多具芳香树脂。奇数羽状复叶互生，无托叶。花单性，雌雄同株，雄花为葇荑花序，雌花单生或组成总状、穗状花序，生于枝顶；单被或无被花，雌蕊由 2 心皮合生，子房下位，胚珠 1，基生。核果，坚果或为具翅坚果。

分布：本科共 8 属，约 40 种，分布于北半球温带及热带；我国产 7 属 20 多种。

花程式：♂：$P_{3\sim6}$ $A_{3\sim\infty}$； ♀：$P_{3\sim5}$ $\overline{G}_{(2:1:1)}$ （注：此处子房下位）

识别要点：落叶乔木。大型羽状复叶。花单性，雄花为葇荑花序。子房下位。核果或具翅坚果。

图 10.20　核桃

1.雄花枝　2.雌花枝　3.果枝　4.雄花侧面
5.雌花　6.坚果　7.坚果横切面

本科主要园林植物：

（1）核桃属（胡桃属）*Juglans* L.　核桃（胡桃）*J. regia* L.（图 10.20）

鉴别特征：落叶乔木，高 20～25 m。树皮幼时灰色，平滑，老时深纵裂。新枝粗壮，绿色，无毛或近无毛，髓心片状分隔。小叶 5～9，椭圆形至椭圆状倒卵形，先端钝尖，基部楔形或圆形，侧生小叶基部偏斜，全缘，幼树及萌芽枝上的叶有锯齿，背面脉腋簇生淡褐色毛。雄花为下垂柔荑花序；雌花 1～3 朵集生枝顶。果球形，径 4～6 cm，无毛；果核近球形。花期 4—5 月，果期 9—11 月成熟。

繁殖方式：播种繁殖，优良品种用嫁接繁殖。

分布与用途：原产伊朗，我国引种历史悠久。分布很广，以西北、华北最多。核桃树冠较大，枝叶茂密，浓荫覆地，是良好的园林结合生产树种。孤植或丛植庭院、公园、草坪、隙地、池畔、风景疗养区作庭荫树、行道树，其花、枝、叶、果挥发的气味具有杀菌、杀虫的保健功效。种仁除食用外可制高级油漆及绘画颜料配剂。

（2）枫杨属 *Pterocarya* Kunth.　枫杨（元宝树、枰柳）*P. stenoptera* C. DC.（图 10.21、书前彩图）。

鉴别特征：落叶乔木，高达 30 m。小枝髓心片状分隔。裸芽密生褐色毛。羽状复叶的叶轴具窄翅，小叶 10～28，矩圆形或窄椭圆形，先端短尖或钝，基部偏斜，缘有细锯齿，两面有细小腺鳞，下面脉腋有簇生毛，顶生小叶常不发育。果序长达 40 cm，下垂；坚果近球形，具 2 斜上伸展之翅。花期 3—4 月，果期 8—9 月。

繁殖方式：播种繁殖。

分布与用途：广布于华北、华中、华南和西南各地，长江、黄河、淮河流域最为常见。枫杨树冠宽广，枝叶茂密，生长快，适应性强，园林中可做行道树及庭荫树，也是水边固堤护岸及防风林的优良树种。

图 10.21　枫杨

1.花枝　2.果枝　3.果

6）壳斗科（山毛榉科）Fagaceae

形态特征：常绿或落叶乔木，稀灌木。单叶互生，羽状脉，托叶早落。花单性，雌雄同株，无花瓣，雄花多为柔荑花序，稀头状花序；雌花 1～3 朵生于总苞内；总苞单生、簇生或排成短穗状；子房下位，3～6 室，每室具胚珠 2，仅 1 个发育成种子。总苞在果熟时木质化形成盘状、杯状或球状之"壳斗"，外有鳞片或刺或瘤状突起，每壳斗具坚果 1～3。

分布：本科共 8 属约 900 种，分布于温带、亚热带及热带；我国有 6 属，300 余种，分布遍及全国。

壳斗科

花程式：$* \; \hat{\male} : K_{(4\sim8)} \quad C_0 \; A_{4\sim20} \quad \female : K_{(4\sim8)} \; C_0 \; \overline{G}_{(3\sim6:3\sim6:2)}$

识别要点：木本。单叶互生，羽状脉直达叶缘。雌雄同株，无花瓣；雄花为柔荑花序，雌花 1～3 朵生于总苞内；子房下位。坚果外包壳斗状总苞。

本科主要园林植物：

（1）栗属 *Castanea* Mill.

①板栗（栗子、毛板栗）*C. mollissima* Blume.（图10.22、书前彩图）

鉴别特征：落叶乔木，高可达 20 m。树皮灰褐色，不规则深纵裂。幼枝密生灰褐色绒毛。叶椭圆形至椭圆状披针形，长 9～18 cm，基部圆或宽楔形，缘具尖芒状锯齿，背面有灰白色短柔毛。雄花序有绒毛；雌花常 3 朵生于总苞内，排在雄花序基部。壳斗球形或扁球形，径 6～8 cm，密被长针刺，内含坚果 1～3 个。花期4～6月，果熟期9—10月。

图10.22　板栗
1.花枝　2.雄花　3.雌花　4.具壳斗之果

繁殖方式：以嫁接繁殖为主，亦可播种繁殖。

分布与用途：产辽宁以南。华北和长江流域各地栽培最多。板栗树冠宽阔，枝叶茂密，浓荫奇果都很可爱，在公园、庭园的草坪、山坡、建筑物旁孤植或丛植均适宜，亦可作为工矿区及有污染地区的绿化树种。宜郊区"四旁"绿化，风景区作点缀树种。坚果为著名干果，板栗被称为铁秆庄稼，是发展经济林的主要树种。

②茅栗（野栗子、毛栗）*C. seguinii* Dode.（图10.23）

图10.23　茅栗

鉴别特征：小乔木，常呈灌木状，高有时可达 15 m。小枝有灰色绒毛。叶长椭圆形至倒卵状长椭圆形，叶背具黄褐色腺鳞，沿叶脉有柔毛。壳斗径 3～4 cm，内有坚果 2～3 枚。花期4～5月，果期9—10月。

繁殖方式：播种或嫁接繁殖。

分布与用途：主要分布于长江流域及以南地区。可作为板栗砧木。果虽小，但仍香甜可食。木材可制家具；树皮可提取栲胶。

（2）栎属 *Quercus* L.

①麻栎（橡树、柴栎）*Q. acutissima* Carr.（图10.24）

鉴别特征：落叶乔木，高达 30 m。树皮交错深纵裂。小枝有黄褐色柔毛，后渐脱落。叶长椭圆状披针形，长 8～18 cm，先端渐尖，基部近圆形，叶缘有刺芒状锯齿，侧脉整齐，直伸达齿端。壳斗杯状，包围坚果一半左右，果卵球形，苞片锥形，粗长刺状，反曲，有毛。花期4—5月，果翌年9—10月成熟。

图10.24　麻栎
1.果枝　2.雄花枝　3.果

繁殖方式：播种繁殖或萌芽更新。种子发芽力可保持一年。

图 10.25　栓皮栎

分布与用途:产于辽宁南部、华北各省及陕西、甘肃以南,黄河中、下游及长江流域较多。麻栎树干通直,枝条伸展,浓荫如盖,早春叶色嫩绿鹅黄,秋叶转为橙褐色,季相变化明显,是优良的观赏树种。可作庭荫树,行道树。最适宜在风景区与其他树种混交营造风景林,亦适合营造防风林、水源涵养林和防火林。种仁可酿酒、作饲料,叶可饲养柞蚕。

②栓皮栎(软木栎)Q. *variabilis* Bl.(图 10.25)

鉴别特征:落叶乔木,高可达 25 m。树皮灰褐色,深纵裂,木栓层厚而软。小枝淡褐黄色,无毛。叶长椭圆形或长卵状披针形,侧脉排列整齐,叶缘具刺芒状细锯齿,叶背密生灰白色绒毛。壳斗杯状,包围坚果 2/3,苞片锥形,粗刺状,反曲。坚果近球形或卵形,果顶平圆。花期 5 月,果翌年 9—10 月成熟。

分布与用途:分布广,北自辽宁、河北、山西、陕西、甘肃南部,南到广东、广西,西到云南、四川、贵州,而以鄂西、秦岭、大别山区为其分布中心。其他同麻栎。此外,栓皮层可作绝缘、隔热、隔音、瓶塞的原材料。

7)锦葵科 Malvaceae

形态特征:草本或木本,常被星状毛。茎皮多纤维和具黏液。单叶互生,全缘或浅裂,托叶 2,早落。花两性,辐射对称,单生、簇生或成花序;萼片 3～5,常基部合生,有些具有苞片形成的副萼;花瓣 5,旋转状排列;雄蕊多数,花丝连合成单体雄蕊;上位子房,由多数至 3 心皮组成多室至 3 室。果实为蒴果、分果或浆果。

分布:本科约 50 属、1 000 多种;我国有 16 属、81 种。

花程式:$* K_{5,(5)} \quad C_5 \quad A_{(\infty)} \quad \underline{G}_{(2\sim\infty:2\sim\infty:1\sim\infty)}$

识别要点:单叶互生。花为 5 基数,有副萼。单体雄蕊,花药 1 室。蒴果或分果。

本科主要园林植物:

(1)木槿属 *Hibiscus* L.

①木槿 H. *syriacus* L.(图 10.26、书前彩图)

鉴别特征:落叶灌木,高 2～6 m。幼枝具茸毛,无顶芽,侧芽小,被白色星状毛。叶菱状卵形,常 3 裂,叶缘具粗齿或缺刻,光滑无毛,三出脉。花单生叶腋,常淡紫色,花冠钟形,副萼条形。蒴果被黄色茸毛。花期 7—9 月,果期 10 月。

常见变种:

白花重瓣木槿 var. *alba-qlena* Hort. 花纯白,重瓣。

琉璃重瓣木槿 var. *coruleus* Hort. 枝直立,花重瓣,天青色。

图 10.26　木槿
1.花枝　2.果枝　3.花纵剖切面

锦葵科

紫红重瓣木槿 var. *roseatriata* Hort. 花重瓣,花瓣紫红色或带白带。

斑叶木槿 var. *argenteo-variegata* Hort. 白斑沿叶缘或达于内部,作不规则状,花紫色,重瓣。

繁殖方式:以扦插为主,亦可播种或压条繁殖。

分布与用途:原产东亚,现我国东北南部至华南均有栽培,尤以长江流域为多。木槿为夏秋季重要的观赏树种,花期长,花多而美丽。可丛植、群植于庭园、林缘、路旁、草坪边缘,也可作花篱或编织成围篱作境界树,还适于工厂、街道绿化。

②扶桑(朱槿、朱槿牡丹)H. *rosa-sinensis* L. (图10.27)

鉴别特征:常绿灌木,高达6 m,盆栽1 m多。单叶互生,广卵形或长卵形,先端尖,叶缘粗锯齿,三出脉,表面有光泽。花下垂,生于上部叶腋,花冠鲜红色,雌蕊柱头伸出花冠外。蒴果卵圆形。几乎全年开花,夏秋季最盛。

变种有斑叶扶桑 var. *cooperi* Hoot. 叶上有红色和白色斑。还有白花、黄花、粉花及重瓣等园艺变种。

繁殖方式:扦插繁殖。

图10.27　扶桑

分布与用途:产于我国福建、台湾、广东、广西、云南、四川等地,长江流域及华北地区常温室盆栽。扶桑株丛圆整,花期长,花朵大,花色鲜艳,是重要的观赏花木。华南多露地栽培观赏,可做绿篱或植于草坪,也适宜盆栽。

③木芙蓉(芙蓉花)H. *mutabilis* L. (图10.28)

鉴别特征:落叶灌木,高2~5 m。无顶芽,侧芽小,小枝密生茸毛。单叶互生,广卵形至近圆卵形,掌状3~5裂,边缘钝锯齿,两面具星状毛。花大,单生枝端叶腋,白色或淡红色,至晚变深红色,一日即凋谢。蒴果扁球形,密被黄色毛。花期9—10月,果期10—11月。

繁殖方式:多用扦插或分株繁殖,亦可压条或播种。

分布与用途:产我国西南部,华南至黄河流域以南广为栽培,以四川成都一带栽培尤盛,故成都有"蓉城"之称。木芙蓉是著名的观赏花木,花中之珍品,晚秋开花,花大色艳,适宜庭院、坡地、水旁、路边种植。可在铁路、公路、沟渠边种植,既能护路、护堤,又可美化环境。

图10.28　木芙蓉花枝

(2)蜀葵属 *Althaea* L.　蜀葵(秫桔花、端午锦、竹秆花)A. *rosea*(L.)Cav. (图10.29、书前彩图)。

鉴别特征:二年生草本,高可达3 m。茎直立,不分枝,全株被毛。叶互生,叶片粗糙而皱,近圆心形,5~7浅裂。花大,单生叶腋,花径8~12 cm;萼片5,卵状披针形;花瓣5或更多,扇形,边缘波状而皱,花色丰富,聚药雄蕊,花期5—6月,果为蒴果。

繁殖方式:多用播种繁殖,也可分株。扦插繁殖主要用于一些重瓣种。

分布与用途:原产东欧,世界各地均有栽培。蜀葵常列植或丛植于建筑物前,栽植作花境的背景,也可用于篱边绿化及盆栽观赏。

本科中棉花为纤维类作物,是重要的纺织原料,种子含油量40%,种子油可食用。农田杂草有苘麻、烧饼花、野西瓜苗等。

图 10.29　蜀葵

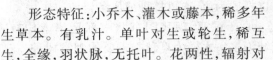

夹竹桃科

8）夹竹桃科 Apocynaceae

形态特征:小乔木、灌木或藤本,稀多年生草本。有乳汁。单叶对生或轮生,稀互生,全缘,羽状脉,无托叶。花两性,辐射对称,单生或聚伞花序;花萼 4～5 裂,基部内面常有腺体;花冠漏斗状,5 裂,喉部常有毛或副冠;雄蕊 5(4～5),着生在花冠筒上或花冠喉部;子房上位,稀半下位,1～2 室。浆果、核果、蒴果或蓇葖果。

分布:本科共 250 属,2 000 余种,主产热带、亚热带,少数在温带;我国 46 属,176 种,33 变种。

花程式:* $K_{(5)}$　$C_{(5)}$　A_5　$\underline{G}_{(2:2)}$;　$\underline{G}_{(2:1)}$

识别要点:木本。有乳汁。叶对生或轮生。聚伞花序,花冠漏斗状,喉部常有毛或副冠,花冠裂片螺旋状排列。蓇葖果。

本科主要园林植物:

(1)夹竹桃属 Nerium L.　夹竹桃(柳叶桃)N. indicum Mill.(图 10.30、书前彩图)。

鉴别特征:常绿灌木或小乔木,高可达 5 m。具乳汁。多分枝,嫩枝具棱。叶革质,3～4 枚轮生,枝条下部的对生,窄披针形,长 11～15 cm,表面光亮,中脉显著,边缘稍反卷。聚伞花序顶生,花冠深红色、粉红色,单瓣 5 枚或重瓣,芳香。蓇葖果 2 枚,长角状,长 10～20 cm。花期 6—9 月,果期 12 月—翌年 1 月。

常见变种:

白花夹竹桃 var. leucanthum　花纯白色。

重瓣夹竹桃 var. plenum　花红色,重瓣。

繁殖方式:以扦插为主,也可分株、压条或播种繁殖。

分布与用途:原产印度、伊朗、尼泊尔,我国引种已久,长江以南广泛栽培,北方盆栽。夹竹桃叶狭长似竹,花红艳似桃,花色艳丽,花期较长,适于公园、绿地、路旁孤植、群植;对多种有害气体有抗性;抗烟、抗尘,是厂矿区优良的抗污染花木,亦可作为沿海防风林及固沙林带。树皮、叶有毒,严禁人畜误食。

(2)络石属 Trachelospermum Lem.　络石 T. jasminoides(Lindl.)Lem.(图 10.31、书前彩图)。

鉴别特征:常绿攀援藤本,茎长达 10 m,赤褐色。幼枝有黄色柔毛,常具气生根。含乳汁。单叶对生,叶薄革质,椭圆形或卵状披针形,长 2～10 cm,全缘,脉间常呈白色,背面有柔毛。聚伞花序腋生,萼 5 深裂,花后外卷;花冠白色,芳香,花冠裂片 5,右旋风车形,花药内藏。果对生,长约 15 cm,披针状圆柱形,紫黑色。花期 6—7 月,

图 10.30　夹竹桃
1.花枝　2.花纵切面
3.雄蕊　4.雌蕊

果期9—10月。

变种与品种：

石血(小叶络石) var. *heterophyllum*　　叶狭长，披针形。

斑叶络石 cv. *Variegatum*　　叶具白色或浅黄色斑纹，边缘乳白色。

繁殖方式：以扦插、压条繁殖为主，亦可播种。

分布与用途：主产我国东南部，黄河流域以南各地均有分布。络石花皓如雪，幽香迷人，藤蔓缠绕，攀缘而上，叶色入秋变红，经冬不凋，是优良的垂直绿化和常绿地被植物。可攀缘于树干、岩石、墙垣等处，用以点缀山石、岩壁、建筑物。根、茎、叶入药。

图 10.31　络石
1. 花枝　2. 果枝　3. 花　4. 花冠筒展开(示雄蕊着生)　5. 花萼纵切面及雌蕊　6. 雄蕊　7. 种子

9) 蔷薇科 Rosaceae

形态特征：木本或草本，有刺或无刺。单叶或复叶，互生稀对生；常有托叶。花两性，辐射对称，单生或排成伞房、圆锥花序；花萼基部多少与花托愈合成碟状或坛状萼管；萼片、花瓣通常4～5，稀缺，花瓣离生；雄蕊多数，稀5～10或更少；心皮1至多数，离生或合生。子房上位，有时与花托合生成下位子房。每室胚珠1至多个。蓇葖果、瘦果、核果、梨果稀蒴果。

分布：本科分为4个亚科：绣线菊亚科 Spiraeoideae、苹果亚科 Maloideae、蔷薇亚科 Rosoideae、李亚科 Prunoideae，约120属，3 300种，广布于世界各地。我国有48属，1 056种，分布于全国各地。

花程式：$*K_5\quad C_5\quad A_\infty \underline{G}_{\infty\sim1:1:\infty\sim1};\overline{G}_{(5\sim2)}$

蔷薇科

月季微课

识别要点：叶互生，有托叶。花两性，整齐，花部5基数；雄蕊多数，花被与雄蕊常结合成花筒；子房上位或下位。果为蓇葖果、瘦果、核果和梨果。

本科主要园林植物：

(1) 蔷薇属 *Rosa* L.

①月季(月月红、常春花)R. *chinensis* Jacq.（图10.32、书前彩图）

鉴别特征：常绿或半常绿直立灌木，枝具倒钩皮刺。小叶3～7枚，宽卵形至卵状椭圆形，缘有锯齿，两面无毛，表面有光泽，叶柄和叶轴散生皮刺和短腺毛，托叶大部分和叶柄合生。花数朵簇生，少数单生，重瓣，微香，有紫红、粉红、白色等。果卵形或梨形。萼宿存。花4—11月多次开放。

图 10.32　月季
1. 花枝　2. 果

常见变种、变型：

紫月季(月月红) var. *semperflorens* Koehne. 茎枝纤细，有刺或近无刺。叶较薄，常带紫晕。花多单生，紫红至深粉红色，花梗细长下垂，花期长。

绿月季 var. *viridifiora* Dipp. 花大,淡绿色,花瓣成狭绿叶状。

小月季 var. *minima* Voss. 植株矮小,一般不超过 25 cm,多分枝。花较小,径约 3 cm,玫瑰红色。单瓣或重瓣。宜作盆景材料。

变色月季 f. *mutabilis* Rehd. 花单瓣,初开时硫黄色,继变橙色、红色,最后呈暗红色,径4.5～6 cm。

繁殖方式:多用扦插或嫁接繁殖。

分布与用途:原产我国中部,南至广东,西至云南、贵州、四川,现国内外普遍栽培。月季花色艳丽、优雅、高贵,花期长,有"花中皇后"之称,是美化庭园的优良花木。适宜做花坛、花境、花篱及基础种植,可在草坪、园路转角、庭园、假山等地配植,亦可栽植成月季园,或盆栽观赏。月季也是世界四大切花之一。花可提炼香料,叶及根入药。

图 10.33　玫瑰
1. 花枝　2. 果

②玫瑰(徘徊花)R. *rugosa* Thunb.(图 10.33、书前彩图)

鉴别特征:落叶直立丛生灌木,高 2 m。枝粗壮,灰褐色,密生刚毛与皮刺。小叶 5～9 枚,椭圆形至椭圆状倒卵形,叶质厚,叶面皱褶,背面有柔毛及刺毛;托叶大部与叶轴基部合生。花单生或数朵聚生,常为紫红色,芳香。果扁球形,紫砖红色,花萼宿存。花期5—6月,果期9—10月。

常见以下变种:

紫玫瑰 var. *typica* Reg. 花玫瑰紫色。

红玫瑰 var. *rosea* Rehd. 花玫瑰红色。

白玫瑰 var. *alba* W. Robins. 花白色。

重瓣紫玫瑰 var. *plena* Reg. 花重瓣,玫瑰紫色,浓香,品质优良,多不结实或种子瘦小,各地栽培最广。

重瓣白玫瑰 var. *albo-plena* Rehd. 花白色,重瓣。

繁殖方式:分株、扦插、嫁接繁殖。砧木用多花蔷薇为好。

分布与用途:产我国北部,现各地有栽培,以山东、江苏、浙江、广东为多。玫瑰色艳花香,适应性强,是著名的观赏花木,在北方园林中应用较多,可植花篱、花境、花坛,也可丛植于草坪,点缀坡地,亦可布置玫瑰园、蔷薇园等专类园。花蕾及根入药,花可提取芳香油,为世界名贵香精。玫瑰常用于切花。

(2)棣棠属 *Kerria* DC.　棣棠 K. *japonica*(L.)DC.(图10.34、书前彩图)。

鉴别特征:落叶丛生小灌木,高 1.5～2 m。小枝绿色有棱,细长、光滑。单叶互生,卵形至卵状披针形,长 4～8 cm,先端长尖,基部楔形或近圆形,缘具不规则重锯齿,叶面皱褶,背面略有短柔毛。花金黄色,径 3～4.5 cm,单生侧枝顶端;萼片 5,花瓣 5,雄蕊多数,心皮 5～8,离生。瘦果黑褐色,生于盘状花托上,外包宿存萼片。花期4—5月,果期7—8月。

图 10.34　棣棠花

繁殖方式:分株、扦插或播种繁殖。

分布与用途:我国黄河流域至华南、西南均有分布。辽宁南部有栽培。棣棠枝叶鲜绿,金花朵朵,是冬赏翠枝,夏赏金花的上品。宜丛植于篱边、墙际、水边、坡地,作基础种植,或于路边、草坪边缘作花丛、花篱等。花及枝、叶药用,并可作切花材料。

（3）火棘属 Pyracantha Roem.　火棘（火把果、救兵粮）P. fortuneane Maxim.（图10.35、书前彩图）。

鉴别特征:常绿灌木,高约3 m,有枝刺。嫩枝有锈色柔毛。叶倒卵形或倒卵状长圆形,长1.5～6 cm,先端圆钝或微凹,有时有短尖头,基部渐狭或全缘,缘有细钝锯齿。花白色,成复伞房花序。梨果近球形,深红或橘红色。花期3—5月,果熟期8—11月。

繁殖方式:扦插、播种繁殖。

分布与用途:产于我国华东、中南、西南、西北等省。火棘枝叶茂盛,初夏白花繁密,入秋红果累累,如火似珠,灿烂夺目,经久不落,是优良的观果树种。以常绿或落叶乔木为背景,在林缘丛植或作下木,配植岩石园或孤植草坪、庭院一角、路边、岩坡或水池边。亦可作绿篱。老桩古雅多姿,宜作盆景。根、果、叶可入药。

图10.35　火棘花枝

（4）山楂属 Crataegus L.　山楂 C. pinnatifida Bge.（图10.36、书前彩图）。

鉴别特征:落叶小乔木,高达6 m。常有枝刺。叶宽卵形至菱状卵形,长5～12 cm,羽状5～9裂,基部1对裂片分裂较深,裂缘有不规则锐齿,两面沿脉疏生短柔毛,托叶大而有齿。伞房花序顶生,花白色,萼片、花瓣各5。梨果球形,深红色,表面有白色皮孔,内含1～5骨质小核。花期5—6月,果熟期9—11月。

繁殖方式:播种、嫁接、分株繁殖。

分布与用途:分布于我国东北、华北、西北等地。山楂树冠圆满,白花繁茂,红果满枝,是观花、观果、园林结合生产的优良树种。可作庭荫树和园路树。孤植或丛植于草坪边缘、园路转角,亦可作绿篱或花篱。果实供鲜食或加工食品,干制后可入药。

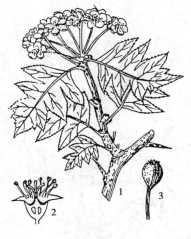

图10.36　山楂
1.花枝　2.花纵切面　3.果

（5）枇杷属 Eriobotrya Lindl.　枇杷（卢橘）E. japonica（Thunb.）Lindl.（图10.37）。

鉴别特征:常绿小乔木,高达10 m。小枝、叶背、叶柄、花序均密被锈色绒毛。叶大,厚革质,倒卵状披针形至长圆形,长12～30 cm,先端尖,基部楔形,缘具粗锯齿,叶面褶皱、有光泽。圆锥花序顶生,花白色,芳香。梨果近球形或倒卵形,橙黄色或黄色。花期10—12月,果翌年5—6月成熟。

繁殖方式:播种、嫁接繁殖为主,亦可高枝压条。

分布与用途:产我国四川、湖北,长江流域以南地区栽培,江苏吴县洞庭、浙江余杭塘栖、福

图 10.37   枇杷
1. 花枝   2. 花   3. 花纵切面
4. 子房横切面   5. 果

建莆田、湖南沅江地区都是枇杷的著名产区。枇杷树形圆整,叶大荫浓,冬日白花盛开,初夏果实金黄满枝,是园中观果、观叶、观花的好树种。江南园林中,常配置于亭、台、院落之隅,其间点缀山石、花卉。也可在草坪丛植,或公园列植作园路树,与各种落叶花灌木配置作背景。果可鲜食或加工罐头、酿酒,叶入药。

本科常见观赏花木还有:白鹃梅、李叶绣线菊、中华绣线菊、珍珠梅、平枝栒子、匍匐栒子、花楸、皱皮木瓜、石楠、海棠花、垂丝海棠、香水月季、蔷薇、刺玫、梅花、碧桃、榆叶梅、杏梅、红叶李、樱花等。本科农田杂草有委陵菜、蛇含委陵菜、翻白草、蛇莓、路边青等。龙芽草(仙鹤草)全草入药,有止血功能。

10)豆科 Leguminosae

形态特征:木本或草本。多为复叶,稀单叶,互生,常具叶枕和托叶。花序总状、穗状或头状;花两性,萼、瓣各5,多为两侧对称的蝶形花冠或假蝶形花冠,少数为辐射对称。雄蕊10,常呈二体,单心皮,子房上位,荚果。

分布:本科约有 550 属,13 000 余种,分布于全世界;我国约有 120 属,1 200 种。豆科是被子植物中第三大科,可分为苏木(云实)亚科 Caesalpinioideae、含羞草亚科 Mimosoideae、蝶形花亚科 Papilionoideae。

花程式:$↑, * K_{(5),5}   C_5   A_{10,(9)+1,(10),∞}   \underline{G}_{1:1:1～∞}$

识别要点:叶为羽状复叶或三出复叶,有叶枕。花冠为蝶形或假蝶形;二体雄蕊,也有单体或分离。荚果。

本科主要园林植物:

(1)紫荆属 Cercis L.   紫荆(满条红)C. chinensis Bge.(图 10.38、书前彩图)。

鉴别特征:落叶乔木,高达 15 m,栽培时常呈丛生灌木状。单叶互生,叶近圆形,长 6～14 cm,先端急尖,叶基心形,全缘,两面无毛;托叶小,早落。花萼红色,花冠假蝶形,紫红色,4～10 朵簇生于老枝上。荚果扁平带状,沿腹缝线有窄翅。花期 4 月,叶前开放,果 10 月成熟。

常见栽培变种:

白花紫荆 var. *alba* Hsu. 花白色。

繁殖方式:播种繁殖为主,亦可分株、扦插、压条繁殖。

分布与用途:产河北、河南、湖北、广东、云南、四川、陕西、甘肃等省,辽宁南部有栽培。紫荆叶似心形,花朵别致,早春繁花簇生,花形似蝶,满枝嫣红。宜于庭院建筑物前、门旁、窗外、墙角点缀,也可在草坪边缘、建筑物周围和林缘片植、丛植;也可与黄色、粉红色花木配植,花开时节

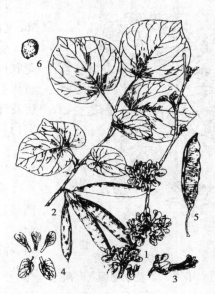

图 10.38   紫荆
1. 花枝   2. 果枝   3. 去花瓣之花
4. 花瓣   5. 果   6. 种子

金紫相映更显艳丽。亦可列植成花篱。庭园栽培,有象征家庭和睦之意。

（2）槐属 *Sophora* L.　国槐（槐树、家槐、豆槐）S. *japonica* L.（图 10.39）。

鉴别特征:落叶乔木,高达 25 m。树皮暗灰色,深纵裂。小枝绿色,皮孔明显。羽状复叶,小叶 7～17 枚,卵形至卵状披针形,先端尖,基部圆形至广楔形,叶背有白粉及柔毛。圆锥花序,花浅黄绿色。荚果肉质半透明,种间溢缩成念珠状,果熟后不开裂也不脱落。花期 6—8 月,果期 9—10 月。

变种、变型有:

龙爪槐（蟠槐、垂槐）var. *pendula* Loud.　小枝弯曲下垂,树冠伞形,是园林中重要的观赏树种。

蝴蝶槐（五叶槐）f. *oligophylla* Franch.　3～5 小叶簇生状,顶生小叶常 3 裂,侧生小叶下侧常有大裂片。

繁殖方式:播种繁殖。

图 10.39　国槐
1. 花枝　2. 果枝　3. 花
4. 去花冠之花　5. 花瓣　6. 种子

分布与用途:原产我国北方,现各地均有栽培,是华北平原、黄土高原习见树种,国槐是北京市的市树。槐树树形美观,浓荫葱郁,果形奇特,是北方城市良好的庭荫树和行道树,可配置于公园绿地、建筑物周围、居住区及农村“四旁”绿化。其变种龙爪槐树形蟠曲下垂,姿态古雅,最宜在古园林中应用,可对植于门前、庭前两侧或孤植于亭、台、山石一隅,亦可列植于甬道两侧。花是优良的蜜源,花、果、根皮入药。

图 10.40　刺槐
1. 花枝　2. 旗瓣　3. 翼瓣
4. 龙骨瓣　5. 果枝　6. 托叶刺

林树种,也是上等蜜源树种。

（3）刺槐属 *Robinia* L.　刺槐（洋槐、德国槐）R. *pseudoacacia* L.（图 10.40）。

鉴别特征:落叶乔木,高达 25 m。树皮灰褐色,交叉深纵裂。枝具托叶刺。羽状复叶,小叶 7～19 枚,椭圆形至卵状长圆形,先端圆或微凹,有小芒尖,基部圆。总状花序弯垂,花冠蝶形,白色,芳香。荚果扁平,沿腹缝线有窄翅。花期 4—5 月,果熟期 9—10 月。

繁殖方式:播种繁殖,也可分蘖或插根繁殖。

分布与用途:原产北美,20 世纪初引入我国青岛,现遍布全国,以黄河、淮河流域最为普遍。刺槐树冠高大,枝叶茂密,长势强健,开花季节绿白相映非常素雅,且芳香宜人,宜作庭荫树、行道树。因其抗性强,生长迅速,又是各地郊区“四旁”绿化,铁路、公路沿线绿化常用的树种,还可作水土保持、土壤改良、荒山造

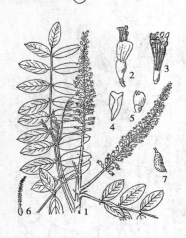

图 10.41　紫穗槐

1.花枝　2.花　3.雄蕊

4.雌蕊　5.花瓣　6.花萼　7.果

（4）紫穗槐属 *Amorpha* L.　紫穗槐（紫花槐、棉槐）*A. fruticosa* L.（图 10.41、书前彩图）。

鉴别特征：丛生落叶灌木，高 1～4 m。嫩枝密生毛，后脱落。羽状复叶，小叶 11～25，长卵形至长椭圆形，先端圆或微凹，有小短尖，具透明油腺点；幼叶密被毛，老叶毛稀疏；托叶小。顶生密集穗状花序，花小，蓝紫色，花药黄色，伸出花冠之外。荚果短，镰刀状，密被瘤状油腺点。花期 5—6 月，果期 9—10 月。

繁殖方式：播种繁殖，亦可分株或扦插繁殖。

分布与用途：原产北美。约 20 世纪初引入我国，东北以南均有栽培，已呈半野生状态。紫穗槐枝条密集丛生，根系发达，是荒山、低洼地、盐碱地、沙荒地及农田防护林的主要造林树种。园林中常配植在陡坡、湖边、堤岸，在公路、铁路两侧丛植或片植，亦可用于厂矿、居民区绿化。鲜枝叶为良好的绿肥及饲料，枝皮为造纸原料，枝条可用于编织，花是蜜源，种子可榨油。

（5）合欢属 *Albizzia* Durazz.　合欢（夜合树、绒花树、马缨花）*A. julibrissin* Durazz.（图 10.42）。

鉴别特征：落叶乔木，高达 16 m。树冠伞形，树皮褐灰色。二回羽状复叶，羽片 4～12 对，每羽片各有小叶 10～30 对；小叶镰状矩圆形，中脉偏生小叶上缘，仅叶缘及背面中脉有毛。头状花序，总梗细长，排成伞房状；萼及花冠均绿白色，雄蕊多数，花丝粉红色，伸出花冠外，细长如绒缨。荚果扁条形。花期 6—7 月，果期 9—10 月。

繁殖方式：播种繁殖。

分布与用途：我国华北至华南、西南各地均有。合欢树姿优美，姿态飘逸，花叶雅致，色香俱佳，小叶昼展夜合，夏日绒花满树，是优良的庭院观赏树种。宜作庭荫树和行道树，亦可在庭园、公园、居民新村、工矿区及风景区种植。配植在山坡、林缘、草坪、池畔、瀑口最为相宜，可孤植、列植、群植。

图 10.42　合欢

1.花枝　2.雄蕊及雌蕊　3.花萼展开　4.花冠展开

5.雄蕊　6.小叶　7.果枝　8.种子

（6）紫藤属 *Wisteria* Natt.　紫藤（藤萝、朱藤）*W. sinensis* Sweet.（图 10.43、书前彩图）。

鉴别特征：落叶藤本，茎可长达 30 m，左旋缠绕。奇数羽状复叶互生，小叶 7～13 枚，卵状长椭圆形，先端渐尖，基部阔楔形，全缘，幼时密被平伏白色柔毛，老时近无毛。总状花序下垂，花冠蓝紫色，芳香。荚果长 10～25 cm，密被银灰色有光泽之短绒毛，种子扁圆形。花期 4—6 月，果期 9—10 月。

常见栽培变种有：

白花紫藤（银藤）cv. *Alba*. 花白色，香气浓郁。

重瓣紫藤 cv. *Plena*. 花重瓣，近紫色。

繁殖方式：以播种为主，亦可扦插、分根、压条或嫁接繁殖。

分布与用途：原产我国长江流域及以北地区，现各地广为栽培。紫藤藤枝

藤本植物

虬屈盘结，枝叶茂密，春季先叶开花，紫花串串，穗大味香，荚果形大奇特，为著名的观花藤本植物。园林中常作棚架、篱垣、岩壁、门廊、枯树、灯柱及山石的垂直绿化材料，也可修剪成灌木状孤植、丛植草坪、湖滨、山石旁，或作树桩盆景。花枝可做插花材料，茎皮、种子、花可入药。

本科常见园林植物还有：红花羊蹄甲、紫荆羊蹄甲、云实、决明、金凤花、双荚槐、腊肠树、黄槐、铁刀木、凤凰木、大叶相思、海红豆、南洋楹、朱缨花、南岭黄檀、龙牙花、刺桐、胡枝子、白花油麻藤、红豆树、紫檀等。

豆科植物中大豆、豌豆、花生、蚕豆、菜豆、豇豆是主要的农作物和蔬菜。常见的农田杂草有野大豆、野豌豆、直立黄芪、小苜蓿、披针叶黄华、鸡眼草、二色棘豆、米口袋等。

图10.43　紫藤
1.花枝　2,3,4.花瓣　5.雄蕊
6.雌蕊　7.果　8.种子

11）杨柳科 Salicaceae

形态特征：落叶乔木或灌木。单叶互生，稀对生，有托叶。柔荑花序，花单性，雌雄异株，无花被，常先叶开放或与叶同放；雄蕊2至多数；雌蕊由2心皮合生，1室，子房上位。蒴果，成熟时2~4瓣裂，种子小，基部有白色丝毛。

分布：本科有3属500余种，分布于寒温带、温带和亚热带；我国产3属，约320种，遍及全国。

花程式：$* ♂: K_0 \quad C_0 \quad A_{2\sim\infty} \quad ♀: K_0 \quad C_0 \quad \underline{G}_{(2:1)}$

杨柳科

识别要点：木本。单叶互生。雌雄异株，柔荑花序，无花被。果为蒴果，种子有毛。

本科主要园林植物：

（1）杨属 *Populus* L.

①毛白杨 *P. tomentosa* Carr.（图10.44）

鉴别特征：落叶乔木，高达30 m。树冠圆锥形，树皮幼时青白色，光滑，皮孔菱形，老时暗灰色，纵裂。幼枝、嫩叶、叶柄及叶背有毛，老时脱落。长枝叶三角状卵形，先端渐尖，基部心形或平截，缘具缺刻或锯齿，叶柄扁平，顶端常有2~4腺体；短枝叶三角状卵圆形，缘具波状缺刻，叶柄常无腺体。果序长达14 cm，果圆锥形或长圆形。花期2—3月，叶前开花，果期4—5月。

图10.44　毛白杨
1.长枝叶　2.短枝叶　3.花序
4.雌花（带花盘）　5.果（已开裂）

繁殖方式：多用埋条、扦插、嫁接、根蘖繁殖，亦可播种。

分布与用途：原产我国，分布广，以黄河中、下游为适生区。毛白杨树冠圆整，树体高大挺拔，叶大荫浓，适宜作行道树、庭荫树、园路树，可孤植、丛植、群植于建筑物周围，也可在草坪、广

场、街道、公路、学校、工厂周围列植、群植,是城乡"四旁"绿化和营造农田防护林的重要树种之一。木材可供建筑、家具、胶合板、造纸及人造纤维等用,雄花序凋落后收集可供药用,树皮可提取栲胶。

图 10.45　银白杨

1. 叶枝　2. 生雌花序的短枝　3. 雄花(带苞片)
4. 雌花(带苞片)　5. 雌花(子房带花盘)　6. 雄花

②银白杨 P. *alba* L.(图 10.45)

鉴别特征:落叶乔木,高达 35 m,树冠广卵形或圆球形,树皮灰白色,光滑,基部纵深裂。幼枝、幼叶、芽、老叶背面、叶柄均密被白色绒毛。长枝上的叶广卵形至三角状卵形,常掌状 3 ~ 5 浅裂,缘有粗齿或缺刻;短枝上的叶较小,卵形或椭圆状卵形,缘具不规则波状钝齿,叶柄上部微扁,无腺体。果窄圆锥形。花期 3—4 月,果期 4—5 月。

繁殖方式:播种、分蘖、扦插繁殖。

分布与用途:我国新疆有野生天然林分布,东北南部,华北、西北及河南、山东、江苏等地有栽培。银白杨干形挺直、高大,树冠饱满,银白色的叶片在微风中摇曳,在阳光照射下别有情趣。在园林中用作庭荫树、行道树,或孤植、丛植于草坪,还可作固沙、保土、护岸固堤及荒沙造林树种。

(2)柳属 *Salix* L.

①垂柳(倒柳、垂丝柳、水柳)S. *babylonica* L.(图 10.46、书前彩图)

鉴别特征:落叶乔木,高达 18 m。树冠倒广卵形,小枝细长下垂。叶狭披针形或条状披针形,长 8 ~ 16 cm,先端渐长尖,基部楔形,缘有细锯齿,上面绿色,下面有白粉,灰绿色,托叶阔镰形,早落。花期 2—3 月,果期 4—5 月。

繁殖方式:扦插为主,播种育苗一般在杂交育苗时应用。

分布与用途:分布于长江流域及以南各地平原地区,华北、东北亦有栽培。垂柳枝条柔软下垂,随风飘舞,婀娜多姿,宜配植在河岸、湖边、池畔,若间植一些碧桃,则绿丝婆娑,红枝招展,桃红柳绿,为江南园林点缀春景的特色配植方式之一。可作庭荫树孤植草坪、水滨、桥头,对植于建筑物两旁,列植作行道树、园路树、公路树,也是固堤护岸的重要树种,亦适用于工厂绿化。枝条供编织,枝、叶、花入药。

②银芽柳(棉花柳)S. *leucopithecia* Kimura.(图 10.47)

鉴别特征:落叶灌木,高 2 ~ 3 m。枝条绿褐色,具红晕。冬芽红紫色,有光泽。叶长椭圆形,长 9 ~ 15 cm,先端尖,基部近圆形,缘具细浅齿,表面微皱,深绿色,背面密被白毛,半革质。

图 10.46　垂柳

1. 叶枝　2. 果枝　3. 雄花(带苞片)
4. 雌花(带苞片)　5. 果(带苞片,二瓣裂)

雄花序椭圆状圆柱形,长3~6 cm,早春叶前开放,初开时芽鳞疏展,包被于花序基部,红色而有光泽,盛开时花序密被银白色绢毛,颇为美观。

繁殖方式:扦插繁殖(用雄株)。

分布与用途:原产于日本,我国江苏、浙江、上海等地有栽培,是当地重要的春季切花材料。银芽柳早春开放银白色花序,满树银花,基部围以红色芽鳞,极为美观。可植于路旁、庭园角隅观赏,亦可催花,供春节前后室内切花或干花用。

本科还有小叶杨、胡杨、青杨、新疆杨、钻天杨、河柳、红皮柳等,大多是林木树种或行道绿化树种。

图10.47　银芽柳

12) 金缕梅科 Hamamelidaceae

形态特征:乔木或灌木,常有簇生毛、星状毛或单毛。单叶互生,稀对生,全缘、有锯齿或掌状分裂,常有托叶。花小,单性或两性,组成头状、穗状或总状花序;萼筒多少与子房壁连合,萼片、花瓣、雄蕊通常均4~5,有时无花瓣;雌蕊由2心皮合生,子房通常下位或半下位,2室,花柱2,宿存。蒴果木质,2裂。

金缕梅科

分布:本科有27属,140种,分布于亚热带及温带南部;我国有17属,76种。

花程式:$* K_{(4~5)} \quad C_{4~5,0} \quad A_{\infty,4~5} \quad \overline{G}_{(2:2:\infty~1)}$

识别要点:木本,具星状毛。单叶互生。萼筒与子房壁连合,萼片、花瓣、雄蕊均4~5,子房下位,2室,花柱宿存。蒴果,木质化。

图10.48　金缕梅
1. 花枝　2. 果枝　3. 花
4,5. 雄蕊　6. 雌蕊

本科主要园林植物:

(1)金缕梅属 Hamamelis L.　金缕梅 H. mollis Oliv.(图10.48)。

鉴别特征:落叶灌木或小乔木,高达9 m。幼枝密生星状绒毛。叶倒卵圆形,长8~15 cm,先端急尖,基部歪心形,缘有波状齿,表面略粗糙,背面密生绒毛。头状或短穗状花序,花瓣4,狭长如带,淡黄色,基部带红色,芳香;萼背有锈色绒毛。蒴果卵球形。2—3月叶前开花,果10月成熟。

繁殖方式:播种繁殖,也可用压条和嫁接法。

分布与用途:产安徽、浙江、江西、湖北、湖南、广西等地。金缕梅花形奇特,芳香,早春先叶开放,黄色花瓣细长宛如金缕,缀满枝头,十分惹人喜爱,是著名观赏花木之一。宜在庭院角隅、池边、溪畔、山石间及树丛边缘配植。花枝可作切花瓶插。

(2)檵木属 Loropetalum Br.　檵木(檵花、木莲子)L. chinense(R. Br.)Oliv.(图10.49、书前彩图)。

图 10.49　檵木
1.果枝　2.花枝　3.花

鉴别特征:常绿灌木或小乔木,高达 10 m。树皮暗灰色,嫩枝、叶、花萼及果均被锈色星状毛。叶革质,卵形至椭圆形,长 2～5 cm,先端尖,基部歪斜。花 3～8 朵簇生枝端,花瓣 4,带状条形,淡黄白色。果椭圆形,褐色。花期 4—5 月,果期 8—9 月。

红花檵木 var. *rubrum* Yieh. 叶暗紫色,花紫红色。

繁殖方式:播种或嫁接繁殖。

分布与用途:产于我国长江中、下游及以南各地。檵木树姿优美,叶茂花繁,初夏开花如覆雪,非常美丽。红花檵木花叶俱红,宜丛植于草坪、林缘、园路转角,也可植为花篱,或与杜鹃等花灌木成片配置,作风景林的下木。也是制作盆景的优良材料。根、叶、花、果入药。

本科在园林中常见应用的还有蚊母树、蜡瓣花、枫香、马蹄荷等。

13）芸香科 Rutaceae

形态特征:木本稀草本。常具刺,植物体含挥发油。复叶,稀单叶,常具透明油点,无托叶。花两性,辐射对称,单生或成总状、聚伞或圆锥花序;萼片 4～5,常基部合生;花瓣 4～5,分离或基部合生,花盘常显著;雄蕊与花瓣同数或为其倍数,花丝分离或合生;雌花由 4～5(1～3 或多数)心皮组成,多合生,少数离生,上位子房,4～5 室,多至 10 室,胚珠每室 1～2 个,稀更多。果为柑果、浆果或核果。

分布:本科约有 150 属,1 700 种,分布于热带、亚热带,少数在温带;我国有 28 属,约 150 种。

花程式:$* K_{5\sim4}\quad C_{5\sim4}\quad A_{10\sim8}\quad \underline{G}_{(4\sim\infty:4\sim\infty:2\sim1)}$

识别要点:茎常具刺。叶上常见透明油点。复叶或单身复叶,革质,无托叶。萼片与花瓣同数,常 4～5 片,外轮雄蕊和花瓣对生,花盘明显。果多为柑果或浆果。

本科主要园林植物:

（1）花椒属 *Zanthoxylum* L.　花椒 Z. *bungeanum* Maxim.（图 10.50、书前彩图）。

鉴别特征:落叶灌木或小乔木。树皮上有许多瘤状突起,枝具宽扁而尖锐的皮刺。羽状复叶,小叶 5～11,卵形至卵状椭圆形,先端尖,基部近圆形或广楔形,缘具细锯齿,叶轴具窄翅。聚伞状圆锥花序顶生。果球形,红色至紫红色,密生油腺点。花期 3—4 月,果期 7—10 月。

繁殖方式:播种繁殖。种子宜室内晾干,切勿曝晒。

分布与用途:分布于我国辽宁南部、河北、

图 10.50　花椒
1.雌花枝　2.果枝　3.开裂的果及种子
4.两性花（去部分雄蕊）　5.雄花　6.雌花

河南、山东、山西、陕西至长江流域各地。花椒老干多瘤状突起,姿态奇异,金秋红果累累,十分美丽。可配植于草坪、假山或路边也可植为刺篱,果皮为著名的调味品。

(2)枸橘属 *Poncirus* Raf.　枸橘(枳、枳壳、臭橘)P. *trifoliata*(L.)Raf.(图10.51、书前彩图)。

鉴别特征:落叶灌木或小乔木,高达 7 m。枝绿色,略扭扁,具粗长的枝刺。三出复叶,互生,叶柄有翅,小叶无柄,近革质,缘有波状浅齿,顶生小叶大,倒卵形,基部楔形;侧生小叶较小,基部稍歪斜。花两性,单生或成对腋生,白色;萼片、花瓣各 5,雄蕊 8~10 离生,子房 6~8 室,每室胚珠 4~8。果球形,径 3~5 cm,密被短柔毛,黄绿色,有芳香。花期 4 月,叶前开放,果期 10 月。

繁殖方式:以播种为主,也可扦插繁殖。

分布与用途:原产我国长江流域,现黄河流域以南有栽培。枸橘春闻花香,秋赏黄果,白花、绿枝、黄果,别具特色,在园林中多栽作绿篱或屏障树,公园、庭院、居民区、工厂、街头绿地都可应用。叶、花、果、种子可入药,种子可榨油。

图10.51　枸橘
1.花枝　2.果枝
3.去花瓣之花(示雌、雄蕊)　4.种子

图10.52　柑橘
1.花枝　2.花　3.果
4.果横切面　5.叶之一部分(示腺点)

(3)柑橘属 *Citrus* L.　柑橘(橘子)C. *reticulata* Blanco.(图10.52)。

鉴别特征:常绿小乔木,高约 3 m。小枝较细弱,常有短刺。叶椭圆状卵形、披针形,先端钝,常凹缺,基部楔形,全缘或有细锯齿,叶柄的翅很窄或近无翅。花白色,芳香,单生或簇生叶腋。果扁球形,橙红或橙黄色,果皮薄,易剥离。花期 5 月,果熟期 10—12 月。

品种多,分柑和橘两大类:

柑类:果较大,径 5 cm 以上,果皮较粗糙而稍厚,剥皮难。分布偏南。

橘类:果较小,径 5 cm 以下,果皮光滑而薄,剥皮易。分布偏北。

繁殖方式:以嫁接为主,亦可播种或压条繁殖,嫁接用枸橘或实生苗作砧木。

分布与用途:我国长江以南各地广泛栽培。柑橘树姿浑圆,白花如雪,果实似金,是我国著名的果树之一,是园林结合生产的优良树种。大型公园可植橘园,一般公园、庭园及风景区可与松、竹配植,亦可丛植于草坪、林缘,也宜在门旁、屋边、窗前种植。北方常用于盆栽观赏。

(4)金橘属 *Fortunelia* Swingle.　金橘(金柑、金枣)F. *margarita* Swingle.(图10.53)。

鉴别特征:常绿灌木,高达 3 m。枝密生,近无刺,嫩枝有棱角。单身复叶互生,披针形或椭圆形,表面深绿光亮,背面散生油腺点,叶柄有狭翅。花 1~3 朵簇生叶腋,白色,芳香。柑果长圆形,熟时金黄色。花期 6—8 月,果期 11—12 月。

图 10.53　金橘

繁殖方式:嫁接繁殖。

分布与用途:产于我国南部,广布于长江流域及以南的广东、广西、福建、江西、浙江等地。金橘四季常青,树形优美,夏日白花如玉,香气袭人,秋冬灿灿金果,玲珑娇小,为我国传统盆栽珍品。可适于院落、庭前、门旁、窗下配植,也可群植于草坪或树丛周围。果实可生食或制蜜饯,又可入药,有生津、止咳之功效。

本科中橘、酸橙、柠檬等是我国华南地区的主要果树。黄檗、白癣和云香是著名的药用植物,白癣根入药能清热解毒,祛风止痒。云香全草入药,有祛风镇痛,通经杀虫之功效。

14)七叶树科 Hippocastanaceae

七叶树科

形态特征:落叶乔木,稀灌木。掌状复叶对生,无托叶。圆锥花序或总状花序顶生,花杂性,两性花生于花序基部,雄花生于上部;萼 4~5 裂;花瓣 4~5,大小不等,基部呈爪状;雄蕊 5~9,着生花盘内;子房上位,3 室,每室胚珠 2。蒴果,3 裂,种子通常 1,种脐大,无胚乳。

分布:仅 1 属 30 余种;我国 1 属,10 余种。

花程式:$\uparrow K_{4\sim5}$　$C_{4\sim5}$　$A_{5\sim9}$　$\underline{G}_{(3:3:2)}$

识别要点:落叶乔木。掌状复叶对生。圆锥花序或总状花序顶生;花瓣 4~5,大小不等,基部呈爪状。蒴果 3 裂。

本科主要园林植物:

七叶树属 Aesculus L.

①七叶树(天师栗、娑罗树) A. chinensis Bunge.
(图 10.54、书前彩图)

鉴别特征:落叶乔木,高达 25 m。树皮灰褐色,片状剥落。小枝光滑粗壮,髓心大。掌状复叶对生,小叶有柄,5~7 枚,长椭圆状披针形至矩圆形,先端渐尖,基部楔形,缘具细锯齿,背面仅脉上疏生柔毛。圆锥花序圆柱状,顶生,长约 25 cm,花白色。蒴果近球形,黄褐色,密生疣点。种子深褐色,形如板栗,种脐大,占 1/2 以上。花期 5 月,果期 9—10 月。

繁殖方式:以播种为主,亦可扦插、高空压条繁殖。

分布与用途:原产黄河流域,陕西、甘肃、山西、河北、江苏、浙江等地有栽培。七叶树树冠如华盖,叶大形美,遮荫效果好,初夏开花时硕大的白色花序竖立

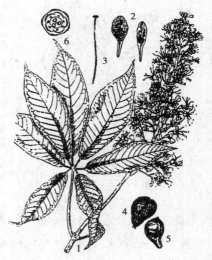

图 10.54　七叶树
1.花枝　2.花瓣　3.雄蕊
4.果　5.果纵切面　6.花图式

于绿叶簇中,好似一个大烛台,蔚为奇观,与悬铃木、鹅掌楸、银杏、椴树共称为世界五大行道树,也是五大佛教树种之一。最宜作行道树及庭荫树,可配植于公园、大型庭园、机关、学校周围,在建筑物前对植、路边列植,或孤植、丛植于草坪、山坡。

②日本七叶树 A. turbinata Bl.(图 10.55)

鉴别特征:落叶乔木。小枝淡绿色。掌状复叶对生,小叶无柄,5～7枚,倒卵状长椭圆形,先端短急尖,基部楔形,缘有不整齐重锯齿,背面略有白粉,脉腋有褐色簇毛。直立顶生圆锥花序,花径小,白色或淡黄色,有红斑。蒴果梨形,深棕色,有疣状突起。花期5—6月,果期9月。

繁殖方式:播种繁殖。

分布与用途:原产日本,上海、青岛等地有引种栽培。日本七叶树冠大荫浓,树姿雄伟,花序美丽,宜作行道树和庭荫树。

图10.55　日本七叶树

15)无患子科 Sapindaceae

形态特征:乔木或灌木,稀草本。羽状复叶,稀单叶或掌状复叶,常互生,无托叶。圆锥或总状花序;花两性或单性,有时杂性;萼4～5,分离或连合;花瓣4～5,或缺;雄蕊8～10,常着生于一侧;子房上位,多为3室,每室胚珠1～2,稀多数。蒴果、浆果、核果或翅果。间有假种皮。

分布:约150属,2000种,广布于热带和亚热带;我国25属,56种,多分布于长江以南各省区。

无患子科

花程式:$* \uparrow \quad K_{4\sim5} \quad C_{4\sim5,0} \quad A_{8\sim10} \quad \underline{G}_{(3:3:1\sim2)}$

识别要点:羽状复叶。圆锥或总状花序,花小,常杂性异株。具典型3心皮子房。种子常具假种皮。

本科主要园林植物:

(1)栾树属 Koelreuteria Laxm.

①栾树(灯笼花、摇钱树、黑叶树)K. paniculata Laxm. (图10.56)

鉴别特征:落叶乔木,高达15 m。树皮灰褐色,细纵裂。1～2回羽状复叶,小叶7～17,卵形至卵状长椭圆形,缘有不规则粗锯齿,近基部常有深裂片,背面沿脉有毛。顶生圆锥花序宽而疏散,花小,金黄色。蒴果三角状卵形,长4～6 cm,顶端尖,果皮膜质,膨大如囊状,3裂,熟时红褐色或橙红色。花期6—7月,果期9—10月。

图10.56　栾树
1.花枝　2.花　3.果

繁殖方式:以播种为主,亦可分蘖或插根繁殖。

分布与用途:主产华东,东北南部至长江流域及福建,西到甘肃、四川均有分布。栾树树形端正,枝叶茂密,春季嫩叶紫红,夏季黄花满树,秋季叶色金黄、果实紫红,是我国国庆期间最富特色的喜庆树种。可作庭荫树、行道树及园景树,也可作防护林及荒山造林树种。对SO_2及烟尘有较强抗性,适于厂矿绿化。

②黄山栾树(全缘叶栾树)K. integrifolia Merr. (图10.57、书前彩图)

鉴别特征:落叶乔木,高17～20 m。树皮暗灰色,片状剥落。2回羽状复叶,小叶7～11,长

椭圆状卵形,先端渐尖,基部圆形或广楔形,全缘,或偶有锯齿,两面无毛或背脉有毛。顶生圆锥花序,花黄色。蒴果椭圆形,长 4～5 cm,顶端钝而有短尖,果皮膜质而膨大成膀胱形,成熟时 3 裂。花期 8—9 月,果期 10—11 月。

繁殖方式:以播种为主,分根育苗也可。

分布与用途:产于江苏南部、浙江、安徽、江西、湖南、广东、广西等省区。黄山栾树枝叶茂密,冠大荫浓,初秋开花,金黄夺目,不久就有淡红色灯笼似的果实挂满树梢,黄花红果,交相辉映,十分美丽。宜作庭荫树、行道树及园景树栽植,也可用于居民区、工厂区及农村"四旁"绿化。

图 10.57　黄山栾树
1.花枝　2.花　3.果序枝　4.种子

(2)桂圆属 *Dimocarpus* Lour.　龙眼(桂圆、圆眼、龙目)*D. longan* Lour.(图 10.58)。

鉴别特征:常绿乔木,高达 10 m 以上。树皮粗糙,薄片剥落,幼枝及花序被星状毛。偶数羽状复叶,互生,小叶 3～6 对,长椭圆状披针形,革质,全缘,基部稍歪斜,表面侧脉明显。圆锥花序顶生或腋生,花小而密,黄色。核果球形,黄褐色或红褐色,果皮革质或脆壳质。种子具肉质、乳白色、半透明而多汁的假种皮。花期 4—5 月,果期 7—8 月。

繁殖方式:可播种、嫁接或高空压条繁殖。

分布与用途:产华南、西南、四川、福建及台湾。龙眼树冠茂密,终年常绿,初生叶紫红色。宜作行道树、风景林和防护林。可孤植、片植,或与其他树种混植。为优良用材树种、亚热带著名果树。

(3)荔枝属 *Litchi* Sonn.　荔枝(离枝、丹荔)*L. chinensis* Sonn.(图 10.59)。

图 10.58　龙眼
1.花枝　2.果枝　3.花　4.花部分(示雄蕊着生)

图 10.59　荔枝

鉴别特征:常绿乔木,高达 30 m。树皮灰褐色,较光滑。枝条细密而低垂,侧根密集,近树干基部常联结成盘。偶数羽状复叶互生,小叶 2~4 对,椭圆状披针形,全缘,中脉在叶面凹下,背面粉绿色。顶生圆锥花序,花小,无花瓣。核果球形或卵形,熟时红色,果皮有突起小瘤体;种子棕褐色,具白色、肉质、半透明、多汁之假种皮。花期 3—4 月,果期 5—8 月。

繁殖方式:播种或高空压条、嫁接繁殖。

分布与用途:华南、福建、广东、广西及云南东南部均有分布,四川、台湾有栽培。荔枝树冠"团团如帷盖",枝叶茂密,初生叶紫红色或鲜红色,可配植于塘、池、渠边,绛果翠叶,垂映水中,效果甚佳,亦可在"四旁"及山坡成片栽植。为世界著名水果,果色、香、味俱美,鲜食、焙干、酿酒均可。

悬铃木科

16)悬铃木科 Platanaceae

形态特征:落叶乔木。树皮呈片状剥落。枝无顶芽,侧芽为柄下芽。单叶互生,掌状分裂,鸟足状掌状脉,托叶衣领状,脱落后在枝上留有环状托叶痕。头状花序,下垂,花小、单性,雌雄同株;花被 2~4 或无,绿色,不明显;雄花有雄蕊 3~8,花丝近于无;雌花有 3~8 个离生心皮,子房上位,1 室,有 1~2 个胚珠。聚合果呈球形,小坚果倒圆锥形,基部有褐色长毛,内有种子 1 粒。

分布:1 属 10 种,分布美洲、欧洲、亚洲南部;中国引入 3 种,北自辽宁的大连,南至华中、西南均有广泛栽培。

花程式:$* ♂:P_{2\sim4,0}$　$A_{3\sim8}$　$♀:P_{2\sim4,0}$　$\underline{G}_{(3\sim8:1:1\sim2)}$

识别要点:落叶乔木,树皮片状剥落。柄下芽。单叶,掌状分裂,托叶衣领状,脱落后在枝上留有环状托叶痕。聚合果球形,下垂,1~3 个或多球串生。小坚果基部有褐色长毛。

本科主要园林植物:

图 10.60　一球悬铃木

悬铃木属　*Platanus* Linn.

①一球悬铃木(美国梧桐、美桐)P. *occidentalis* L. (图 10.60、书前彩图)

鉴别特征:落叶大乔木,高 40~50 m。叶掌状 3~5 浅裂,宽度大于长度,裂片呈广三角形。球果多数单生,但亦偶有 2 球一串,宿存的花柱短,故球面较平滑;小坚果之间无突伸毛。

分布与用途:原产北美东南部,中国有少量栽培。其他同二球悬铃木。

②二球悬铃木(英桐)P. *hispanica* Muenchh.(图 10.61、书前彩图)

鉴别特征:落叶乔木,高达 35 m。树皮灰绿色,裂成不规则的大块状剥落,内皮淡黄白色。幼枝被淡褐色星状毛。叶片广卵形至三角状,顶端渐尖,基部截形至心形,裂片三角状卵形,中部裂片长、宽近相等。果序球形,常 2 个串生,花柱

图 10.61　二球悬铃木
1.花枝　2.果枝　3.果

刺状。花期4—5月,果期9—10月。

繁殖方式:扦插或播种繁殖。

分布与用途:本种为一球悬铃木和三球悬铃木的杂交种,世界各地多有栽培,中国各地栽培的也以本种为多。悬铃木冠大荫浓,生长迅速,抗逆性强,是世界著名的五大行道树种之一,有"行道树之王"的美誉。可孤植、丛植作庭荫树,亦可列植于甬道两侧。

图10.62　白榆
1.果枝　2.花枝　3.花　4.果

17)榆科 Ulmaceae

形态特征:落叶乔木或灌木。小枝纤细,无顶芽。单叶互生,排成2列,缘有锯齿,稀全缘,叶基常偏斜,羽状脉或3出脉,托叶早落。单被花,花小,两性或单性同株,单生、簇生或成短聚伞、总状花序;雄蕊4~8,与花萼同数且对生;子房上位,心皮2,1~2室。翅果、坚果或核果。

分布:约16属,220种,主产北温带;我国8属,50余种,遍及全国。

花程式:$* K_{4 \sim 8} \quad C_0 \quad A_{4 \sim 8} \quad \underline{G}_{(2:1)}$

识别要点:木本。单叶互生,叶基常偏斜。花小,单被,雄蕊与花萼同数且对生。翅果、核果或有翅坚果。

本科主要园林植物:

(1)榆属 *Ulmus* L.　白榆(家榆、榆树)U. *pumila* L.(图10.62)

鉴别特征:落叶乔木,高达25 m。树皮暗灰色,纵裂而粗糙。小枝灰白色,细长,排成两列状。叶椭圆状卵形或椭圆状披针形,长2~7 cm,先端尖或渐尖,基部一边楔形、一边近圆形,叶缘不规则重锯齿或单齿,仅下面脉腋微有簇生毛。花簇生。翅果近圆形,熟时黄白色,无毛。花3—4月先叶开放,果熟期4—6月。

繁殖方式:播种繁殖。种子随采随播发芽、出苗好。

分布与用途:产东北、华北、西北及华东地区,尤以东北、华北、淮北平原习见。白榆冠大荫浓,树体高大,适应性强,是世界著名的五大行道树之一,在城镇绿化中常用作行道树、庭荫树,是北方农村"四旁"绿化的主要树种,也是防风固沙、水土保持和盐碱地造林的重要树种。幼叶、嫩果、树皮可食,叶可作饲料。

(2)朴属 *Celtis* L.

①朴树(沙朴、霸王树)C. *sinensis* Pers.(图10.63)

鉴别特征:落叶乔木,高达20 m。树皮灰色,不开裂。幼枝有短柔毛,后脱落。叶宽卵形、椭圆状卵形,长2.5~10 cm,先端短渐尖,基部歪斜,中部以上

图10.63　朴树
1.花枝　2.果枝　3.雄花
4.两性花　5.果核

有粗钝锯齿,三出脉,背面沿叶脉及脉腋疏生毛,网脉隆起。花1~3朵生于当年生叶腋。核果近球形,单生或2个并生,果梗与叶柄近等长,熟时红褐色。花期4月,果熟期10月。

繁殖方式:播种繁殖。

分布与用途:产淮河流域、秦岭以南至华南各地。朴树树冠圆满宽广,树荫浓郁,最适合公园、庭园作庭荫树,也可供街道、公路列植作行道树,是城市居民区、学校、厂矿、农村"四旁"绿化的主要树种。

②小叶朴(黑弹树)C. *bungeana* Bl.(图 10.64、书前彩图)

鉴别特征:落叶乔木,高达20 m。小枝无毛。叶长卵形至卵状椭圆形,先端渐尖,基部偏斜,中部以上有疏浅钝齿或全缘,两面无毛。果常单生叶腋,熟时紫黑色,果柄长 1.2~2.8 cm,通常长于叶柄1倍以上;果核白色,平滑,略有不明显的网纹。花期5月,果期9—10月。

图 10.64 小叶朴

繁殖方式:播种繁殖。

分布与用途:自长江流域、西南至华北、东北南部和陕西、甘肃各地均有分布。可作庭荫树及城乡绿化树种。木材可制作家具、农具,根皮可入药。

樟科

18)樟科 Lauraceae

形态特征:乔木或灌木。有油细胞,芳香。单叶互生,稀对生或簇生,全缘,稀分裂,羽状脉或三出脉,无托叶。花小,两性或单性,成伞形、总状或圆锥花序,稀单生;单被花,花部常3基数,花被片6或4,2轮排列;雄蕊3~4轮,每轮3,第4轮雄蕊通常退化;子房上位稀下位,1室,胚珠1。浆果或核果,有时花被筒增大形成杯状或盘状果托。种子无胚乳。

图 10.65 樟树

分布:约45属,近2 000种,分布于热带、亚热带地区;我国约20属,400余种,主产长江流域及以南各地。

花程式:$* P_{3+3} \quad A_{3+3+3+3} \quad \underline{G}_{(3:1:1)}$

识别要点:木本,有油腺。单叶互生,革质。单被花,整齐,花部3基数,花被2轮,雄蕊4轮,1轮退化,3心皮1室。核果。

本科主要园林植物:

樟属 *Cinnamomum* Trew.

①樟树(香樟、小叶樟)C. *camphora*(L.)Presl.(图10.65)

鉴别特征:常绿乔木,高达30 m。树皮灰褐色,纵裂。叶互生,卵状椭圆形,长 5~8 cm,薄革质,离基三出脉,脉腋有腺体,全缘,背面有白粉。圆锥花序腋生,花小,黄绿色。浆果球形,熟时紫黑色,果托杯状。花期4—5月,果熟期8—11月。

繁殖方式:播种、扦插或萌蘖更新等方法繁殖。

分布与用途:我国长江流域以南有分布,以江西、浙江、台湾最多,是我国亚热带常绿阔叶林

图 10.66　大叶樟

的重要树种,近几年黄河流域也普遍引种栽培。樟树树冠圆满,枝叶浓密,是优良的庭荫树、行道树、风景树、防风林树种。孤植草坪、湖滨、建筑旁,炎夏浓荫铺地,深受人们喜爱。丛植时配植各种花灌木,或片植成林作背景都很美观,是我国珍贵的造林树种。樟木是制造高级家具、雕刻、乐器的优良用材;树可提取樟脑油,根、皮、叶可入药。

②大叶樟 C. parthenoxylon Meissn.(图 10.66)

鉴别特征:乔木,高 20～25 m。小枝有棱,全体无毛。叶长椭圆状卵形,长 6～12 cm,先端急尖,基部楔形或广楔形,革质,羽状脉,脉腋无腺体,背面明显带白色。圆锥花序花少,长 4.5～8 cm。果球形,径 6～8 mm,熟时黑色。

繁殖方式:播种、萌蘖繁殖,以播种繁殖为主。

分布与用途:产我国长江以南广大地区,是南方优良的用材和绿化树种,全树各部可制取樟油和樟脑。

19)小檗科 Berberidaceae

形态特征:灌木或多年生草本。单叶或复叶,互生,稀对生或基生。花两性,辐射对称,单生或组成总状、聚伞或圆锥花序;花萼、花瓣相似,2 至多枚,每轮 3 枚;雄蕊与花瓣同数且对生,稀为其 2 倍;子房上位,1 室,胚珠 1 至多个。浆果或蒴果,稀为蓇葖果。种子有胚乳。

分布:有 14 属,约 650 种,分布于北温带、热带高山和南美;我国 11 属,330 种,分布于全国各地。

花程式: $* K_{4～6} \quad C_{4～6} \quad A_{4～6} \quad \underline{G}_{(1:1:1～∞)}$

识别要点:灌木或多年生草本。单叶或复叶,互生。花单生或组成总状、聚伞或圆锥花序。花萼、花瓣相似,2 至多枚,每轮 3 枚,雄蕊与花瓣同数。浆果或蒴果。

本科主要园林植物:

(1)小檗属 Berberis L.　日本小檗(小檗)B. thunbergii DC.(图 10.67)。

鉴别特征:落叶灌木,高 2～3 m。细枝紫红色,老枝灰紫褐色,有槽。刺细小单一,很少分叉。叶倒卵形或匙形,长 0.5～2 cm,先端钝,基部急狭,全缘,两面叶脉不明显;表面暗绿色,背面灰绿色。伞形花序簇生状,花黄色。浆果长椭圆形,长约 1 cm,熟时亮红色。花期 5 月,果期 9 月。

变型:紫叶小檗 f. atropurpurea Rehd. 叶紫红至鲜红色,在夏季强光照下则更红艳可爱。

繁殖方式:分株、播种或扦插繁殖。

图 10.67　日本小檗
1. 花枝　2. 花　3. 枝刺

分布与用途:原产日本及中国,现各大城市有栽培。日本小檗枝叶细密而有刺,叶小圆形而簇生,春季金花簇簇,秋日叶色变红,红果满枝,是理想的观叶、观果灌木。宜丛植草坪、池畔、岩石旁、墙隅、树下。因枝多刺,故可栽作刺篱。紫叶小檗是植花篱,点缀山石、配置图案的好材料,亦可盆栽观赏。果枝可插瓶观赏,果可食,根、茎、叶均可入药。

（2）十大功劳属 *Mahonia* Nutt. 十大功劳(狭叶十大功劳) M. *fortunei*（Lindl.）Fedae.（图10.68、书前彩图）。

鉴别特征:常绿灌木,高1~2 m。树皮灰色,木质部黄色。全体无毛。叶革质而有光泽,奇数羽状复叶,互生,小叶7~11,狭披针形,长8~12 cm,边缘每侧有刺齿6~13对,小叶均无叶柄。花黄色,4~8条总状花序簇生。浆果卵形,蓝黑色,被白粉。花期8播种、扦插或萌蘖更新等方法繁殖。花期8—9月,果期10—11月。

图 10.68 十大功劳

繁殖方式:可用播种、枝插、根插及分株等方法繁殖。

分布与用途:产长江以南地区。十大功劳常植于庭院、林缘及草地边缘,或作绿篱及基础种植。华北常盆栽观赏,温室越冬。全株入药,有清凉、解毒、强壮之功效。

（3）南天竹属 *Nandina* Thunb. 南天竹 N. *domestica* Thunb.（图10.69、书前彩图）。

鉴别特征:常绿灌木,高达2 m。丛生而少分枝,幼枝常为红色,无毛。2~3回羽状复叶,互生,总柄基部有褐色抱茎的鞘;小叶全缘,革质,椭圆状披针形,先端渐尖,基部楔形,无毛。圆锥花序顶生,花小白色,花序长13~25 cm。浆果球形,熟时红色。花期5—7月,果熟期9—10月。

繁殖方式:常用分株、播种繁殖。

分布与用途:产我国及日本,国内外庭院普遍栽培。南天竹秋冬叶色红润,果实累累,是观果、观叶的良好树种。丛植古建筑前,配植粉墙一角或假山旁最为协调,也可丛植草坪边缘、园路转角、林荫道旁、常绿或落叶树丛前。常盆栽作室内

图 10.69 南天竹

装饰。叶枝或果枝配腊梅是春节插花的好材料。根、叶、果可入药。

20) **海桐科 Pittosporaceae**

形态特征:灌木或乔木。单叶互生或轮生,无托叶。花两性,辐射对称,单生或组成伞房、聚伞或圆锥花序;萼片、花瓣5,雄蕊5;子房上位。蒴果或浆果。种子多数,生于黏质的果肉中。

分布:共9属360余种,主要分布于亚洲及非洲;我国有1属约44种,分布于西南和台湾。

花程式: $*K_5 \quad C_5 \quad A_5 \quad \underline{G}_{(2:1)}$

识别要点:木本。单叶互生或轮生,无托叶。花单生或组成伞房、聚伞或圆锥花序;花部5基数;子房上位。蒴果或浆果。

海桐科

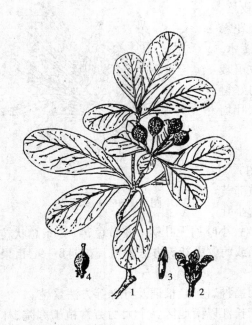

图 10.70　海桐
1.果枝　2.花　3.雄蕊　4.雌蕊

本科主要园林植物：

海桐属 *Pittosporum* Banks. et Soland.

海桐(山矾)P. tobira(Thunb.) Ait.(图 10.70、书前彩图)

鉴别特征：常绿灌木，高 2～6 m。树冠圆球形。小枝及叶集生于枝顶。叶革质，倒卵状椭圆形，长 5～12 cm，先端圆钝，基部楔形，全缘，边缘略反卷，叶面有光泽。伞房花序顶生，花色先白后黄，有芳香味。蒴果近球形，熟时三瓣裂，种子鲜红色。花期 4—5 月，果熟期 10 月。

繁殖方式：播种、扦插繁殖。

分布与用途：原产江苏、浙江、福建、广东、台湾等省。长江流域及东南沿海各地习见栽培。海桐枝叶繁茂，树冠圆满，白花芳香，种子红艳，适应性强，是我国南方城市和庭园习见绿化观赏树种。常配植于公园或庭院的道路交叉点、拐角处、台坡边、草坪一角，作基础栽植或绿篱材料，也是街头绿地、工矿区常用的抗污染、绿化、美化树种，北方常盆栽观赏。

禾本科

10.2.3　单子叶植物纲 Monocoty ledoneae

1)禾本科 Gramineae

形态特征：一、二年生或多年生草本，少有木本(竹类)。通常具根状茎，常于基部分枝，节明显，节间常中空。单叶互生，排成 2 列；叶由叶鞘、叶片和叶舌组成，叶片常狭长，叶脉平行。花两性，稀单性，由 1 至数朵花组成穗状花序，称为小穗；再由许多小穗排成穗状、总状、圆锥状等花序。小穗基部具两枚颖片；每小花基部有外稃与内稃，外稃常有芒，相当于苞片，内稃无芒，相当于小苞片，外稃内方有两个半透明的肉质鳞片，称为浆片；雄蕊 3 枚，稀 1、2 或 6 枚；雌蕊由 2 心皮组成，子房上位，1 室，1 胚珠；花柱 2，柱头常为羽毛状。果实为颖果。

本科是被子植物中的大科之一，约有 600 属，6 000 种以上，广布于世界各地；我国有 190 余属，1 200 多种。

花程式：$\uparrow$ 　$P_{2\sim3}$ 　$A_{3,3+3}$ 　$\underline{G}_{(2\sim3:1:1)}$

识别要点：茎秆圆柱形，有节，节间常中空。叶 2 列，常由叶鞘和叶舌组成，叶片条形，叶鞘边缘常分离而覆盖。由小穗组成总花序，颖果。

图 10.71　佛肚竹
1.茎秆　2.叶枝　3.秆箨的腹面观
4.秆箨顶端的腹面观

本科主要园林植物：

（1）箣竹属 *Bambusa* Schreb.　佛肚竹（佛竹、密节竹）B. *ventricosa* Mc-clure.（图 10.71、书前彩图）。

鉴别特征：丛生竹，灌木状，秆高 2.5～5 m。秆 2 型，正常秆圆筒形，节间长 10～20 cm；畸形秆节间短，基部节间膨大呈瓶状，形似"佛肚"。箨鞘无毛，初为深绿色，老时则橘红色；箨耳发达；箨舌极短。小枝具叶 7～13 枚，卵状披针形至长圆状披针形，下面被柔毛。

繁殖方式：常以移植母竹（分兜栽植）为主，亦可埋兜、埋秆、埋节繁殖。

分布与用途：广东特产，南方庭院多栽培。佛肚竹畸形秆形态奇特，是优良的观赏竹种。常栽于庭园、公园观赏，也可作盆景。

（2）刚竹属 *Phyllostachys* Sieb. et Zucc.　毛竹（楠竹、茅竹）P. *pubescens* Mazel.（图 10.72）。

鉴别特征：乔木状竹种，高可达 20～25 m，地径 12～20 cm 或更粗。基部节间较短，中部节间最长可达 40 cm；新秆绿色，密背白粉及细柔毛，老秆无毛，仅在节下有白粉环，老时变为黑垢；箨环隆起。箨鞘厚革质，棕色底上有褐色斑纹，背面密生棕褐色刺毛；箨耳小，繸毛发达；箨舌宽短，两侧下延呈尖拱形，边缘有长纤毛；箨叶绿色，初直立，后反曲。每小枝保留叶2～3 片，叶较小，披针形。笋期 3—4 月。

变种：龟甲竹（佛面竹）var. heterocycla（Carr.）Mazel. 秆较原种矮小，仅 3～6 m。秆下部节间短缩，膨大，交错成斜面，甚为美观。可庭院种植观赏。

繁殖方式：可用播种、分株、埋鞭等法繁殖。

分布与用途：分布于秦岭、淮河以南，南岭以北，是我国分布最广的竹种，浙江、江西、湖南等地是分布中心，在海拔 800 m 以下的丘陵山地生长最好，山东等地有引种。毛竹秆高挺拔、枝叶秀丽、幽雅潇洒，气质高雅。常栽于庭园之隅或池畔、湖边、山坡、草坪、亭旁等，与松、梅配植，共誉为"岁寒三友"；宜在风景区大面积种植，形成谷深林茂、云雾缭绕的景观。毛竹主秆粗大，可供建筑、桥梁、打井支架等用；竹材篾性好，适宜编织家具及器皿；嫩竹及竹箨可作为造纸原料，竹笋可食用。

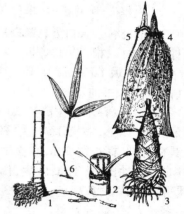

图 10.72　毛竹
1. 秆、秆基及地下茎　2. 竹节分枝
3. 笋　4. 秆箨背面　5. 秆箨腹面　6. 叶枝

本科观赏竹类还有：阔叶箬竹、刚竹、桂竹、淡竹、菲白竹、斑竹等。本科植物中栽培的农作物有小麦、玉米、水稻、高粱等。农田杂草有狗芽根、芦苇、白茅、早熟禾、牛筋草、狗尾草、野燕麦、看麦娘等。

2）棕榈科 Arecaceae

形态特征：常绿乔木或灌木，也有藤本。单干，多不分枝，树干上常具宿存叶基或环状叶痕。叶大型，羽状或掌状分裂，通常集生树干顶部，叶柄基部常扩大成纤维质叶鞘。花小，辐射对称，两性或单性，圆锥状肉穗花序，具 1 至数枚大型佛焰苞包围花梗和花序的分枝；萼片、花瓣各 3，分离或合生；雄蕊通常 6，2 轮；子房上位，1～3 室，每室胚珠各 1。浆果、核果或坚果。

分布：共217 属，2 500 种，分布于热带地区；我国 16 属，61 种，主要分布于南方地区。

花程式：$* ♂: P_{3+3}　A_{3+3}　♀: P_{3+3}　\underline{G}_{3,(3)}$

$\qquad * K_3　C_3　A_{3+3}　\underline{G}_{3,(3)}$

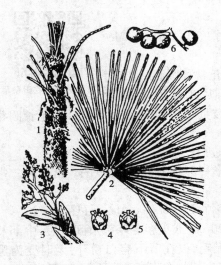

图 10.73 棕榈

1.树干顶部　2.叶　3.花序
4.雄花　5.雌花　6.果

识别要点:木本,树干不分枝,大型叶丛生于树干顶部。肉穗花序,花3基数。

本科主要园林植物:

(1)棕榈属 *Trachycarpus* H. Wendal.　棕榈(棕树、山棕)*T. fortunei* (Hook.)H. Wendl.(图 10.73、书前彩图)。

鉴别特征:常绿乔木。树干圆柱形,高达 10 m。干上常有残存的老叶柄及其黑褐色叶鞘。叶簇生干顶,近圆形,径 50~70 cm,掌状裂深达中下部,裂片条形,多数,坚硬,先端 2 浅裂;叶柄长 40~100 cm,两侧细齿明显。雌雄异株,圆锥状肉锥花序腋生,花小而黄色。核果肾形,径约 1 cm,蓝黑色,被白粉。花期 4—6 月,果熟期 10—11 月。

繁殖方式:播种繁殖。

分布与用途:产华南沿海至秦岭、长江流域以南,以湖南、湖北、陕西、四川、贵州、云南等地最多,现我国大部分地区有栽培。棕榈树干挺拔,叶姿优雅,适于对植、列植于庭前、路边、入口处,或孤植、群植于池边、林缘、草地边角、窗前。棕榈为南方特有经济树种,棕皮用途广;根、果可入药。

(2)蒲葵属 *Livistona* R. Br.　蒲葵 L. *chinensis* (Jacq.)R. Br.(图 10.74、书前彩图)。

鉴别特征:乔木。树高达 20 m。树干有环状叶痕。叶片直径达 1 m 以上,掌状分裂至中部,裂片条状披针形,先端 2 深裂,具横脉;叶柄长达 2 m,腹面平,背面圆凸,两侧有倒钩刺。花序自叶丛抽出,长 1 m,腋生,佛焰苞多数;花无柄,黄绿色。核果椭圆形,熟时蓝黑色。花期 3—4 月,果期 11 月。

繁殖方式:播种繁殖。

分布与用途:原产华南,福建、台湾、广东、广西等地普遍栽培,其他地区可盆栽越冬。蒲葵为热带及亚热带地区优美的庭荫树和行道树,可孤植、丛植、对植、列植。也是园林结合生产的理想树种,嫩叶可制扇,老叶可制蓑衣、编席。根、叶、果实可入药。

图 10.74 蒲葵

1.植株　2.部分花序　3.花
4.雄蕊　5.雌蕊　6.果

3)百合科 Liliaceae

形态特征:草本,有根茎、球茎或鳞茎。茎直立或攀缘状。叶互生,少数对生或轮生,或常基生,有时退化为膜质鳞片。花两性,少单性,辐射对称;合瓣花,有多种花序类型,少数为伞形花序。花被花瓣状,6 裂片,2 轮或 1 轮,下部合生,稀 4 片或更多;雄蕊常 6 枚,2 轮,与花被片对生;子房上位,稀半下位,通常 3 室。蒴果或浆果。

本科约 230 属,3 500 种,广泛分布于世界各地;我国 60 属,约 560 种,分布遍及全国各地。

花程式: $* P_{3+3}$　A_{3+3}　$\underline{G}_{(3:3:\infty)}$

识别要点:具根茎、球茎或鳞茎。花被片 6 枚,花瓣状,排列成 2 轮;雄蕊 6 枚,与花被片对

百合科

生;子房 3 室。蒴果或浆果。

本科主要园林植物:

(1) 丝兰属 *Yucca* L.　　丝兰 *Y. smalliana* Fern.(图10.75)。

地被植物

鉴别特征:常绿灌木。植株低矮,近无茎。叶丛生,较硬直,叶线状披针形,长 30～75 cm,先端尖或针刺状,基部渐狭,边缘有卷曲白丝。圆锥花序宽大直立,花白色,下垂。6—8 月开花。

繁殖方式:播种、分株及扦插繁殖。

分布与用途:原产北美,我国长江流域有栽培,华北各地亦见引种栽培。丝兰叶形优美,四季常绿,花茎高大,花朵素雅,适于花坛中央、草坪中、建筑物周围栽植。叶可作造纸原料。

(2) 朱蕉属 *Cordyline* Comm. ex Juss.　　朱蕉(红叶铁树) *C. fruticosa*(L.)(图10.76、书前彩图)。

鉴别特征:常绿灌木,高达 1.5～2.5 m。茎通常不分枝。叶常聚集茎顶,长矩圆形至披针状椭圆形,长 30～50 cm,中脉明显,绿色或带紫红、粉红的条纹;叶柄长,基部抱茎。花序生于上部叶腋,花小,淡红色至紫色,偶有黄色。花期5—7 月。浆果。

繁殖方式:以扦插为主,也可分株、播种繁殖。

分布与用途:原产大洋洲和我国热带地区,现我国各地普遍栽培。朱蕉植株多姿多彩,叶色美丽、株形秀美,是良好的观叶花卉,北方常盆栽作室内装饰,南方栽植于庭院,供观赏。

(3) 郁金香属 *Tulipa* L.　　郁金香(洋荷花、草麝香) *T. gesneriana* L.(图10.77、书前彩图)。

鉴别特征:多年生球根花卉。鳞茎卵球形,径 3～6 cm,被棕褐色皮膜。叶基生,阔披针形,常 3～5 枚,稍被白粉,边缘具波状皱。花单生茎顶,大型,直立,杯状或钟状,有红、黄、白、紫、褐等各色,基部常有黄、紫斑。花白天开放,夜间及阴雨天闭合。花期3—5 月。

繁殖方式:分球繁殖。

分布与用途:原产土耳其,在欧洲分布广泛,荷兰是世界上重要的种球生产中心。郁金香花期较早,花色鲜艳,花形端庄,品种繁多,是著名的球根花卉,宜作早春花坛、花境材料,也可成片栽植于林缘或草坪边缘,还可盆栽观赏或作切花。

图10.75　丝兰

1.叶先端　2.全株

3.花序局部　4.花

图10.76　朱蕉

1.枝　2.花序

3.花被片展示及雌蕊

图10.77　郁金香

(4) 风信子属 Hyacinthus　　风信子(五彩水仙、洋水仙) *H. orientalis* L.(图10.78、书前彩图)。

鉴别特征:多年生球根花卉。鳞茎球形,外被有光泽皮膜(皮膜色与花色有关)。叶基生,带状披针形,4~6枚,有光泽。花葶中空,高出叶丛,总状花序密生中部,花斜伸或下垂,钟状,有蓝紫、白、粉、黄等各色。花期4—5月。

繁殖方式:播种或分球繁殖。

分布与用途:原产南欧、地中海东部沿岸,现世界各国多有栽培,尤以荷兰栽培的品种最为著名。风信子花朵繁茂,花序端庄,姿态典雅,适宜布置小型春季花坛,也可用于花境、草坪及林缘栽植、盆栽或水养观赏。亦常用于切花。

本科供观赏的花卉还有:卷丹、山丹、渥丹、玉簪、萱草、文竹、虎尾兰、一叶兰、吊兰、铃兰、吉祥草、万年青、天门冬等。

本科植物栽培的蔬菜有石刁柏、黄花菜、葱、蒜、韭、圆葱等,药用植物有百合、川贝母、半贝母、天门冬、黄精、知母、麦冬等。

4)石蒜科 Amaryllidaceae

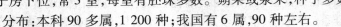

形态特征:草本,具鳞茎或根状茎。叶基生,细长,全缘。花两性,辐射对称或两侧对称,单生或为顶生伞形花序,有佛焰状总苞;花被片6,花瓣状,分离或下部合生成筒,具副花冠或无;雄蕊6,与花被片对生,花丝分离或基部连合成筒,子房下位,常3室,每室有胚珠多数。蒴果或浆果,种子多数。

石蒜科

分布:本科90多属,1 200种;我国有6属,90种左右。

花程式:$* P_{3+3} \quad A_{3+3} \quad \bar{G}_{(3:3:\infty)}$

识别要点:草本,有鳞茎或根状茎。叶线形。伞形花序,花被片及雄蕊各6个,排成2轮;子房下位,3室。蒴果。

本科主要园林植物:

(1)水仙属 Narcissus　水仙(中国水仙、金盏银台、凌波仙子) N. *tazetta var.* chinensis Roem.(图10.79、书前彩图)。

鉴别特征:多年生球根花卉。鳞茎卵球形,径5~8 cm,外被棕褐色皮膜。叶狭长带状,端钝圆。花葶于叶丛中抽出,高出叶丛,中空,3~8朵小花呈伞形花序着生于花葶顶端,下具膜质总苞。花白色,芳香,有鲜黄杯状的副花冠。花期12月至翌年3月。

图10.78　风信子

繁殖方式:分球繁殖,为秋植球根。

分布与用途:原产浙江和福建,各地多盆栽观赏。水仙凌波吐艳,亭亭玉立,芳香馥郁,素有"凌波仙子"美誉,为我国传统名花。北方多在冬季室内水养栽培。在温暖地区,可露地布置花坛、花境,也可于疏林、草坪成片栽植,是良好的地被植物。作切花,水养持久。

(2)君子兰属 *Clivia* Lindl.　大花君子兰(剑叶石蒜)C. *miniata* Regel.(图10.80、书前彩图)。

鉴别特征:常绿宿根草本,株高30~50 cm。基部为假鳞茎。肉质根粗壮,白色。叶基生,二列交互叠生,宽带形,革质,全缘,先端圆钝,深绿色有光泽。花葶自叶丛中抽生,直立,粗壮,略高于叶丛,伞形花序,蕾外有膜质苞片,花数朵至

图10.79　水仙
1.植株　2.花茎的上部

几十朵,呈漏斗状,花色橙黄、橙红。浆果球形,成熟后紫红色。花期以3—5月为主,如管理得当,冬季也能开花。

主要变种有:斑叶君子兰 var. stricta、黄色君子兰 var. aurea。

繁殖方式:播种为主,亦可分株繁殖。

分布与用途:原产南非,世界各地广泛栽培。大花君子兰端庄秀丽,是优良的花叶兼赏植物,适于盆栽作室内装饰。

本科还有许多种是著名的观赏花卉,如菖蒲莲(葱莲)、朱顶红、晚香玉、文殊兰、网球花、百子莲等。

图 10.80　大花君子兰

复习思考题

1. 简述木兰科的主要特征,说明玉兰与紫玉兰的区别。

2. 简述毛茛科的主要特征,说明牡丹与芍药的区别。

3. 说明桑科植物的主要识别要点,本科植物中主要的园林植物有哪些?

4. 简述木犀科的主要特征,主要代表植物有哪些?

5. 说明胡桃科植物的主要识别要点及代表植物。

6. 简述壳斗科植物的主要特征,说明板栗和茅栗的主要区别。

7. 锦葵科植物有哪些主要特征? 简要说明锦葵科的代表植物。

8. 简述蔷薇科的主要特征,说明月季与玫瑰的区别。说出15种蔷薇科观赏植物。

9. 豆科有哪些主要特征? 豆科有哪些代表植物?

10. 简述杨柳科的主要特征,说明毛白杨和银白杨、垂柳和银芽柳的主要区别。

11. 说明芸香科植物的主要识别要点及主要代表植物。

12. 简述无患子科的主要识别要点及主要代表植物。

13. 说明小檗科植物的主要识别要点及主要代表植物。

14. 简述禾本科的主要特征,说明本科植物与园林绿化的关系。

15. 简述棕榈科植物的主要识别要点及代表植物。

16. 简述百合科的主要识别要点,说明郁金香、百合、风信子的主要区别。

17. 简述石蒜科的主要特征,说出本科中几种重要的观赏植物。

18. 简述兰科植物的主要特征,说出兰科植物中8种观赏花卉。

11 实训指导

实训 1　光学显微镜的使用及植物细胞的观察

1.目的

了解光学显微镜(以下简称显微镜)的结构及各部分的作用,掌握显微镜的使用技术,认识植物细胞的基本结构;初步掌握临时装片的制作及生物绘图的基本方法。

2.材料用具

(1)材料　洋葱的鳞叶。

(2)用具　显微镜、镊子、小剪刀、载玻片、盖玻片、解剖针、培养皿、滴管、吸水纸、碘液、蒸馏水、擦镜纸、二甲苯(有毒)。

3.方法步骤

1)显微镜构造和使用

显微镜(图11.1)是人们在观察细胞的外部形态和显微解剖结构时必备的工具,可根据目镜的不同将其分为单目显微镜(图11.2)和双目显微镜(图11.3)两种。单目显微镜一般采用外部光源(自然光或灯光),双目显微镜则一般采用内置光源(如卤素灯),两种显微镜的基本结构及原理相同。下面以单目显微镜为例介绍显微镜的结构与使用。

(1)显微镜的结构

①机械部分

a.镜座　显微镜的底座,一般呈马蹄形,用于稳固和支持镜体。

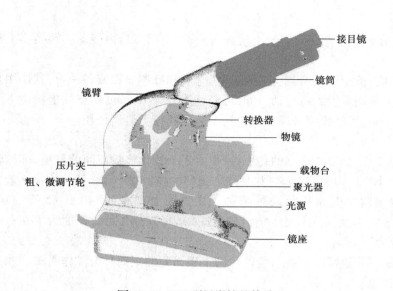

图 11.1 XSP 型显微镜的构造

双目显微镜的结构与使用

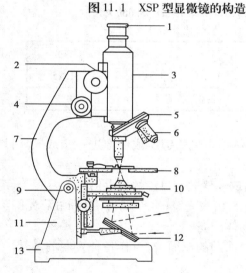

图 11.2 单目显微镜的构造

1. 目镜 2. 粗调节螺旋 3. 镜筒
4. 细调节螺旋 5. 物镜转换器 6. 物镜
7. 镜臂 8. 载物台 9. 倾斜关节
10. 光调节器 11. 镜柱 12. 反光镜 13. 镜座

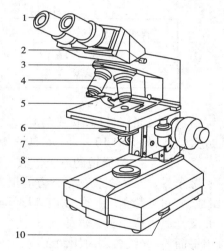

图 11.3 双目显微镜的构造

1. 目镜 2. 止紧螺钉 3. 物镜转换器
4. 物镜 5. 载物台 6. 聚光器
7. 聚光器调节螺旋 8. 调焦装置
9. 镜座 10. 亮度调节开关

b. 镜柱 与镜座相垂直的短柱,上连镜臂、下连镜座,可支持镜臂和载物台。

c. 镜臂 下连镜柱、上连镜筒,是取放显微镜时手的握的部位。

d. 倾斜关节 镜臂与镜柱相连接的关节,可使显微镜倾斜(一般倾斜角度不超过 45°),以便于观察。在观察水装片时不宜倾斜。

e. 载物台 是从镜镜臂向前方伸出的平台,中央有通光孔,通光孔两侧有一对压片夹,以固定切片用。较高级的显微镜,在载物台上常有推进器,用于移动装片,成为移动式载物台。

f. 镜筒 为一圆形中空的金属圆筒,上端安装目镜,下端连接物镜转换器,可保护成像的光路与亮度。

g.物镜转换器　它固着在镜筒下端,分两层,上层固着不动,下层可自由转动。转换器上有三四个圆孔,用于安装物镜。

h.调节轮　又叫调焦螺旋,位于镜臂两侧,包括粗调焦螺旋和细调焦螺旋各一对,其作用是调节物距,以形成清晰的像。粗调焦螺旋每转动一圈,可使镜筒升降 10 mm,用于低倍物镜下调焦使用;细调焦螺旋每转动一圈,可使镜筒升降 1 mm,用于高倍物镜下调焦使用。

②光学部分

a.物镜　又叫接物镜,安装在物镜转换器的孔上,一般有 3 个放大倍数不同的物镜,即低倍物镜(4×、8×或10×)、高倍物镜(40×或65×)和油浸物镜(90×或100×)。油浸物镜一般在观察微生物时使用,植物解剖观察时常用前两种物镜。在物镜上刻有如"40/0.65"、"170/0.17"的数字,其中 40 表示放大倍数,0.65 表示镜口率(N.A),160 表示镜筒长度为 170 mm,0.17 表示要求盖玻片的厚度为 0.17 mm。

在显微观察中,把物镜最下面透镜的表面与盖玻片的上表面间的距离称为工作距离。物镜的放大倍数越高,工作距离越短(表 11.1)。

表 11.1　不同放大倍数的物镜镜口率和工作距离间的关系

(植物学实验实习指导　贺学礼　2003)

物镜的放大倍数	10×	20×	40×	100×
镜口率	0.25	0.50	0.65	1.25
工作距离/mm	6.5	2.0	0.6	0.2

b.目镜　又叫接目镜,安装在镜筒上端,其作用是使物镜所成的像进一步放大。目镜上面标有放大倍数,如 5×、10×、15×、20×等。

显微镜的放大倍数 = 物镜的放大倍数 × 目镜的放大倍数

c.聚光器　安装在载物台下方的聚光器架上,由聚光镜(几个凹透镜)和虹彩光圈(可变光阑)组成,它可使散射光汇集成束,以增强被检物体的亮度。

d.反光镜　位于聚光器的下方,为一面平一面凹的双面镜,可作各种方向的翻转。光线较强时用平面镜,光线较弱时用凹面镜。

(2)显微镜的使用

①取镜　右手握镜臂,左手平托镜座,保持镜体直立,然后轻轻放在实验台上自己观察最合适的位置。检察显微镜的各部分是否完好,并做好记录。

②对光　转动物镜转换器,使低倍物镜正对通光孔。先将光圈开大,然后左眼贴近目镜观察,同时用手转动反光镜对准光源,最后可在目镜内看到一个呈圆形、清晰而明亮的视野为宜。

③放片　把玻片标本放到载物台上,使盖玻片朝上并将观察的标本材料居中,用压片夹将玻片固定。

④低倍接物镜的使用　两眼从侧面注视物镜,转动粗调焦螺旋,让镜筒缓缓下降,或使载物台缓缓上升,至物镜距玻片 2~5 mm 处。左眼注视目镜(右眼睁开以便绘图),同时转动粗调焦螺旋,使镜筒缓缓上升,直到看清物像为止。

⑤高倍接物镜的使用　首先在低倍镜下找到所观察的材料后,将其中需要进一步观察的目标移至视野的正中央,然后转动转换器,换高倍物镜观察。此时在视野里可看到一个模糊的图

像,需要调节细调焦螺旋并增强光的亮度以便看清物像。

⑥使用后的整理　观察结束,须将显微镜擦拭干净:光学部分用擦镜纸,金属部分用干净的绸布或纱布,若镜头有油污,需用擦镜纸蘸少许无水乙醇或二甲苯擦拭。将各部分转回原处:转动粗焦螺旋上升镜筒,取下玻片,然后转动转换器,使两个较长的物镜镜头呈"八"字形位于通光孔两侧,再下降镜筒使镜头贴近载物台,并使反光镜竖直,最后按号放回镜箱中。

⑦结束后要认真填写实验记录本,显微镜在使用前、后及使用过程中,如有部件的缺损等异常情况,应及时报告教师并如实填写在实验记录本上。

2）显微镜的保养

①使用显微镜要严格按照操作规程进行。

②显微镜的零部件不得随意拆卸,不得调换显微镜镜头或零部件。

③不得随便取出目镜,以免落入灰尘。

④镜头上有污染物,需用擦镜纸蘸少许无水乙醇或二甲苯擦拭。

⑤防止震动和过度倾斜。

3）洋葱鳞叶表皮细胞的观察

在显微镜下进行植物解剖结构观察时,经常需要制作临时装片。临时装片的制作方法有许多,常用的有:整体装片法(适用于植物形体小或扁平的材料,如单细胞的藻类),撕片法(适用于茎叶表皮容易被撕下的某些植物,如菠菜、天竺葵),涂抹法(适用于极小的植物体,如细菌、酵母、花粉粒等以及离体的细胞后含物,如淀粉粒、晶体等),徒手切片法(适用于制作尚未完全木质化的器官切片,如一、二年生的根、茎、叶或变态的贮藏器官切片)。取洋葱鳞叶,用撕片法制成一临时装片(图11.4),然后进行观察。具体方法如下:

（1）擦拭玻片　载玻片和盖玻片用前均要擦拭干净:用左手拇指和食指夹住玻片的两边,右手拇指和食指衬两层纱布夹住玻片的一半,进行擦拭,然后再擦拭另一半,使整个玻片干净为止。如果玻片太脏,可用纱布蘸水或酒精擦拭,再用干纱布擦干。

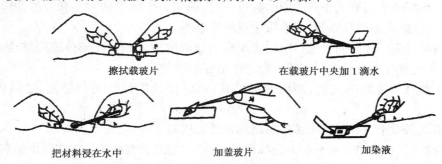

擦拭载玻片　　　　　　　　　　在载玻片中央加1滴水

把材料浸在水中　　　　加盖玻片　　　　加染液

图11.4　临时装片的制作

（2）取材　用镊子撕下洋葱鳞片叶的内表皮,剪成长约5 mm、宽约3 mm的小片。

（3）制作临时装片　在载玻片的中心滴一滴蒸馏水,将剪好的材料浸入水滴中,并用解剖针挑平,再加盖玻片。加盖玻片时应先使盖玻片的一侧接触水滴,另一侧用解剖针托住(表皮的外面向上)慢慢放下,以免产生气泡。如水分过多,可用吸水纸将多余的水分吸去。这样的临时装片就可以在显微镜下进行观察。

（4）显微观察　将制好的临时装片放在载物台上,先在低倍物镜下观察,当找到许多长形的细胞后,再换高倍物镜观察细胞的详细结构。

为了更清楚地观察洋葱表皮细胞,可用稀碘液对洋葱表皮细胞染色:将一滴稀碘液滴入盖玻片的一侧,同时在另一侧用吸水纸吸引,使碘液扩散到表皮细胞周围,再进行观察,可看到以下部分:

①细胞壁　包在细胞的最外面,是细胞之间的分界线。

②细胞质　幼小细胞的细胞质充满整个细胞,成熟的细胞形成大液泡时,细胞质贴着细胞壁成一薄层。

③细胞核　在细胞质中有一个染色较深的呈淡黄色的圆球体,这就是细胞核。

④液泡　把光线调暗一些,观察到细胞内较亮的部分,这就是液泡。幼嫩细胞的液泡小而多,成熟的细胞通常只有一个大液泡,在细胞中所占的比例也较大。

4)生物绘图法

植物绘图是形象描述植物外部形态和内部结构的一种重要的科学记录方法,是学习园林植物必须掌握的技能,要求绘出的图形既要科学、真实,又要形象、美观。具体要求和方法步骤如下:

(1)目的要求

①科学、准确,如实反映观察对象的结构特点,突出其主要特征。

②点、线分布均匀,清晰流畅。

③大小、比例适当,布局合理。

④一律用铅笔绘图,图形整洁清晰。

⑤标注准确、引线整齐、字体工整。

(2)方法步骤

①观察　绘图前要对显微镜视野中的图像进行认真观察分析,将正常结构与偶然的、人为的假象区分开,选择有代表性的、典型的部位起稿。

②定位　根据绘图纸的大小和绘图的数目,首先确定各个图形的大小和位置,要注意引线和标字的位置,然后用左眼观察视野,右眼注视图纸绘图。

③勾画轮廓　先用较软的铅笔(HB),将所观察对象的整体和主要部分轻轻描绘在绘图纸上,勾画轮廓图要放在中心偏左的位置。右边留引线标注位置。

④实描　对照所观察的实物,用硬铅笔(3H)对轮廓图进行修正和补充,之后再将草图擦去。

⑤图形的线条要平滑、均匀,图形的明暗和浓淡要用圆点表示。

⑥图形绘好后,要用向右的平行引线标出各部分的名称,并在图的下方注明图的名称。

4.实验作业

(1)显微镜的结构主要分哪几部分? 各部分有何作用?

(2)怎样计算显微镜的放大倍数? 物镜上的数字各表示什么意思?

(3)在显微观察的过程中,应注意哪些问题?

(4)绘出洋葱表皮细胞的显微结构图,并注明各部分的名称。

实训2　植物质体及淀粉粒的观察

1.目的

（1）能在显微镜下识别叶绿体、有色体及淀粉粒的形态特征。
（2）学会用徒手切片法制作临时装片。
（3）练习掌握显微镜的使用方法

2.材料用具

（1）材料　新鲜菠菜叶片、紫鸭趾草、红辣椒、马铃薯块茎。
（2）用具　显微镜、镊子、刀片、小剪刀、载玻片、盖玻片、解剖针、培养皿、滴管、吸水纸、10%的蔗糖溶液、蒸馏水。

3.方法步骤

（1）叶绿体的观察　用撕片法撕去菠菜上表皮或下表皮，再用刀片刮取少量叶肉，将其放入滴有10%蔗糖溶液的载玻片上，制成临时装片，先用低倍镜观察，可见每个叶肉细胞内含有许多椭圆形颗粒，即为叶绿体。

（2）白色体的观察　用撕片法撕取鸭跖草叶的下表皮制成临时装片，在显微镜下观察气孔器的副卫细胞，可见其细胞核周围具有一些无色透明、圆球状的颗粒，即为白色体。

（3）有色体的观察　用解剖针挑取紧靠表皮的少许果肉，制成临时装片，先用低倍镜找到分散的细胞，再用高倍镜进行观察，可见细胞内有大量形状不规则的橙红色颗粒，即为有色体。

（4）淀粉粒的观察

①用徒手切片法制作马铃薯块茎的临时装片：将马铃薯块茎切成0.5 cm见方、2～3 cm长的小块（以手能捏紧为原则），切面要平。用左手大拇指、食指和中指捏紧材料，将切面露出指尖0.5 cm左右，然后用右手拿刀片，沿左外向右下方快速、均匀地平切材料，将切下的薄片放入盛有蒸馏水的培养皿中，从中选取最透明且完整的薄片，滴水制成临时装片。

②将临时装片放在显微镜下按先低倍、后高倍的顺序进行观察，可看到多边形的薄壁细胞中有许多卵形发亮的颗粒，即为淀粉粒。将光线调暗些，同时转动细调焦螺旋，可看到轮纹。

在观察淀粉粒时，也可直接用刀片刮取少量马铃薯汁液，制成临时装片，观察淀粉粒的形态。

4.实验作业

绘出菠菜叶肉细胞、紫鸭趾草气孔器、红辣椒果肉细胞、马铃薯块茎薄壁细胞的结构图,分别显示出叶绿体、白色体、有色体、淀粉粒的形态和分布。

实训3　植物细胞有丝分裂的观察

1.目的

(1)识别植物细胞有丝分裂的各个时期的主要特征。
(2)学会根尖培养和根尖压片技术。

2.材料用具

(1)材料　洋葱根尖纵切永久切片、洋葱。
(2)用具　显微镜、镊子、小剪刀、载玻片、盖玻片、小烧杯、培养皿、滴管、吸水纸、蒸馏水、固定离析液(浓盐酸和95%的酒精按1∶1配制而成)、醋酸洋红染色液。

3.方法步骤

(1)生根培养　将洋葱鳞茎基部浸入盛有水的培养皿或小烧杯中,在25 ℃左右的环境下培养3～5 d,每天换水,待根尖长到2 cm左右时备用。

(2)材料处理　切取5 mm根尖,放入盛有少许固定离析液的小烧杯中,处理3～5 min(时间过长,会破坏染色体,过短会使细胞分散不好),使细胞离散。然后将根尖取出放入小烧杯中,用蒸馏水浸洗3次,每次3～5 min。

(3)染色压片　切取浸洗过的根的尖端1～2 mm,将其放到载玻片上,用镊子将其轻轻捣碎,滴一滴醋酸洋红染色液染色约5 min,并盖上盖玻片,再用铅笔的橡皮端轻敲盖玻片(不要使盖玻片移动),将根尖压成均匀的薄层。最后用吸水纸吸去多余的染色液。

醋酸洋红染色液的配制方法:取45%的醋酸溶液100 mL,用酒精灯加热至煮沸,约30 s后,移去火苗,缓缓加入1～2 g洋红,再继续加热5 min,冷却过滤后,置于棕色瓶中备用。

(4)显微观察　将制好的切片置于显微镜下,先用低倍镜找到分生组织的各个细胞分裂时期图像,再换高倍镜观察各个时期染色体、纺锤丝、核膜、核仁的变化。也可直接用洋葱根尖纵切永久切片进行观察。

4.作业

（1）绘出洋葱根尖细胞有丝分裂各个时期图像。

（2）细胞有丝分裂过程中染色体、纺锤丝、核膜、核仁各有什么变化规律？

（3）为什么要选取洋葱根尖末端2 mm的部分进行观察？

实训4　植物组织的观察

1.目的

能够识别各种植物组织，了解组织在植物体内的分布特点。

2.材料用具

（1）材料　南瓜或西瓜茎、马铃薯、萝卜、南瓜茎或玉米茎纵、横切（永久切片），也可用新鲜材料用徒手切片法制作临时切片。

（2）用具　显微镜、培养皿、刀片、镊子、解剖针、载玻片、盖玻片、吸水纸等。

3.方法步骤

1）南瓜茎或玉米茎横切面的观察

先在低倍镜下区分茎的各个部分，再用高倍镜观察。自外向内，分清以下组织：

（1）保护组织　最外一层是表皮，细胞较小，排列紧密，外侧壁有角质层和表皮毛。

（2）机械组织　靠近表皮内的几层细胞的壁在角隅处不均匀增厚，细胞内含叶绿体，为厚角组织；厚角组织内侧的几层细胞的壁均匀增厚，为厚壁组织（纤维）。玉米茎中无厚角组织，表皮以内是几层厚壁组织。

（3）薄壁组织　在茎的机械组织以内，可看到许多排列疏松、壁薄、圆形或多边形的细胞，即为组成薄壁组织的细胞。

（4）维管束　南瓜茎的维管束排列成波状的环，玉米茎的维管束散生于薄壁组织之间。先用低倍镜选取其中一个典型的维管束，在高倍镜下观察以下结构：

①维管束鞘　位于每一个维管束的外围，由许多厚壁细胞构成。

②韧皮部　位于维管束的外侧，由筛管和其他组织构成。注意观察筛管的形状和结构。

③形成层　维管束的韧皮部和木质部之间，有几层排列整齐、体积较小的细胞，它们共同构成形成层。玉米的维管束中无形成层。

④木质部位于维管束的内侧,由导管和其他组织构成。注意观察导管的类型和结构。

2)南瓜茎或玉米茎纵切面的观察

先在低倍镜下区分茎的各个部分,再用高倍镜观察。自外向内,分清以下组织:

(1)表皮　注意观察细胞的形状和长度。

(2)厚角组织和厚壁组织　注意观察细胞的长度、壁的增厚情况。

(3)薄壁组织　注意观察细胞的形状、排列和数目。

(4)筛管　注意观察细胞的形状、筛板的位置和形状。

(5)形成层　注意观察细胞的形状和位置。

(6)导管　注意观察导管细胞壁的增厚情况,区分不同类型的导管。

4.作业

(1)绘出几个厚角细胞和厚壁细胞的横切面结构图。

(2)绘薄壁组织横切面图,说明薄壁组织的分布特点。

(3)绘出几个筛管细胞和导管细胞的纵切面结构图。

实训5　种子的形态和构造的观察

1.目的

通过对一些常见植物种子外形和解剖特征的观察,使同学们了解种子的形态特征,掌握不同类型种子的构造。

2.材料用具

(1)材料　不同类型的植物种子,如菜豆、刺槐、合欢、玉米、小麦、松籽、蓖麻等。

(2)用具　解剖刀、放大镜、解剖针、镊子、游标卡尺、表面皿、绘图工具、用品。

3.方法步骤

(1)种子的形态特征观察　取不同类型的植物种子,用放大镜详细观察其外部形态,指出各部分的植物学名称,同时做好记录(表11.2)。

表11.2　种子形态记录表

植物名称	种子类型	种子外部形态					备注
		大小/cm	形　状	质　地	附属物	种脐、种孔	

（2）种子构造观察　将事先用温水浸泡过的种子取出，从种子中部横切和纵切，详细观察其内部结构，并通过解剖镜对胚的结构作进一步的解剖观察，然后做好记录（表11.3）。

表11.3　种子解剖特征记录表

植物名称	种　皮		胚　乳		胚		备注
	颜色质地	厚度/cm	有无胚乳	颜　色	颜　色	子叶数目	

4.作业

（1）完成所指定的种子外部形态和内部解剖的记载。

（2）绘制所指定种子的外形图和内部构造的纵、横剖面图，标出其各部分的名称。

5.说明

1）种子的外部形态

（1）种子的大小　大、中粒种子可用游标卡尺或用方格纸直接量数并记载，对特小粒种子可称重记数。

（2）种子形态　依种子外形差异可分为圆形、卵形、肾形、椭圆形、扁平形、三棱形、扇形等。

（3）附属物　指种子表面是否有绒毛、种翅、蜡质、角质层、刺、条纹、斑点、疣瘤等。

（4）种皮质地　有木质、革质、纸质、膜质、骨质等。

（5）其他特征　如具有明显的种脐、种孔等。

2）种子的解剖观察

（1）种皮　颜色、质地和厚度等。

（2）胚乳　有或无、颜色。

（3）胚　颜色和子叶数目（应写明单子叶、双子叶或多子叶）。

实训 6　根的形态与结构的观察

1.目的

（1）了解根的基本形态和根系类型。

（2）识别根尖分区及细胞构造特点。

（3）掌握双子叶植物和单子叶植物根的结构特点。

（4）理解根的次生结构。

2.材料用具

（1）材料　蚕豆（或大豆）、玉米（或小麦）等正在生长的根系、洋葱（或玉米）根尖纵切永久制片、水稻或小麦根横切制片、胡萝卜根、蚕豆或棉幼根横切制片、蚕豆老根横切片、椴树根横切片。

（2）用具　显微镜、载玻片、盖玻片、刀片、镊子、放大镜、擦镜纸、纱布块、蒸馏水、龙胆紫染液或 1% 的番红溶液。

3.方法步骤

1) 观察根系类型及根尖的形态构造

（1）观察根系的类型

取蚕豆（或大豆）、玉米（或小麦）等正在生长的根系,观察直根系和须根系的特点,识别主根、侧根和不定根。

（2）观察根尖的形态构造

①材料的培养　在实验前 3～5 d,将洋葱放于盛水的烧杯上,或将玉米（小麦）籽浸水吸胀,置于垫有潮湿滤纸或纱布的培养皿内并加盖,以维持一定的湿度。同时要放到恒温箱中,保持温度为 20～25 ℃,待幼根长到 2～3 cm 时即可作为实验观察材料。

②根尖外部形态观察　取萌发后生长较直的白根,用刀片切下顶端约 1.5 cm 长的一段,置于干净载玻片上,用肉眼或放大镜观察它的外形和分区:

a.根冠　幼根最先端略为透明部分,呈帽状。

b.分生区（生长点）　根冠内方,不透明略带黄色的部分。

c.伸长区　位于分生区之后,光滑无根毛略透明的部分。

d.根毛区　位于伸长区之后,密布白色绒毛,即具根毛的部分。

③根尖的内部结构　用压片法将玉米(或洋葱)幼根根尖制成临时玻片,在 10×物镜下观察其根尖各部分结构。同时结合洋葱或玉米根尖纵切永久制片,仔细观察根尖各区的结构特点。

2)观察植物根的构造

(1)观察双子叶植物根的初生结构

取大豆或蚕豆、棉等双子叶植物幼根横切片(或根毛区徒手切片)进行观察。先在低倍镜下观察幼根的横切面,区分表皮、皮层和维管柱三大部分,然后再换高倍镜仔细观察各部分的结构特点。实验中注意观察表皮上的根毛细胞、内皮层上的凯氏带、初生木质部和初生韧皮部的分布及组成等。

①表皮　为根最外面的一层细胞,细胞较小、排列紧密,有的细胞外壁向外突起并延伸形成根毛。

②皮层　位于表皮之内,维管柱以外的部分,分 3 层:

a.外皮层　紧接表皮细胞的一层或几层薄壁细胞,排列紧密。

b.皮层薄壁细胞　外皮层以内,由多层薄壁细胞组成,排列疏松,有明显的胞间隙。

c.内皮层　皮层最内一层细胞,排列整齐,其细胞壁上可以看到凯氏点。

③维管柱　内皮层以内的中央部分,可分为:

a.中柱鞘　紧靠内皮层的一层薄壁细胞,细胞排列整齐而紧密,由薄壁细胞组成,有潜在的分生能力。

b.初生木质部　位于中柱鞘内,呈辐射状排列。靠近中柱鞘的导管口径小,为原生木质部;渐进中央部分导管口径大,为后生木质部。

c.初生韧皮部　位于初生木质部的两个放射角之间,与初生木质部相间排列,由筛管、伴胞等构成。外端是原生韧皮部,内端是后生韧皮部。

d.薄壁细胞　位于初生木质部和初生韧皮部之间的几层细胞,当根进行次生生长时,其中一层细胞与中柱鞘的一部分细胞联合起来发育为形成层。蚕豆幼根的中心部位是薄壁细胞(称髓)。

(2)观察单子叶植物根的结构

取水稻或小麦老根横切永久制片,从外向内依次观察。注意找出单子叶植物根的结构与双子叶植物根的初生结构有何不同之处。注意观察初生木质部的数目,内皮层五面加厚,通道细胞的位置和形成层的有无。

(3)观察根的次生构造

取椴树根横切片,在显微镜下观察其根的次生结构。首先低倍镜观察,从外至内区分周皮、次生韧皮部、维管形成层、次生木质部几大部分;然后换高倍镜观察。

①周皮　老根最外面的几层组织,根据周皮内细胞所处的位置、形状、数量,可以识别出木栓层、木栓形成层和栓内层。

a.木栓层　最外面的几层细胞,横切面呈长方形,细胞排列紧密,细胞中空,细胞壁栓化。

b.木栓形成层　木栓层内侧的一层细胞,细胞扁平,内含许多细胞质,细胞壁不栓化。

c.栓内层　位于木栓形成层之内的薄壁细胞。

②韧皮部　初生韧皮部一般已被挤坏,已经分辨不清,但次生韧皮部清晰可见。它位于周皮和维管形成层之间,由韧皮射线、韧皮纤维、韧皮薄壁细胞、筛管和伴胞组成。

③维管形成层　位于次生韧皮部和木质部之间,细胞小而扁平。

④木质部　次生木质部靠近形成层,所占面积最大。次生木质部由木射线、导管和伴胞、木纤维和木薄壁细胞等几部分组成。初生木质部仍保留在根的中心,呈星芒状。

4.作业

(1)绘一个根尖的纵切面图,并注明各个区域。

(2)绘蚕豆、大豆或棉花根的初生构造图(绘一个扇面图),并注明各部分名称。

(3)绘根的次生结构轮廓图,并注明各部分名称。

(4)取大豆幼苗,于根和茎交界处做一徒手切片,观察其结构如何?(选做)

实训7　茎的形态结构的观察

1.目的

了解枝条的外部形态、芽的类型及内部结构;掌握单子叶植物和双子叶植物茎的解剖构造,能识别裸子植物茎的横切面构造。

2.材料用具

(1)材料　杨树的枝芽、丁香的混合芽;黑藻茎尖纵切或顶芽纵切,或新鲜黑藻茎尖;大豆、向日葵或其他双子叶植物幼茎的横切片,水稻(或小麦、玉米、毛竹)幼茎及老茎横切制片;双子叶植物老茎(棉花、椴树、杨树)的次生构造横切片。

(2)用具　显微镜、放大镜、刀片、镊子、载玻片、5%间苯三酚(用95%酒精配制)、盐酸、红墨水。

3.方法步骤

1)芽的类型和结构

(1)枝芽　取杨树枝条上的芽观察。枝芽较扁小,位于长枝顶端。将枝芽用刀片纵切后,在放大镜下观察,可看到最顶端是一群小而排列紧密的细胞为生长锥,其基部的侧生突起为叶原基,在叶原基的叶腋处又有小突起称为腋芽原基。中央有一个轴称为芽轴,是未发育的茎,其上有幼叶,最外面是芽鳞。

(2)花芽　花芽较大,通常生在短枝上,外形呈圆锥状,取杨树的花芽,用刀片纵切后置于放大镜下观察,可明显看到花瓣、雄蕊和雌蕊原基。

（3）混合芽　取接骨木或丁香的混合芽用刀片纵切，将芽的鳞片剥去，里面是毛茸茸的幼叶，用镊子将幼叶去掉，用放大镜观察，可见到有大小不等的突起，即一部分花器。混合芽与枝芽、花芽有明显区别。

2）茎尖的构造

取黑藻茎尖纵切片或取新鲜的黑藻茎尖生长点剥去叶片，然后放显微镜下再剥掉剩下的幼叶在露出生长锥后，再进行观察：

（1）生长锥　位于茎尖顶端，属于什么组织？细胞有什么特点？

（2）叶原基　在茎尖生长锥的稍下方，有许多扁平的突起，通常为 1～2 层细胞组成，即为叶原基。它将来发展成幼叶至成熟叶。

（3）腋芽原基　在生长锥的下部，幼叶叶腋部有圆锥状突起，即为芽原基。它将来发育成为枝叶。

3）双子叶植物茎的初生构造观察

取棉花、西瓜、南瓜、大豆或楝树幼茎横切片，在显微镜下观察，可以看到幼茎由表皮、皮层、维管柱三部分组成。

（1）表皮　幼茎最外的一层细胞。细胞外壁角化，并有角质层，表皮上有气孔，单细胞的表皮毛和多细胞的腺毛。

（2）皮层　表皮以内的多层细胞。靠近表皮几层细胞较小，细胞壁角隅加厚，形成厚角组织，其余为皮层薄壁细胞。厚角组织和皮层薄壁细胞一般都含叶绿体，在皮层中常分布有分泌腔。

（3）维管柱　皮层以内的所有部分，由维管束、髓和髓射线组成。

①维管束　单个维管束的轮廓呈椭圆形，其细胞小而密集，大多数双子叶植物的茎在横切面上维管束排列成一环，有少数呈两环排列，如西瓜的茎维管束呈两环交错排列，外环比较小，内环比较大。每个维管束的外方为初生韧皮部，它又由筛管、伴胞、韧皮纤维和韧皮薄壁细胞组成。维管束的内方为初生木质部，其中壁厚、口径大而被染成红色的细胞为导管。导管直径自内向外逐渐增大（内始式）。其间还有口径较小的管胞和木薄壁细胞，在初生木质部和初生韧皮部之间有束中（束内）形成层。

②髓　位于幼茎中央。为较大、排列疏松的薄壁细胞，在茎的结构中占比例较大。

③髓射线　位于各维管束之间，外连皮层内接髓部的呈放射状排列的薄壁细胞。

取向日葵茎的初生构造横切片在显微镜下观察，比较其与棉茎的初生结构的不同点。

4）双子叶植物茎次生构造观察

取棉花、椴树和杨树的茎次生结构横切片，在低倍显微镜下，从外到内可观察到下列各部分：

（1）周皮　由木栓层、木栓形成层、栓内层三部分组成。木栓层为最外几层近扁长方形的细胞，排列紧密且整齐。木栓形成层为一层长方形细胞，有明显的细胞核，其内为几层薄壁细胞——栓内层。在周皮上可见向外突出的皮孔。

（2）皮层　周皮以内的几层薄壁细胞，其中可见分泌腔。

（3）次生韧皮部　皮层以内、形成层以外的部分。其最外几层的厚壁细胞为初生韧皮纤维。其内层的后壁细胞为次生韧皮纤维，二者之间是筛管、伴胞和韧皮薄壁细胞。另外，在次生韧皮部中还有呈放射状排列的薄壁细胞称韧皮射线。

（4）形成层　位于次生韧皮部与木质部之间,有几层排列紧密而呈扁长方形的细胞为形成层区,其中一层为形成层。

（5）次生木质部　位于形成层以内,由导管、管胞、木纤维、木薄壁细胞和木射线组成。

（6）初生木质部　位于次生木质部内方,导管口径小,其特征与茎初生结构中相同。

（7）髓和髓射线　位于初生木质部内,茎中央的大型薄壁细胞为髓。由髓至皮层,有若干条呈放射状排列的、在次生韧皮部中扩大成漏斗状的薄壁细胞为髓射线。

5）单子叶植物茎的构造

单子叶植物茎有两种类型:一种是以高粱、甘蔗为代表的实心茎;另一种是以水稻、小麦为代表的空心茎。实心茎在横切面上维管束散生,排列不规则。近表皮处维管束小而密,在茎中心的维管束排列较稀,比较大。在空心茎的横切面上,可以看到中心为髓腔,维管束排列成两轮,外轮比较小,位于机械组织中,内轮比较大,位于基本组织中。

毛竹茎具有明显的节和节间,是介于玉米和小麦茎之间的一种类型,毛竹茎的节间是中空的,中空部分称为髓腔,其周围的壁,称为竹壁。竹壁自外而内可分为竹青、竹肉和竹黄3部分:在显微镜下观察竹壁的横切面,自外而内分为下列各部分:

（1）表皮　表皮是竹壁的最外一层生活细胞,由长形细胞和短形细胞纵向相间排列。短细胞又分为栓质细胞和硅质细胞。在表皮细胞的纵行排列中,一个长形细胞常常接着一个硅质细胞和一个栓质细胞。表皮上还分布有少数气孔。

（2）机械组织　毛竹茎的机械组织特别发达,共有3种:一种是在表皮内方的下皮,它是一层细胞壁较厚而横径较小的细胞;另一种是石细胞层,位于靠近髓腔的部位,细胞形大而短,壁厚且木质化,相当坚硬;第三种是纤维,它环绕在维管束四周,称为维管束鞘。

（3）基本组织　表皮以内除维管束和各种机械组织外,均为基本组织。靠近外方的基本组织常含叶绿体,故竹青呈现绿色,分布在中、内部的基本组织则不含叶绿体。初期细胞壁一般较薄,随竹龄增加而逐渐增厚并木质化。

（4）维管束　维管束散生在基本组织中,排列方式和玉米相似。在横切面上,靠外方的维管束较小,分布较密,这部分的维管束只有纤维细胞。靠近内方,维管束较大,分布也较稀,每个维管束四周环绕着由纤维构成的维管束鞘,每个维管束包括初生韧皮部与初生木质部,它们之间没有形成层,称为有限维管束。

维管束的外方为初生韧皮部,内方为初生木质部。初生木质部导管排列成三角形,呈明显的"V"字形,基部为原生木质部,由一个环纹导管及一个螺纹导管组成,在环纹导管的附近,常有因导管破裂而形成的空腔;"V"字形的两臂各为一个大型的纹孔导管,就是后生木质部,在导管的周围,充满了木薄壁组织或厚壁组织。初生木质部的外方为初生韧皮部,具有筛管和伴胞,由于维管束内没有形成层,只有初生构造,不能增粗,因此毛竹的粗细在笋期已经定型。

4.作业

（1）绘一个枝芽的纵切面图,并注明各部分名称。

（2）绘双子叶植物茎初生构造横切面图,并注明各部分名称。

（3）绘单子叶植物茎中一个维管束的横切面图,注明各部分名称。

（4）作一简图说明椴树茎或杨树茎横切面的结构特点。

实训 8　叶的解剖结构的观察

1.目的

观察双子叶植物的叶、单子叶植物的叶和裸子植物松叶横切面的构造,并区分三者在解剖结构上的不同点。绘出双子叶植物、单子叶植物和裸子植物（马尾松）叶的横切面图,掌握生物绘图的基本技法。

2.材料用具

（1）材料　大豆、棉花、女贞、小麦、水稻、玉米叶和马尾松叶的横切面的永久切片,或用以上植物的新鲜叶片做徒手切片。

（2）用具　显微镜、植物实验盒、刀片、载玻片、盖玻片、解剖针、吸水纸等。

3.方法步骤

1）双子叶植物叶片的构造

观察要点:取棉叶或女贞叶的横切片,置显微镜下观察,可明显区分为表皮、叶肉、叶脉三部分。

（1）表皮　上下表皮各由一层细胞组成。横切面上,表皮细胞略呈长方形,外壁有角质层,有时可看到表皮毛或腺毛。注意观察表皮细胞之间的气孔和保卫细胞的形态。

（2）叶肉　位于上下表皮之间,叶肉分化为栅栏组织和海绵组织。

①栅栏组织　位于上表皮内方,由一层长柱状薄壁细胞组成,细胞排列较紧密呈栅栏状,称栅栏组织。栅栏组织的细胞内含大量的叶绿体。

②海绵组织　位于栅栏组织和下表皮之间。细胞形状不规则,排列疏松,形如海绵状,故称为海绵组织,细胞含叶绿体较少。

（3）叶脉　即叶中的维管束。主脉和较大的侧脉,主要由木质部和韧皮部组成,木质部在上,韧皮部在下。主脉的木质部和韧皮部之间有微弱的束中形成层。维管束周围有数层薄壁细胞,上下表皮与维管束之间还有数层厚角组织。

2）单子叶植物叶片的构造

观察要点:取玉米、小麦、水稻叶的横切片,在显微镜下观察,也同样可以看到表皮、叶肉、叶脉三部分。

（1）表皮　由长短相间的细胞构成，在横切面上近方形。表皮细胞角化或硅化，因此，禾本科植物的叶比双子叶植物的叶挺拔坚硬。表皮常有气孔和表皮毛，上表皮有大型的泡状细胞，失水时叶片呈卷曲状。

（2）叶肉　禾本科植物的叶为等面叶，叶肉和双子叶植物的叶相比，结构比较简单，无栅栏组织和海绵组织的分化。叶肉细胞排列紧密，细胞间隙小，在气孔的内方有较大的胞间隙，即孔下室。

（3）叶脉　叶脉中的维管束无形成层，属于有限维管束。大的维管束在上下表皮之间有多层厚壁细胞组成机械组织，增强了叶的支持功能。小维管束结构简单，大维管束有维管束鞘。玉米、高粱和甘蔗有单层的维管束鞘，细胞壁薄，细胞大，排列整齐，含叶绿体多。水稻的叶脉中只有一层维管束鞘，而小麦、大麦等维管束有两层细胞，外层维管束鞘由薄壁细胞组成，含有叶绿体；内层是厚壁细胞，细胞较小，几乎不含叶绿体。

3）裸子植物叶的构造

观察要点：用松针叶横切面的永久切片；或用华山松、云南松、马尾松的新鲜针叶做徒手切片。

（1）在低倍镜下观察松针叶横切面的全形，哪些叶横切面是三角形，哪些叶横切面是半圆形。

（2）换高倍镜，观察表皮、下皮层及气孔器的细胞结构、位置，并与被子植物表皮、气孔器比较异同点，观察叶肉细胞的形态和排列特点。

（3）观察细胞内叶绿体排列方式与叶形的关系。

（4）观察内皮层细胞结构及排列方式，观察薄壁组织所处的位置。

（5）观察树脂道的结构、位置和类型。

（6）观察内皮层内维管束的数目，指出木质部、韧皮部的位置及其细胞结构特点。

4.实验作业

（1）绘双子叶植物（棉花或女贞）叶的横切面的结构图，并注明各部分的名称。

（2）绘单子叶植物（水稻或玉米）叶的横切面的结构图，并注明各部分的名称。

（3）绘裸子植物（马尾松）叶的横切面解剖图，并注明各部分的名称。

实训9　营养器官变态的观察

1.目的

（1）了解营养器官的变态和一般营养器官的区别和联系。

（2）从形态构造和功能方面认识各种营养器官变态的特征。

2.材料用具

（1）材料　萝卜和胡萝卜肉质直根、甘薯块根、玉米气生根、藕、竹的根状茎、马铃薯块茎、洋葱鳞茎、荸荠球茎、皂角枝刺、南瓜或葡萄卷须、洋槐托叶刺、豌豆叶卷须、仙人掌、甘薯块根横切制片等。

（2）用具　显微镜、变态根茎叶的永久切片。

3.方法步骤

1）根的变态

（1）肉质直根　观察萝卜、胡萝卜由主根和下胚轴部分发育而成的肉质直根,注意侧根着生的位置,区分由主茎和下胚轴发育而来的两部分。然后将萝卜和胡萝卜横切,观察次生木质部和次生韧皮部所在的位置及各自所占的比例。

（2）块根　观察甘薯的由不定根或侧根膨大发育而成的块根,注意与肉质根有何不同。在甘薯块根横切片上,从外到内可分为周皮、次生韧皮部、形成层、次生木质部和初生木质部等部分。在次生木质部中,主要有分散排列的导管和木薄壁细胞组成,在一些导管周围,有排列较密的扁平薄壁细胞即付形成层,付形成层能产生大量的薄壁组织——三生结构,由于产生次生结构和三生结构,使块根迅速增粗。

（3）气生根　为不定根的变态。玉米(或高粱)等气生根生于离地面的数节上,后斜生入土,增强植株支持作用。

（4）寄生根　观察菟丝子标本,了解寄生根与正常根的主要区别。

2）茎的变态

（1）地下茎的变态

①根状茎　观察藕、竹鞭(或姜)等根状茎,并区分节、节间与芽。

②块茎　观察马铃薯块茎,外为周皮,其上是否见到皮孔。块茎上有螺旋状排列的"芽眼",每芽眼中具2~3个腋芽,芽眼侧缘有数个鳞片,即为变态的叶。块茎顶端有顶芽,横剖马铃薯块茎,自外向内可见周皮、皮层、双韧维管束环,中央大部分为髓。

③鳞茎　取洋葱鳞茎纵切,观察顶芽、鳞茎盘、鳞叶、腋芽。鳞茎盘为节间极短的变态茎,其下产生许多不定根。

④球茎　观察荸荠的球茎,区别节、节间、鳞片叶、顶芽和侧芽。

（2）地上茎变态

①茎刺　观察皂角(构桔、山楂、石榴)等植物的刺,它们生于叶腋,有分枝,刺上还长叶,说明这些刺由枝条变态而来。蔷薇、月季的刺粗短,不分枝,位置不定,属皮刺。

②茎卷须　南瓜、葡萄卷须可分枝,一般生于叶腋,属茎的变态。

3）叶的变态

（1）叶刺　仙人掌、小檗的叶子变为刺状。

（2）托叶刺　刺槐叶柄基部有 1 对由托叶变成的刺。

（3）叶卷须　豌豆复叶顶端的一个小叶变成卷须。

4.作业

（1）为什么说甘薯是根的变态？马铃薯是茎的变态？

（2）刺槐托叶刺、皂荚的茎刺是根据什么判断的？

（3）选择根、茎、叶的变态各一种，绘出外形图，并注明各部分名称。

实训 10　花药和子房形态构造的观察

1.目的

观察认识花药和子房的构造特征。

2.材料用具

显微镜、植物学盒、百合花药和子房横切制片。

3.方法步骤

（1）花药结构的观察　取百合花药横切制片，先在低倍镜下观察。可见花药呈蝶状，有 4 个花粉囊，分左右对称两部分，中间有药隔相连，在药隔处可看到自花丝通入的维管束。换高倍镜仔细观察一个花粉囊的结构，由外至内有下列各层：表皮、纤维层、中层与绒毡层。

在低倍镜下观察可看到每侧花粉囊间药隔已经消失，形成大室，因此花药在成熟后仅具有左右二室，注意观察在花药两侧之中央，有表皮细胞形成几个大型的唇形细胞，花药由此处开裂，内有许多花粉粒。

（2）子房结构的观察　取棉花或其他植物的子房，徒手切片法制作横切面临时装片在镜下观察，也可取百合子房横切片，在低倍镜下观察：可看到由 3 个心皮围成 3 个子房室，胎座为中轴胎座，在每个子房室里有 2 个倒生胚珠，它们背靠背着生在中轴上。

移动载玻片，选择一个完整而清晰的胚珠，进行观察，可以看到胚珠的两层珠被、珠孔、珠柄及珠心等部分，珠心内为胚囊，胚囊内可见到 1，2，4 或 8 个核（成熟的胚囊有 8 个核，由于 8 个核不是分布在一个平面上，所以在切片中不易全部看到）。

4.作业

（1）绘出花药横切面图，并标注各部分的名称。

（2）绘子房横切面图，标出子房壁、子房室和胚珠，以及珠孔、珠柄、珠心、胚囊等部分。

实训 11　植物果实形态构造的观察

1.目的

观察各类果实的形态构造，能正确识别常见作物、蔬菜、水果及花卉等果实的类型。

2.材料用具

显微镜、植物学盒、各类果实、实物标本及永久制片。

3.方法步骤

本实验通过对各类果实、实物标本及部分永久制片的观察，了解果实的不同类型及各自的主要特征。

1）复果（聚花果）

观察桑葚、无花果或凤梨等实物标本。桑葚是由整个花序发育而成的复果，食用的多汁部分为花萼和花柄的变态。无花果是由整个隐头花序发育而成，食用部分为花序轴的变态，花序轴膨大肉质化，雌花和雄花着生于花序轴中央的下陷部位内，授粉后，雌蕊发育成多数小坚果，包藏于肉质化的花序轴中。凤梨的食用部分主要也是肉质化的花序轴，其上的花不育。

2）聚合果

观察草莓和莲蓬果实标本。草莓的食用肉质部分为花托的变态，其上长有多数小瘦果，是由各个离生的雌蕊发育而成。莲蓬的花托呈喷头状，其中镶嵌有多个由离生雌蕊发育成的果实，即食用的莲子。

3）肉果类型

（1）梨果　观察苹果、梨等，是由子房和花托等共同发育而成，为假果。食用的肉质部分包括花托、外果皮和中果皮，内果皮革质化。

（2）核果　观察桃、李、杏、梅等，为真果。外果皮薄，中果皮厚并肉质化，为主要食用部分。内果皮石质化，形成一硬核，其中包含有种子。

（3）浆果　观察葡萄、番茄等，为真果。外果皮薄，中果皮和内果皮肉质化多汁，为食用部分。

（4）瓠果　观察黄瓜、西瓜等，由子房和花托共同发育而成，为假果。黄瓜的食用部分包括了花托、子房壁和胎座等，其幼嫩种子也可食用。西瓜的食用部分则是由胎座膨大肉质化发育而成。

（5）柑果　观察柑、桔等柑桔属植物的果实，为真果。外果皮稍厚，常密布油腺。中果皮疏松，有许多分枝状维管束。内果皮向里围成若干室，即为桔瓣。内果皮上着生许多多汁的囊状毛，即为食用部分。

4）干果类型

（1）裂果　成熟后果皮干燥开裂。

①荚果　观察大豆、豌豆等豆科植物的果实。由单心皮雌蕊发育而成，边缘胎座，胚珠不定数。荚果成熟时，沿背、腹缝线同时开裂。其中花生、槐的荚果成熟时不开裂。

②角果　观察荠菜、油菜、萝卜等十字花科植物的果实。由二心皮合生的子房发育而成，中间有假隔膜，种子着生于假隔膜的两边。角果成熟时，果实沿腹缝线自下而上开裂。根据果实长宽比的不同，分长角果（如油菜、萝卜）和短角果（如荠菜）。

③蒴果　观察棉花、牵牛、车前、百合、罂粟等，是较常见的果实类型。由两个或两个以上心皮合生的子房发育而成。成熟时，果实以多种方式开裂，常见的是瓣裂，另有盖裂、孔裂和齿裂等。

④蓇葖果　观察八角、夹竹桃、玉兰等，果实由多个离生的单雌蕊发育而成，实际上为一聚合果，成熟时，每一蓇葖果可沿背缝线或腹缝线开裂。

（2）闭果　成熟后果皮干燥而不开裂，主要有下列几种：

①瘦果　观察向日葵、荞麦等。子房由1~3心皮合生而成，形成一子房室，其中仅着生一粒种子。成熟时果实不开裂，但果皮和种子易分离。

②颖果　如小麦、玉米、水稻等。子房由2~3心皮合生而成，子房室着生一粒种子。成熟时果皮和种子愈合在一起，不易区分和剥离。

③翅果　观察榆树、元宝槭、白蜡树的果实。子房由两个或两个以上心皮合生而成，常为一室，内含一枚种子。其特点是果皮向外延伸成翅状，利于果实的传播。

④坚果　观察板栗、栓皮栎的果实。子房由两个或多个心皮合生而成，常为一室，内含一枚种子。果皮坚硬，常有总苞包围在果实之外。

4.作业

（1）采集校园附近若干种植物的果实，试对照本实验所介绍不同类型果实的特点，将其归类，判断其各属何种果实类型。

（2）根据本次实验介绍不同类型果实的特点，将其列表、归类，写明果实类型及代表植物。

实训 12　低等植物的观察

1.目的

通过对代表植物的观察,了解藻类、菌类和地衣植物的主要特征,进而了解它们在植物界中的位置。

2.材料用具

(1)材料　颤藻属、念珠藻属、衣藻属、水绵属、海带、紫菜、细菌三型永久制片、葡枝根霉、酵母菌(培养或永久制片)、青霉素(生活或永久制片)、伞菌子实体浸制标本、伞菌菌褶永久制片或水装片、地衣(永久制片、同层和异层地衣)、地衣标本。

(2)用具　显微镜、镊子、解剖针、载玻片、盖玻片、培养皿、纱布、吸水纸等。

3.方法步骤

1)藻类植物

(1)颤藻的观察　用解剖针取少量颤藻,放在载玻片中央制成临时装片。在低倍显微镜下注意观察植物分枝与否、细胞的形态、植物体是否颤动;在高倍镜下观察,看细胞是否有核和载色体,并注意死细胞和隔离盘的形态,从而区分出藻殖段。

(2)衣藻属的观察　用吸管吸 1 滴含衣藻的水滴,制成临时装片。在低倍镜下可见衣藻不定向游动;高倍镜下可见到薄的细胞壁、载色体、蛋白核、细胞核、伸缩泡和眼点等结构。从盖玻片一侧加 1 滴碘-碘化钾液杀死衣藻,细胞核和蛋白核等看得更清,同时调节光线,可看到藻体前端有 2 条等长的鞭毛。

(3)水绵属的观察　用解剖针挑取少许水绵的丝状体制成临时装片(可用碘-碘化钾液染色)。在显微镜下,注意观察藻体分枝与否、细胞形态、载色体形态、蛋白核的排列、细胞核及细胞质在细胞中的分布。

(4)海带的观察　注意观察海带的外形、颜色和固着器、柄、带片等部分的形态。

(5)紫菜的观察　取温水浸泡后的紫菜,观察其外形、颜色、固着器等。

2)菌类植物

(1)细菌的观察　在显微镜下观察细菌三型永久制片,可看到球菌、杆菌、螺旋菌等 3 种基本形态。也可用牙签刮取少量牙垢制成临时装片观察细菌的形态。

(2)葡枝根霉的观察　用解剖针挑取少量生于腐烂馒头上的葡枝根霉菌丝制成临时装片。在显微镜下注意观察假根、匍匐菌丝、直立菌丝、孢子囊、孢囊孢子等形态,同时注意菌丝有无横隔。

（3）酵母菌的观察　用吸管从培养皿中吸少许培养好的酵母液滴,制成临时装片(或用永久制片),观察酵母菌的细胞特点和出芽方式。

（4）青霉菌的观察　用解剖针挑取少量生于腐烂柑桔皮上的青霉菌菌丝,制成临时装片(或用永久制片)。可见青霉是有隔的、多分枝的菌丝体。有些向上生长的菌丝就是分生孢子梗,分枝 3 ~ 5 次,呈扫帚状。最末一级小枝叫小梗,从小梗上生长出一串分生孢子。

（5）伞菌的观察

①形态　取伞菌的子实体(如蘑菇),注意观察菌盖、菌褶、菌柄的形态、颜色、光泽、鳞片有无等,并注意菌柄上菌环和菌托的有无。

②结构　取伞菌菌褶永久制片或浸制标本进行徒手切片制成临时装片,显微镜下注意观察菌褶的菌髓,位于中央,菌丝交错,排列疏松。并观察两侧的子实层,子实层由担子和侧丝组成,有的种类有囊状体(为大型细胞,从一菌褶直达另一菌褶),注意观察菌褶断面部分的菌肉、子实层基、子实层、担子、担孢子以及担子和担孢子的数目。

3）地衣

观察壳状、叶状、枝状三种地衣的形态。观察地衣的结构(永久切片),区分藻胞层、髓层和皮层三部分。皮层可分为上皮层和下皮层,都由致密交织的菌丝构成。髓层介于上皮层和下皮层之间,是由一些疏松的菌丝和藻细胞构成。藻细胞聚集在下皮层下方称藻胞层。在下皮层上常产生一些假根状突起,使地衣固着在基质上。观察同层地衣和异层地衣的区别,菌丝和藻细胞混为一体称为同层地衣,异层地衣指地衣中菌丝和藻细胞分层生长,在地衣中大多数地衣属于异层地衣。

4.作业

（1）绘水绵丝状体的一段,并注明各部分名称。

（2）绘匍枝根霉菌丝的一部分,并注明各部分名称。

（3）绘伞菌(如蘑菇)子实体的外形图,并注明各部分名称。

（4）绘异层地衣横切面图,并注明各部分名称。

实训 13　高等植物的观察

1.目的

通过对代表植物的观察,了解苔藓、蕨类和种子植物的主要特征,进而了解它们在植物界系统演化中的地位。

2.材料用具

（1）材料　地钱、葫芦藓、金发藓等藓类；中华卷柏、节节草、贯众、鳞毛蕨属、石韦属等蕨类；苏铁、银杏、云杉、雪松、油松、柳杉、水杉、刺柏、侧柏、圆柏等。

（2）用具　显微镜、放大镜、镊子、解剖针、吸水纸等。

3.方法步骤

1）苔藓植物

（1）地钱　配子体为二叉分枝的扁平叶状体，深绿色。背面（上面）有通气孔和孢芽杯，腹面（下面）有白色的假根和紫色的鳞片。

取地钱雌托纵切片观察，在条丝之间倒挂着几个长颈瓶状的颈卵器，颈卵器外面是一层细胞结构的壁，腹部有一串颈沟细胞（受精时腹沟细胞和颈沟细胞消失）。取地钱雌托纵切片观察，在托盘上陷生着许多球拍状的精子器。

（2）藓类　观察葫芦藓或其他藓类新鲜或干制标本，可见有假根和茎叶分化。注意植株上端具有弯长柄的葫芦状物，分清配子枝、蒴柄、孢蒴、蒴帽等部分。

2）蕨类植物

（1）孢子体　观察蕨、贯众、鳞毛蕨、石韦等标本孢子体有根、茎、叶分化。注意叶背面的孢子囊群，不同蕨类其孢子囊群的形状有明显区别。

（2）配子体（原叶体）　观察蕨（或其他）的原叶体，心脏形，绿色。在显微镜下观察原叶体腹面的永久制片，可见其前部凹陷处生有多数颈卵器，后部尖端附近有多数圆形的精子器和假根。受精后从颈卵器处长出孢子体。

同时观察中华卷柏、节节草等标本，注意观察它们与真蕨类的区别。

3）裸子植物

（1）苏铁及大小孢子叶球　苏铁为常见的庭院栽培常绿观赏乔木，主干粗壮不分支，顶端簇生大型羽状深裂的复叶。雌雄异株，小孢子叶球生于茎顶，圆柱形，其上螺旋状排列许多小孢子叶，小孢子叶鳞片状，其上具有许多小孢子囊；大孢子叶生于茎顶，密被黄褐色绒毛，上部羽状分裂，下部长柄上生有 2~6 个胚珠。观察大小孢子叶干制或浸渍标本。

（2）银杏　银杏（白果树、公孙树）是孑遗植物，植物体高大，为落叶乔木，有长、短枝之分，长枝为营养枝，短枝为生殖枝；叶扇形，具二叉叶脉；种子核果状，又称白果。雌雄异株。

（3）湿地松雌球果　湿地松成熟球果呈卵圆形，栗褐色、质地坚硬，全部愈合，胚珠已发育成种子。雌球花时大孢子叶称为珠鳞，球果时大孢子叶称为种鳞。每片大孢子叶前端与外界接触的部分称为鳞盾，其上有鳞脐；种鳞的腹面有 2 枚上端具翅的种子。

（4）马尾松　马尾松（松树）为常绿乔木，有长、短枝之分，两枚细长的针叶簇生在短枝上，每束针叶基部被宿存的叶鞘所包。小孢子叶球（雄球花）长椭圆形，成熟时黄褐色，每个小孢子叶背面有一对小孢子囊(花粉囊),内生花粉;大孢子叶球(雌球花)卵圆形,紫红色,每片大孢子叶由珠鳞和苞鳞及两枚胚珠组成。大孢子叶球成熟时变为球果,栗褐色,质地坚硬,胚珠发育为种子。

(5)圆柏　圆柏也为常绿乔木,树冠圆锥形,叶片有鳞形及刺形。雌雄异株或同株。

(6)水杉　水杉也是我国特有珍稀的孑遗植物,落叶大乔木,叶片线形,扁平,交互对生,球花单性,雌雄同株。

(7)常见裸子植物的观察与识别　难度最大的主要是松、杉、柏三科的区别。首先是名称的混淆,如叫松,不是松;叫杉,不是杉。学生在学习时对松科固有的印象往往是叶针形,成束。其实,这仅仅是松属的特征之一,而更多的松科植物并非如此,因此在园林中遇到日本冷杉、铁坚杉之类的植物就不知所云。较之松、杉,柏科植物不仅在园林绿化中应用更广,且类型、品种更丰富多彩,需要学习者对该科各重要属的常见种认真加以识别,然后逐渐深入。

(8)校园内常见种类的观察　池杉、柳杉、雪松、金钱松、罗汉松、湿地松、侧柏、柏木等。

4.作业

(1)绘金发藓或其他真藓雌、雄枝顶纵切面,分别表示颈卵器、精子器的结构。

(2)绘金发藓植株外形,表示孢子体寄生于配子体上。

(3)绘问荆外形图、问荆孢子叶穗纵切简图、蕨的孢子囊,并注明各部分的名称。

(4)结合实物比较苔藓、蕨类、裸子植物的主要特征。

(5)通过实验观察,如何区别低等植物和高等植物?

(6)绘马尾松大孢子叶球、小孢子叶球图,并注明各个部位的名称。

(7)绘银杏的结果短枝图,并说明银杏叶的特点。

实训14　植物检索表的使用

1.目的

通过实习掌握检索表的使用方法,进一步巩固和掌握植物形态学术语,了解所鉴定植物的主要特征。

2.材料用具

(1)材料　打碗花具花的植株、蜀葵具花的枝条、月季的枝条、紫荆等植物的花。

(2)用具　工具书、植物分科、分属检索表、放大镜、解剖针、直尺等。

3.方法步骤

（1）分析所检索植物的形态特征
①习性　乔木、灌木、草木、藤本（攀缘或缠绕等）。
②枝条　形状（圆形、四棱形等）、颜色、具表皮附属物或秃净。
③叶序　单叶或复叶，叶形、叶缘、叶尖、叶基、叶脉等的类型，叶的质地和气味，叶柄长短，有、无托叶，表皮毛有无，表皮毛形状，叶两面的颜色等。
④花　花单生、簇生或成花序、顶生或腋生、颜色、气味。花萼分离或合生，萼片或裂片数目，副萼有无，花萼排列方式等。花冠辐射对称、两侧对称或不对称，离瓣或合瓣，花瓣或裂片数目、排列方式。
⑤雄蕊数目　雄蕊的数目及其类型，离生或合生，花柱和柱头形状，子房位置、室数、胎座类型、每室胚株数目，有无花盘。
⑥果　果实的类型、形状、颜色、香味等。
（2）核对检索表中条文，逐条仔细区分，肯定相对性状中的一条，再在此条下查对更细的相对性状。一直查到该植物所属的科名或属名，借助工具书一直查到具体的种。
（3）核对文字描述与所查植物的全部特征是否完全符合，如果完全符合，即检索正确无误。
使用"中国种子植物分科检索表"练习检索上述实验材料所属的科。

4.注意事项

（1）用于检索的标本必须完整。木本植物标本应是具花和果实（至少应有完整的花）的枝条；草本植物应有根、茎、叶、花、果实。
（2）如果是由于对形态术语理解不正确查错了，应查阅形态学部分的参考书，把自己模棱两可的术语搞清楚，然后再查。
（3）检查出该植物是属于某一类时，还要把该植物对照参考书或工具书上对该植物的描述对照一下，看看你所鉴定的植物和工具书上的形态描述是否完全一致。
（4）要细致耐心，严格要求，详细核对，一丝不苟，否则将差之毫厘，失之千里。
（5）检索表不是万能的，不能以检索表来代替平时刻苦的努力学习，踏实学好分类学的基本知识，掌握常见园林植物的主要特征，才是最根本、最有效的方法。

5.作业

（1）课外用分科检索表检索若干种自己不认识的植物。
（2）制作检索表与使用检索表是相反的过程，把自己认识的20种植物编成定距或平行式检索表。

实训15　植物标本的采集和制作

1.目的

通过实训实习让学生学会植物标本的采集、压制和腊叶标本的制作方法,掌握植物标本(各种有色果实)的浸渍技术。

2.材料用具

(1)材料　各种有花、果实草本植物或木本植物,各种有色果实。

(2)用具　高枝剪、小镢头、挖根铲、小锯、采集袋、采集箱、枝剪(图11.5)、标本夹(图11.6)、标本绳、放大镜、望远镜、海拔仪、钢卷尺、照相机、水壶、号牌、铅笔、野外记录表、鉴定标签、吸水纸、绳子、小剪、镊子、瓷盘、广口瓶、台纸、纸条、大针、白线、不干胶或胶水、氯化汞、乙醇、樟脑丸等。

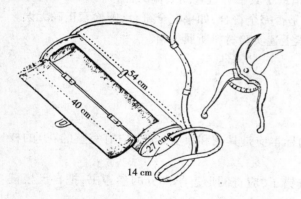

图11.5　采集箱与枝剪

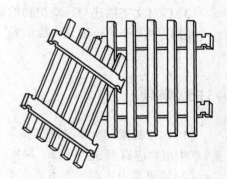

图11.6　标本夹

3.方法步骤

1)植物标本的采集、压制和制作

腊叶标本是在适当的季节,采集全株植物或植物的一部分,经过压制待植物体完全干燥后,装订到台纸上的标本。该标本能够长期保存,是用于教学和科研的宝贵的科学资料。

(1)标本的选择　采集时应全面的观察,选择有代表性的无病虫的植株或部分。木本或藤本植物一般很大,可采长度38~45 cm 的带有花、果、叶的枝条(若同株植物有不同叶形的均应采集);草本植物采根、茎、叶、花、果实俱全的植株;或有花无果、有果无花的完整植株。蕨类植物采带有孢子囊群的孢子叶;苔藓植物采带有颈卵器及精子器的植株或具有孢子体的植株。

（2）野外记录　野外记录在标本的鉴定中有重要作用,如所采标本某一器官不完全,可用野外记录来描述补充。采集记录的内容主要记述采集时间、地点、植物的生活环境、植物体各部分的特征,株高、胸径、树皮的颜色、开裂情况,叶、花、果实的颜色、用途(表11.4)等。

表11.4　植物标本采集记录表

```
                   植物标本采集记录
采集号＿＿＿＿＿＿＿＿＿＿＿
地　点＿＿＿＿＿＿＿＿海拔(米)＿＿＿＿＿＿＿
栖　地＿＿＿＿＿＿＿＿＿＿＿＿＿＿＿＿＿＿＿
性　状＿＿＿＿＿＿＿＿＿＿＿＿＿＿＿＿＿＿＿
高　度＿＿＿(米)胸高直径＿＿＿(米)
茎＿＿＿＿＿＿＿＿＿＿＿＿＿＿＿＿＿＿＿＿＿
叶＿＿＿＿＿＿＿＿＿＿＿＿＿＿＿＿＿＿＿＿＿
花＿＿＿＿＿＿＿＿＿＿＿＿＿＿＿＿＿＿＿＿＿
果　实＿＿＿＿＿＿＿＿＿＿＿＿＿＿＿＿＿＿＿
备　注＿＿＿＿＿＿＿＿＿＿＿＿＿＿＿＿＿＿＿
土　名＿＿＿＿＿学　名＿＿＿＿＿＿＿＿＿＿＿
采集人＿＿＿＿＿采集日期＿＿＿＿＿＿＿＿＿＿
用　途＿＿＿＿＿＿＿＿＿＿＿＿＿＿＿＿＿＿＿
附　录＿＿＿＿＿＿＿＿＿＿＿＿＿＿＿＿＿＿＿
```

（3）标本编号　在填写野外采集记录的同时,应立即对所采标本进行编号,挂上号牌(用硬纸制成),其号数应与采集记录表上一致。同一标本,一般采集三份,应用同一采集号。

（4）标本的压制　标本的好坏及其应用价值,亦取决于压制、制作是否精细。采回的标本应立即进行压制,如存放过久,就会失去水分,叶、花就发生萎蔫,无法保持原形而失去保存价值。压制前,首先要对标本进行初步的整理,剪去多余的枝叶,将根部冲洗干净后进行压制,方法如下：

①取一个标本夹平放于地,铺5~6层吸水纸,把一份带有号牌的标本平放于吸水纸上,使标本的叶片展示出正面和反面,其他部分也尽量要有几个不同的观察面。盖上2~3层吸水纸,再放另一份标本。放标本时要注意逐个首尾互相交错摆放,以保持标本的平整。依编号按顺序压制。当标本压制到一定高度时,上面多放几层草纸,再盖上另一块夹板,用麻绳捆紧。避免放在强光下暴晒,如遇阴雨天即放在通风处。

②有些植物的营养器官肉质多汁,不易压干,有些植物的叶片压干后全部脱落,如柑橘类,需在压制前用沸水烫1~2 min或用福尔马林液浸泡片刻,将细胞杀死后再进行压制;有些植物有变态根、地上变态茎或果实,不宜放入标本夹,可挂上号牌另行晒干或晾干,妥善保存或用浸液保存。

（5）换纸　新压制的标本,每天至少要换2~3次纸,待标本含水量减少后,可每隔一二天换一次纸,以保持标本青干、不发霉、不发黑、减少变色。一般来说,标本干得越快,原色就保存越好。为使标本尽快干燥,就必须勤换纸。每次换下来的潮湿纸,要及时晒干或烘干,以供继续使用。最初两次换纸时,要注意结合整形,将卷曲的叶片、花瓣展平。标本上脱落下来的部分,要及时收集装袋,并注上该标本号,与原标本放在一起。

（6）消毒　标本压干后，可用升汞酒精液消毒，以杀死标本上的虫和虫卵。日后可避免虫蛀花和果实。升汞酒精液的配方是：用升汞 1 g，70% 酒精 1 000 mL 配成。消毒方法是：将标本放入盛有消毒液的大型平底瓷盘中，经 10～30 s。升汞为剧毒药品，消毒时要戴手套和口罩，注意人身安全。此外，亦可用 DDV、二硫化碳或其他药剂熏蒸消毒。消毒后的标本，要重新压干，再上台纸。

（7）上台纸　台纸是承托腊叶标本的白色硬纸。台纸一般长约 40 cm，宽约 30 cm，以质密、坚韧、白色为宜。上台纸时，按下列步骤进行：

①取一张台纸平放在桌子上，将标本按自然状态摆在台纸上的适当位置，并进行最后一次整形，剪去过多的枝、叶、果，长于台纸的植株可折曲成 V 形或 N 形。

②装订标本时，在根、枝条和叶柄的两侧用扁锥穿通台纸，穿进坚韧的纸条，在台纸背面，将纸条两端用胶水紧贴于台纸上，也可用透明胶或细线固定。用线固定时，线结要打在标本纸的背面，要分段把标本的根、茎、花序或果实固定好，切勿用连线固定。

③凡在压制中脱落下来而应保留的叶、花、果，可按自然着生情况装订在相应位置上或用透明纸装贴于台纸上的一角。

④在台纸上贴采集记录和标签。按标本号，打印一份采集记录，贴于台纸的左上角，顶端的一边粘住 5～7 mm，把植物标本鉴定标签（表 11.5）填好后粘在右下角，就是一份完整的植物标本（图 11.7）。在标本表面覆盖一层塑料薄膜，最后用稍厚的白纸装一个封面，封面上印有"植物标本"字样。

表 11.5　植物标本鉴定标签

××学院植物标本签
学　　名…………………………………………
科　　名…………………中　名…………………
采集号数…………………产　地…………………
鉴定人…………………………………………
采集人…………………………………………
鉴定日期…………………………………………
采集日期…………………………………………

图 11.7　制成的植物标本

（8）标本的保存　上好台纸的腊叶标本，必须妥善保存，方能长期使用，不变色不霉变。一般应按科、属分别放入标本柜中。标本柜以樟木或铁质为最好，柜中应保持干燥，并适当放入樟脑丸等驱虫剂预防虫蛀。此外，还要定期（2～3 年）以灭害灵等喷射消毒，有消毒室的，也可用熏烟法消毒，无论采用哪种方法消毒，药物都是有毒的，应注意安全。

2）植物标本的浸渍技术

浸制标本是用防腐剂和保色剂将植物标本浸泡到标本瓶中的标本，用以保持植物的原有形状与色泽。这种方法一般用于保存花和果实。现将常用的几种方法介绍如下：

（1）防腐保存法

此法是将福尔马林以蒸馏水或冷开水稀释为 5%～10% 的水溶液，其浓度高低视标本的含水量而定，含水量高的溶液浓度宜高。然后将标本洗净整形，投入该液中。如标本浮于液面而不下沉，可采用玻璃片或瓷器等重物压入液中。福尔马林为比较经济且应用最普遍的防腐剂，此法只适宜保存标本形状，但不能保存标本原有色泽。

（2）绿色标本保存法

①将绿色标本洗净整形后，放入 5% 的硫酸铜水溶液，浸 1～3 d，取出用清水漂洗数次，再保存于 5% 的福尔马林水溶液中。

②取醋酸铜（或硫酸铜）粉末，徐徐加入 5% 的冰醋酸内，用玻棒搅拌，直至饱和状态，即成原液。将原液用蒸馏水稀释 4 倍，把稀释液和标本同时放入烧杯加热，标本渐变黑色，继续加热，直至变为绿色，立即停止加热，取出标本，用清水漂洗数次后，再放入 5% 的福尔马林液中保存。此法手续较复杂，但所制标本良好，可经久不变。该法适用于保存果蔬、叶子、幼苗、桃、梨、苹果等绿色植物以及具病毒的茎、叶等。

③取硫酸铜饱和液 700 mL，福尔马林 50 mL，加水至 1 000 mL。将植物标本浸入该液 10 d左右，取出用清水漂洗数次，再浸入 5% 的福尔马林液中保存。此法适用于体积较大，表面具蜡质的果蔬、茎、叶标本。

（3）黄色或淡绿色标本保存法

①将标本浸入 0.1%～0.15% 的亚硫酸水溶液中，如果实为淡绿色，可在 1 000 mL 的浸液中加入 50 mL 的 5% 硫酸铜溶液。此法适用于桃、杏等果实。

②将 100 mL 的亚硫酸与 800 mL 的水混合，待澄清后再加入 95% 的酒精 100 mL，将标本投入此液保存。如果实为绿色，可在 1 000 mL 浸液中，加入 50 mL 的 5% 硫酸铜溶液。此法适用于梨、葡萄和苹果等果实。

③将亚硫酸 1.5 mL、氧化锌 2 g、水 100 mL 配成浸液。或取亚硫酸 3 mL、甘油 1 mL、水100 mL 配成浸液。此法适用于柿、柑桔等果实。

（4）黑色、紫色标本保存法

①取福尔马林 45 mL、酒精 280 mL、蒸馏水 2 000 mL 混合，以澄清液保存标本。此法适用于保存深褐色的梨、黑紫色的葡萄、樱桃等果实。

②取福尔马林 50 mL、氯化钠的饱和水溶液 100 mL、蒸馏水 870 mL，将三液混合，沉淀过滤，用滤液保存标本。此法适用于保存红色的樱桃、葡萄、苹果等果实。

（5）红色标本保存法

材料先经固定液浸泡（一般 1～3 d），待果皮颜色变为深褐色后，取出移入保存液中。固定液配方：水 400 mL、福尔马林 4 mL、硼酸 3 g。

保存液配方：0.15%～0.2% 的亚硫酸溶液中加入硼酸少许。

（6）白色标本保存法

取氯化锌 22.5 g，溶于 63 mL 水中，搅拌促其溶解，再加入 85% 的酒精 90 mL，取澄清液保存。此法适用于保存白色桃、浅黄色梨和苹果等果实。

保存液配好后放入标本瓶中，把洗净的标本放入其中浸泡，加盖后用溶化的石蜡将瓶口严密封闭，贴上标签（注明标本的科名、学名、中文名、产地、采集时间和制作人），放置阴凉处妥善保存。

主要参考文献

［1］华中师范大学,上海师范学院,等.植物学(上、下册)[M].北京:高等教育出版社,1982.

［2］中山大学,南京大学.植物学:下册[M].北京:人民教育出版社,1982.

［3］李扬汉.植物学[M].上海:上海科学技术出版社,1986.

［4］高信曾.植物学[M].北京:高等教育出版社,1987.

［5］贺士元.植物学[M].北京:北京师范大学出版社,1987.

［6］杨悦.植物学及实验[M].北京:中央广播电视大学出版社,1998.

［7］陈有民.园林树木学[M].北京:中国林业出版社,1988.

［8］周仪,等.植物学[M].北京:北京师范大学出版社,1990.

［9］陈俊渝,等.中国花经[M].上海.上海文化出版社,1990.

［10］吴万春.植物学[M].北京:高等教育出版社,1991.

［11］曹慧娟.植物学[M].北京:中国林业出版社,1992.

［12］胡继全.植物学[M].北京:中国农林科技出版社,1997.

［13］徐汉卿,等.植物学[M].北京:中国农业出版社,1997.

［14］任宪威.树木学[M].北方本.北京:中国林业出版社,1997.

［15］周云龙.植物生物学[M].北京:高等教育出版社,1999.

［16］王忠.植物生理学[M].北京:中国农业出版社,2000.

［17］张彪,等.植物形态解剖学实验[M].南京:东南大学出版社,2000.

［18］杨世杰.植物生物学[M].北京:科学出版社,2000.

［19］吴国芳,等.植物学:下册[M].北京:高等教育出版社,2000.

［20］马炜梁.高等植物及其多样性[M].北京:高等教育出版社,2000.

［21］张赞平,等.植物学[M].西安:陕西科学技术出版社,2000.

［22］陆时万.植物学:上册[M].北京:高等教育出版社,2000.

［23］叶创兴,等.植物学[M].广州:中山大学出版社,2000.

［24］贺学礼.植物学[M].西安:陕西科技出版社,2001.

［25］郑湘如,等.植物学[M].北京:中国农业出版社,2001.

［26］曹慧娟,等.植物学[M].北京:中国农业出版社,2001.

［27］高信曾.植物学实验指导[M].北京:高等教育出版社,2001.

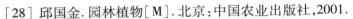

［28］邱国金. 园林植物［M］. 北京：中国农业出版社，2001.

［29］潘文明. 观赏树木［M］. 北京. 中国农业出版社，2001.

［30］王敦义. 植物学导论［M］. 北京：高等教育出版社，2002.

［31］方彦. 园林植物学［M］. 北京. 中国林业出版社，2002.

［32］傅承新，丁炳杨. 植物学［M］. 杭州：浙江大学出版社，2002.

［33］张宪省，贺学礼. 植物学［M］. 北京：中国农业出版社，2003.

［34］姚振生. 药用植物学［M］. 北京：中国中医药出版社，2003.

［35］刘仁林. 园林植物学［M］. 北京. 中国科学技术出版社，2003.

［36］贺学礼. 植物学［M］. 北京：高等教育出版社，2004.

［37］卓丽环，等. 园林树木学［M］. 北京：中国农业出版社，2004.

［38］李景侠，等. 观赏植物学［M］. 北京：中国林业出版社，2004.

［39］贺学礼. 植物学学习指南［M］. 北京：高等教育出版社，2004.

［40］戴合生. 野生植物资源学［M］. 北京：中国农业出版社，2005.

［41］张天麟. 园林树木 1 200 种［M］. 北京：中国建筑工业出版社，2005.

［42］南京林业学校. 园林树木学［M］. 北京：中国林业出版社，1995.

［43］陈忠辉. 植物及植物生理［M］. 北京：中国农业出版社，2007.

［44］卞勇，等. 植物与植物生理［M］. 北京：中国农业大学出版社，2007.